海洋恢复生态学

葛长字　郑凤英　曲春风　编著

山东大学出版社
SHANDONG UNIVERSITY PRESS
·济南·

图书在版编目(CIP)数据

海洋恢复生态学/葛长字,郑凤英,曲春风编著
.—济南:山东大学出版社,2022.10
ISBN 978-7-5607-6951-6

Ⅰ.①海… Ⅱ.①葛… ②郑… ③曲… Ⅲ.①海洋生
态学－生态恢复 Ⅳ.①Q178.53

中国版本图书馆 CIP 数据核字(2022)第 186402 号

责任编辑 宋亚卿
封面设计 王秋忆

海洋恢复生态学

HAIYANG HUIFU SHENGTAIXUE

出版发行	山东大学出版社
社 址	山东省济南市山大南路 20 号
邮政编码	250100
发行热线	(0531)88363008
经 销	新华书店
印 刷	山东蓝海文化科技有限公司
规 格	787 毫米×1092 毫米 1/16
	16.5 印张 350 千字
版 次	2022 年 10 月第 1 版
印 次	2022 年 10 月第 1 次印刷
定 价	56.00 元

前　言

　　海洋生态系统具有重要的服务功能,健康安全的海洋生态环境不仅是民生的需求,更是国家长治久安的重要保障之一。然而,目前的海洋生态系统健康状况存在一些问题,这影响了其生态功能可持续性、高效地发挥作用。海洋生态系统的恢复是民生的需要,更是国家战略的需要。目前,虽然已经开展了很多关于海洋恢复工程的实践与理论的探索,但关注点以生态系统为主的并不多,且海洋生态恢复的研究人员、技术人员与管理人员较为缺乏。海洋生态恢复人才的培育是一个长期工程,因为海洋生态恢复是一个相对复杂的系统工程。为保障海洋生态恢复工程效果的长效性,需要从业者具备多学科交叉、系统管理的专业能力,并能从系统的角度看待拟恢复的生态系统。这催生了对海洋科学、生态学、资源与环境、生物与医药等专业的学习者进行相关能力培养的需求。

　　海洋生态恢复研究工作的从业者需具备相关基础理论学习的能力、相关工程实践应用与管理的能力。基于这种思路,本书对相关章节进行如下阐释:第一章主要讲述海洋恢复生态学的基本概念、学科的发展简史;第二章以滨海盐沼、红树林、海草床、大型海藻场和珊瑚礁生态系统为例,讲述典型海洋生态系统退化的现状及其共性的退化原因;第三章从植物群落演替的生态化学计量学机制、盐地碱蓬种子萌发及幼苗对复合污染的响应、杂草定居盐地碱蓬群落机理、石莼属绿潮爆发的生物学机制、鼠尾藻金潮爆发的潜在性等角度讲述 6 m 以浅海域及海岸带的植物群落演替规律和可能的发生机制;第四章讲述海洋生态系统服务功能的评价;第五章讲述海洋生态系统健康的评价;第六章主要从生态系统现状调查及评估的基本原则、基于灰色系统预测的人工修复/自然恢复的辨析等层面讲述海洋生态恢复的决策;第七章阐述海洋生态恢复的生态补偿;第八章讲述海洋生态恢复过程中的适应性管理;从第九章至第十七章,分别从珊瑚礁、红树林、海草(藻)床、滨海盐沼、海湾养殖区、海洋增殖区、重金属污染区域、石油烃污染区域及海洋生物资源的增殖放流等多个层面进行海洋生态恢复工程实践技术的阐释。本书涉及的内容既包含生态环境恢复,又包含生物资源恢复,同时还包括整个生态系统的恢复,强调生态恢复是一个系统工程,恢复工程的实施要符合生态学原理,需要进行适当的管理。其中,第一、二章由郑凤英负责编撰,第十五、十六章由曲春风负责编撰,其余章节由葛长字负责编撰。山东大学(威海)海洋学院的近海生态动力学科研团队的研究生张玉群、王客安、宋建达、李林蔚、柳文爽、陈依帆、郑雅娟、魏祥涛、白伟浩、荣博文、刘召君和侯文昊对全书进行了通读,指出了其中的部分错误,并比对了相关文献。

山东大学(威海)的近海生态动力学科研团队主要从事海洋恢复生态学,尤其是海草生态学和养殖尾水处理的研究,承担了一些国家、省部级和地市的相关科研项目和企业委托项目,获得过中国水产科学研究院科技进步一等奖。基于国家重点研发计划项目(2018YFD0900704)、自然科学基金资助项目(31972796)、山东省自然科学基金资助项目(ZR2016CM06)、山东大学(威海)教学教改项目而编撰《海洋恢复生态学》一书,团队感到压力非常大,总感觉对恢复生态学基本概念等的把握还很不到位,对海洋生态学的工程实践还缺乏足够的认识,毕竟以前所做的工作仅是海洋恢复生态学中极小的一部分。因此,实事求是地讲,本书只是管中窥豹,错误在所难免。正因如此,恳请各位专家、学者给予批评指正,我们将进一步改正。也期望这项工作能为推进海洋恢复生态学科研、教学和工程实践的进步而贡献一点力量。

编著者

2022 年 4 月

目 录

第一章 概 述

30多年来,随着全球生态环境的破坏,恢复生态学已成为现代生态学的一门重要分支学科,其研究领域涉及森林、草地、农田、废弃矿山、湿地、河流、湖泊、海洋等生态系统。海洋是人类社会和经济可持续发展的重要基础。但由于全球气候变化、土地利用格局改变、环境污染等多因素的影响,海洋生态系统正以前所未有的速度退化。与陆地生态系统相比,海洋生态系统退化受到关注的时间较晚,但海洋生态系统退化正成为世界沿海各国普遍面临的严峻问题。海洋生态恢复作为遏制海洋生态系统退化的重要途径,已成为当前全球海洋学和生态学研究领域的研究热点。本章主要介绍恢复生态学和海洋恢复生态学的概念及发展简史。

第一节 恢复生态学的概念及发展简史

一、恢复生态学的概念

恢复生态学(restoration ecology)一词最早由英国科学家阿贝(Aber)和乔丹(Jordan)于1985年在研究废弃地的恢复和管理中提出。虽然有关其定义,不同学者有不同的侧重点,但我国著名生态学家彭少麟给出的定义最为全面。他指出恢复生态学是研究生态系统退化的原因与过程、退化生态系统恢复的机理与模式、生态恢复与重建的技术和方法的科学,它是应用生态学的一个分支学科。这一定义明确指出恢复生态学包含基础理论和应用技术两个层面,也即其具有高度的综合性及理论和实践的双重性。

美国自然资源保护委员会和国际恢复生态学会(Society for Ecological Restoration,SER)也分别提出了生态恢复或恢复生态学的定义。美国自然资源保护委员会认为使一个生态系统恢复到较接近于其受干扰前的状态即为生态恢复,强调恢复到干扰前的理想状态;国际恢复生态学会认为恢复生态学是研究如何恢复被人类活动损害的原生生态系

— 1 —

统的多样性和动态的一门学科。

二、恢复生态学中主要相关术语及其在我国学界的使用情况

随着恢复生态学研究领域的扩大和研究内容的精细化,越来越多的相关术语在国内外文献中出现。我国学术或工程实践领域使用的相关术语主要包括生态恢复(ecological restoration)、生态修复(ecological rehabilitation)、重建(reconstruction,reestablishment)、改良或复垦(reclamation)、再植(revegetation)、更新(renewal)、复苏(recovery)、修补(remediation)、替代(replacement)、缓解(mitigation)、重塑(recreation)或重造(fabrication)、生态工程(ecological engineering)、景观构建和设计(landscape architecture and design)、生态设计(eco-design)、新奇生态系统(novel ecosystem)、新兴生态系统(emerging ecosystem)、环境修复(environment remediation)、自然资本的恢复(restoration of natural capital)等[1-4]。其中,董世魁等人认为,生态恢复是恢复生态学的主体内容和关键目标,也是恢复生态学的狭义科学内涵[3],以上提到的其他相关术语都属于其广义的科学内涵。

虽然恢复生态学的相关术语不少,但我国学者频繁使用的只有生态恢复、生态修复、改良、重建、生态工程等少数。其中,我国生态学领域的学者使用频率最高的是"生态修复";而"改良"主要被土壤学界接受,在土壤恢复和矿区地表恢复中常用。但由于翻译和理解的差异,我国学界对"生态恢复"和"生态修复"两个专业词汇的翻译和定义有争议,甚至使用混乱,这一点在一些学者的专著中也有提及[2,3]。截至2021年6月,中国知网收录的以"生态恢复""生态修复"和"生态重建"为关键词的中文论文数量分别为2348篇、5443篇和445篇,除1999—2002年四年外,从1991年开始,我国学者对"生态修复"的使用频率一直高于对"生态恢复"的使用频率(见图1-1)。大部分学者将中文关键词"生态修复"翻译为"ecological restoration",而非"ecological habilitation"。其中,卢学强等人的观点代表了我国多数学者对"生态恢复""生态修复"和"生态重建"三个概念间差异的理解(见图1-2),即恢复强调以生态系统自调节为主,在修复中自然修复和人工修复并重,而重建则以人为干预为主[5]。这种理解与恢复、修复和重建的汉语字面意思较为契合。

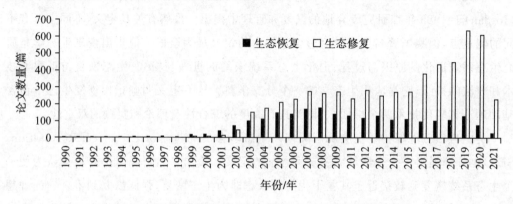

图1-1 以"生态修复"和"生态恢复"为关键词的论文数量

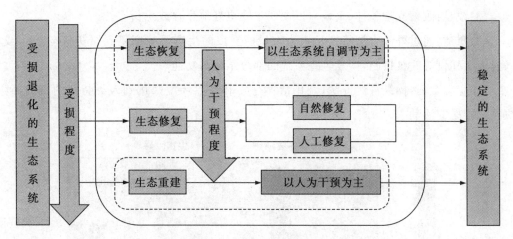

图 1-2　生态恢复、生态修复和生态重建之间的关系

国际学术界对这些术语也无统一的定义,但国外学者极少使用 reconstruction(重建)一词,只有斯坦夫(Stanturf)等人在森林恢复中定义并使用了该术语[6],reestablishment(重建)的使用同样也不普遍。范·迪格伦(van Diggelen)等人综合了几位学者对恢复、修复和改良三个术语的解释和理解,以图文并茂的形式展现了三者的区别和联系(见图1-3)[7]。他们认为如果一个生态系统破坏严重,其生态恢复的过程需要突破两个大障碍且至少分三个阶段来进行:两个大障碍分别为非生物障碍(abiotic barrier)和生物障碍(biotic barrier),三个阶段分别为物理修复需求阶段、生物修复需求阶段和提升管理需求阶段。改良为改善生态系统内的非生物条件,如水质、土壤养分等,使其突破非生物障碍;恢复则指改善生态系统内的生物因子,如引入物种、提升生物多样性等,以促使生态系统突破生物障碍,尽可能地恢复到以前的状态;修复则处于两个障碍之间,对生态系统进行生物修复。或者也可以这样来理解它们之间的差异:一个破坏严重的生态系统,其生态恢复有三个目标水平,即初级目标为改良,改善生态系统内的非生物条件,意在增加系统的生物多样性;中级目标为修复,指恢复一定的生态系统功能;高级目标为恢复,意在重建以前生态系统的功能、物种和群落特征。显然,从改良到修复再到恢复是一个由易至难的递进过程,所以改良可在大尺度上实现,而生态修复往往可在中尺度上实现,恢复可在小尺度上实现[7]。

本书综合国内外学者对相关术语的理解和解释,总结了我国学者常用的几个术语的代表性定义。

(1)恢复:协助已经退化、受损或被破坏的生态系统恢复的过程[8],或使生态系统尽可能恢复至受干扰或破坏之前的状态[9]。恢复的目的包括重建先前存在的生物完整性,包括物种组成和群落结构。

(2)修复:指恢复一定的生态系统功能,但不一定恢复到健康状态,强调对生态系统过程、生产力和服务功能的修复。

（3）改良：改善立地条件（土地），以便使生物更好地生存或生长[3]。

（4）重建：通过外界力量特别是人为力量使受损的生态系统恢复到原初状态[4, 6]，或通过人工建设等改良措施，恢复生态系统的部分结构与功能[3]。

（5）生态工程：操纵自然资源，利用活体生物和外界环境来达到人类特定的目的，解决技术难题的活动[4]。

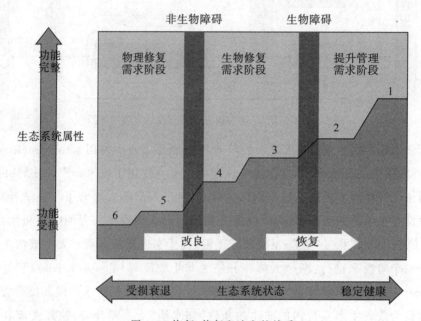

图 1-3　恢复、修复和改良的关系

三、生态恢复的目标

生态恢复的目标是将退化的生态系统恢复至历史轨迹中的某一状态，故在历史发展轨迹中的任何状态都可以作为恢复设计的目标或参考[3]。伊根（Egan）和豪厄尔（Howell）认为这是最简单且有吸引力的恢复既定目标的方式，可以根据拟恢复地区的环境信息、历史资料，如照片、影像等记录，文献描述，人为记忆等，还原其不同状态，并以此作为参照系进行恢复[10]。结合前面所提及的改良、修复、恢复概念，可以将生态恢复的目标归结为以下四个层级：

第一，实现生态系统物理环境的稳定性，包括土壤（或沉积物）和水体环境，保证系统的持续演替和发展。

第二，实现生物群落物种组成和结构的恢复，通过恢复植物群落，保证一定的植物群落覆盖度；增加生态系统内的物种种类，保护生物多样性。

第三，实现生态系统功能的恢复，包括提升其生产力和自我维持力。

第四，提升生态系统的服务功能，保护和恢复生态景观，增加视觉和美学效果。

四、恢复生态学的发展历程及研究进展

(一)恢复生态学的发展历程

恢复生态学的研究可追溯至 19 世纪在欧美兴起的对自然资源管理的研究。菲普斯(Phipps)在 1883 年出版的《森林再造》中阐述了如何重建破坏了的森林,该著作可以被认为是最早的恢复生态学专著。但"生态恢复"作为一种思想,直到 1935 年才由美国威斯康星(Wisconsin)大学的科学家利奥博德(Leppold)提出[1]。

进入 20 世纪中叶,工业发展带来的环境污染和生态破坏已成为全球性问题,越来越多的学者开始尝试对污染的环境和被破坏的生态系统进行修复或恢复,研究对象涉及森林、草地、矿山、水体等多种生态系统类型。其中,北美侧重污染水体和退化林地恢复,欧洲侧重矿山废弃地恢复,澳大利亚则以退化草原恢复为主。

1973 年,生态恢复的首次国际会议"受损生态系统的恢复"在美国弗吉尼亚州召开,会上专门讨论了受损生态系统恢复和重建的生态学问题。此后,对恢复生态学科建立有重大意义的专著也陆续出版,如凯恩斯(Cairns)和迪克森(Dickson)的《受损生态系统的恢复与重建》(*Recovery and Restoration of Damaged Ecosystems*)[11]、布拉德肖(Bradshaw)和查德威克(Chadwick)的《土地的恢复、废弃地和退化土地的改造与生态学》(*The Restoration of Land, the Ecology and Reclamation of Derelict and Degraded Land*)[12]等。国际会议对生态恢复主题的集中讨论、专著对理论的进一步总结和提炼,促进了恢复生态学科的建立。

乔丹(Jordan)等在 1987 年出版了《恢复生态学:一种综合的生态研究方法》(*Restoration Ecology:A synthetic Approach to Ecological Research*)[13],此后恢复生态学被初步确定为生态学的一门新的应用分支。

1988 年,国际恢复生态学会在美国成立,标志着恢复生态学科的正式形成。

恢复生态学虽然是一门年轻的学科,但经过 30 多年的发展,已成为现代生态学的一门重要分支学科,也是热点研究领域之一,其研究领域涉及农田、废弃矿山、草地、森林、湿地、河流、湖泊、海洋等生态系统。

(二)SER 对恢复生态学快速发展的贡献

截至 2021 年 6 月,非政府合作组织 SER 拥有来自全球 101 个国家的 4249 名个人会员和 50 个商业(组织)会员,个人会员遍布北美洲、非洲、拉丁美洲、澳大利亚、欧洲和亚洲,其中主要来自北美洲。SER 的主要工作在于引导生态恢复的科学、实践和政策,以维持生物多样性,提升应对气候变化的能力,重建自然和文化之间的生态健康关系。

1989 年,SER 第一次召开其年会——国际恢复生态学会年会。1993 年,由 SER 主

办的恢复生态学专门期刊《恢复生态学》(*Restoration Ecology*)创刊,主要刊登恢复生态学理论和恢复实例研究。从 2005 年起,SER 开始举办世界生态恢复大会(World Conference on Ecological Restoration),并与国际恢复生态学会年会合并,改为两年举办一次。截至 2021 年,已举办 9 届世界生态恢复大会和 25 届 SER 年会。SER 举办的系列国际研讨会对于恢复生态学学科的发展起到了引领和促进作用。

从 2000 年开始,彭少麟团队作为我国恢复生态学研究领军人物多次参会,并及时向国内生态学界介绍国际恢复生态学会年会的主题(见表 1-1)及会议精要,根据 SER 会议主题,将近期恢复生态学的发展趋势归结为六个方面:①强调生态恢复与社会、经济、文化耦合的实践特性;②强调学科的交叉性,无论是在地域上还是在理论上都要跨越边界;③强调以生态系统尺度为研究基点,并在景观尺度上表达;④强调生态恢复的规划与设计;⑤强调生态恢复与全球化的相互作用;⑥提高生态系统快速恢复能力[1]。由此可见,恢复生态学已不再是小尺度上的生态恢复,而是在全球化生态背景下,充分发挥人类的主观规划和设计能力,使其在景观尺度上表现出来,并与人文环境耦合的一门综合学科。

表 1-1　21 世纪以来国际恢复生态学会年会的主题[1]

届 次	地 点	主 题
SER2000	英国	以创新理论深入推进恢复生态学的自然与社会实践
SER2001	加拿大	跨越边界的生态恢复
SER2002	美国	了解与恢复生态系统
SER2003	美国	生态恢复、设计与景观生态学
SER2004	加拿大	边缘的生态恢复
SER2005	西班牙	生态恢复的全球性挑战
SER2007	美国	变化世界中的生态恢复
SER2009	澳大利亚	改变正在变化的世界
SER2011	墨西哥	恢复与重建自然与文化的和谐
SER2013	美国	回顾过去,引领未来
SER2015	英国	提高生态系统快速恢复能力;恢复城市、乡村和原野
SER2017	巴西	科学与实践的融合构建更美好的世界
SER2019	南非	恢复土地、水和社区弹性
SER2021	网络会议	一个新的全球轨迹:"联合国生态系统恢复十年"倡议促进变化

(三)威斯康星大学对恢复生态学的贡献

在恢复生态学发展史上,美国威斯康星大学的学者们发挥了举足轻重的作用。早在

1935 年,利奥博德(Leopold)就在美国麦迪逊(Madison)的废弃地和威斯康星河沙滩海岸废弃地上进行了生态恢复试验,并随后创建了威斯康星大学种植园景观和生态中心[4]。1983 年在威斯康星大学召开了"干扰与生态系统"恢复生态学研讨会,会后出版的《恢复生态学论文集》明确指出恢复生态学是在群落和生态系统水平上的恢复科学和技术,并强调了其中理论和实践的统一性。国际恢复生态学会办公室因此设在美国威斯康星大学[1]。

五、中国恢复生态学的发展历程

我国的生态恢复研究始于 20 世纪 50 年代,20 世纪末至今是中国恢复生态学的大发展时期。改革开放以来,我国经济的快速发展给生态系统带来了前所未有的压力,无可讳言的是自然生态系统全面退化,农田、湖泊和海洋生态系统被污染、废弃矿山增加、森林和草地被破坏等,因此,中国生态环境部专设自然生态保护司、中国自然资源部专设国土空间生态修复司来专门负责"减防退化"和退化生态系统修复工作。随着我国恢复生态学的迅速发展,现在已形成了森林、草地、沙漠植被、黄土高原、土壤、矿山、湖泊、海洋等多领域恢复生态学分支学科,科研项目逐年增多,科研经费逐年增加,研究队伍迅速壮大,科研水平日益提高。

(一)中国恢复生态学的代表性工作

我国最早开展恢复生态学系统研究工作的是中国科学院华南植物园的余作岳等生态学家。他们开创了华南地区热带、亚热带退化生态系统的研究工作,首先于 1959 年在华南地区热带沿海侵蚀台上开展了退化生态系统的恢复研究和长期定位观测试验,较为系统地进行了极度退化的热带生态系统植被恢复技术和机制研究,建立了中国科学院小良热带森林生态系统定位研究站和中国科学院鹤山丘陵综合开放试验站两个生态恢复研究基地。以余作岳和彭少麟为代表的团队陆续出版了《热带亚热带退化生态系统植被恢复生态学研究》《恢复生态学导论》《恢复生态学》等研究专著,该团队的研究成果成为我国恢复生态学研究的典范。彭少麟针对如何恢复和整治因自然和人为活动造成的极为严重的土地退化和生态系统退化的重大生态问题进行了研究,在植被演替的基础理论、生态恢复的应用基础理论方面取得了一系列系统性和创新性研究成果,在南亚热带地区植被恢复中取得了巨大成效,在国内外产生了重要影响。

1956 年,甘肃农业大学的任继周和王钦等在天祝藏族自治县建立了中国第一个高山草原定位试验站,在全国率先开展了草地改良的研究,探讨了草地围栏、划破草皮改良草地、划区轮牧、季节畜牧业等技术[14]。1979 年,中国科学院成立了我国在温带草原区的第一个草原生态系统长期定位研究站——中国科学院内蒙古草原生态系统定位研究站。2001 年以来,该研究站先后建立了沙地综合治理、退化草地恢复、人工草地建植等多个试验示范区,取得了如围封休牧、延迟放牧与划区轮牧技术体系和混播草地草种配置与建植技术等一批重要的技术研发和试验示范成果,为国家京津风沙源治理工程、退牧还草工程、草原生态保护奖励补助机制提供了重要的科技支撑。

中国科学院兰州沙漠研究所于 20 世纪 60 年代开始了沙漠治理研究工作,于 1965 年在包兰铁路中卫段沙坡头地区开展流沙固定试验,并建立了沙坡头沙漠科学试验站;在无地表水灌溉和地下水补给的条件下,采用人工沙障等辅助措施,建立了以灌木和半灌木为主的人工防护林体系,将植被固沙下限推移至 180 mm 的等雨量线地区;铁路两侧的植被得以逐步恢复,有效地保护了包兰铁路[15,16]。

以中国科学院水土保持研究所为代表的科研机构对黄土高原水土流失区进行了综合治理与利用示范研究,20 世纪 50—70 年代,主要开展了植树造林、梯田和淤地坝建设工程[17]。截至 1982 年,造林种草面积达 3.53 km²,建成基本农田 3.53×10⁵ km²,治理水土流失面积达 $7.5×10^5$ km²[18]。目前,该研究所在黄土高原的不同类型区建有国家安塞水土保持综合试验站、国家长武黄土高原农业生态试验站、固原生态试验站(林草生态研究室)、神木侵蚀与环境教育部野外科学观测研究站和杨凌水土保持野外科学试验站等野外站[19],对我国黄土高原生态恢复和重建具有创新性理论和实践价值。

从"七五"时期开始,中国科学院水生生物研究所就开始了水生植被恢复和重建方面的研究和工程实践。以武汉东湖、汉阳月湖、莲花湖等湖泊为例,该研究所成功重建了以沉水植物为主的水生植被,对于推动我国受污染水体的生态修复技术研究,乃至水生生态系统的恢复和重建具有重要的借鉴和示范价值[20]。中国科学院南京地理与湖泊研究所以太湖、巢湖为例,对水体生态系统的环境评价、修复和保护进行了详细的研究,并发展了湖泊污染负荷控制与生态系统修复的理论与技术。

我国土壤恢复生态学起步于 20 世纪 70 年代,首先进行了污灌区农田土壤污染与防治研究。1998 年,全球土壤修复网络亚洲中心在中国科学院南京土壤研究所挂牌。2000 年 10 月,第一届土壤修复国际会议(International Conference of Soil Remediation)在杭州召开,标志着我国土壤修复科学的全方位拉开。2001 年,污染土壤修复技术被纳入国家"863"计划。从 20 世纪 90 年代开始,以骆永明教授为代表的南京土壤研究所研究团队系统研究了在我国经济快速发展过程中不同区域和不同土地利用方式下土壤重金属和有机污染的规律,建立了土壤污染诊断、风险评估、基准与标准制定方法,发展了土壤污染的风险管理和修复技术,提出了"土壤修复"学科,并出版了《重金属污染土壤的修复机制与技术发展》和《有机污染土壤的修复机制与技术发展》等土壤污染与修复理论和实践研究丛书[21, 22]。

我国的矿山生态恢复工作开始于 20 世纪 50 年代。初期的矿山复垦实践多是在废石场或闭库的尾矿库上进行简单的平整和覆土绿化。20 世纪 90 年代后,国家才开始重视这项工作,矿山复垦和生态重建也逐渐形成规模。国家土地管理局在全国先后设立了 12 个土地复垦试验示范点,开始了大面积的土地复垦试验推广工作。1995 年,国家环保局组织矿区生态环境破坏与恢复重建调查研究,使得土地复垦成为矿山生态恢复的热点。"十五"和"十一五"期间,国家"863"计划、国家科技支撑计划、国家自然科学基金项目对复垦科研给予了大力支持,在金属矿和煤矿土地复垦领域涌现出了一批科研成果,在矿区生态恢复机制、方法上都有大的突破,并建立了多个复垦示范场[23]。2000 年,首次国际土地复垦与生态重建学术研讨会在北京召开,标志着中国的土地复垦研究开始与国际接轨[23,24]。2018 年,中国矿业大学的胡振琪荣获矿山复垦(修复)领域国际大奖"复垦(修复)先锋奖",这是中国土地复垦与生态修复学者在世界范围内首次获得该奖项,标志着我国矿山生态恢复技术已跃升到了国际水平。目前,我国在矿山生态恢复技术方面取得了较多的研究成果并收获了很好的工程实践效果,除复垦外,还将废弃矿山开发改造成工业用地、旅游景观和旅游用地或绿地等[25-27]。

(二)国家重大生态恢复工程

自新中国成立以来,水土流失治理和以植树造林为主的植被恢复工作就一直延续不断,但在国家层面上提出并推进的大的生态工程却从改革开放后才开始实施(见表 1-2),这些生态工程涉及森林、湿地和草地的恢复,荒漠化、水土流失和水体污染的治理,以及重要生态功能的恢复工程等。国家在这些项目上累计投入资金 1.20×10^5 亿元[28]。这些系列工程的实施标志着我国生态恢复工作逐步由零星开展的群众自发行为发展成为全面规划、整体推进的国家生态建设重点工程,且建设规模和覆盖范围不断扩大。这些国家重大生态恢复工程项目是新中国成立以来恢复生态学研究成果的扩展;同时,在这些项目的推动下,我国恢复生态学飞速发展。

表 1-2 中国实施的主要生态恢复工程[28]

恢复的关键对象	生态恢复工程	规划时期	主管部门
森林	天然林资源保护工程	1998—2010 年	国家林业局
	退耕还林工程	1999—2021 年	国家林业局
	"三北"防护林体系工程	2001—2010 年	国家林业局
	京津风沙源治理工程	2001—2010 年	国家林业局
	野生动植物保护及自然保护区建设工程	2001—2010 年	国家林业局
	速生丰产用材林基地建设工程	2001—2015 年	国家林业局
	沿海防护林体系工程	2001—2010 年	国家林业局
	太行山绿化工程	2001—2010 年	国家林业局
	平原绿化工程	2001—2010 年	国家林业局
	沿海防护林工程	2006—2015 年	国家林业局

恢复的 关键对象	生态恢复工程	规划时期	主管部门
湿地	全国湿地保护工程	2005—2010 年	国家林业局
	湿地保护与恢复示范工程	2001—2005 年	国家林业局
	退田还湖工程	1998—2005 年	国家林业局
草地	退牧还草工程	2003—2007 年	农业部
	草原保护建设利用工程（包括退牧还草工程、沙化草原治理工程、西南岩溶地区草地治理工程、草业良种工程、草原防火减灾工程、草原自然保护区建设工程、游牧民人草畜三配套工程、农区草地开发利用工程、牧区水利工程）	2007—2020 年	农业部
水土流失	国家水土保持重点工程	1993—	水利部
	革命老区水土保持重点建设工程	2010—2020 年	水利部
	首都水资源水土保持项目	2001—2010 年	水利部
	长江上中游水土保持重点防治工程	1989—	水利部
	黄土高原淤地坝工程	2003—	水利部
	珠江上游南北盘江石灰岩地区水土保持综合治理试点工程	2004—2006 年	水利部
	东北黑土区水土流失综合防治试点工程	2004—2020 年	水利部
	晋陕蒙砒砂岩区沙棘生态工程	1998—	水利部
	黄河上中游水土保持重点防治工程	1986—	水利部
	地方国债水土保持重点工程	—	水利部
荒漠化	岩溶地区石漠化综合治理工程	2006—2015 年	发改委
	沙漠化地区综合治理工程	—	发改委
水体污染	三峡库区水污染治理工程	2001—2010 年	生态环境部
	南水北调（东线）治污工程	2001—2013 年	生态环境部
	渤海碧海行动计划工程	2001—2010 年	生态环境部
重要 生态功能	青海三江源自然保护区生态保护和建设工程	2005—2010 年	发改委
	国家级自然保护区工程	1999—2010 年	生态环境部
	重要生态功能保护区工程	2008—2012 年	生态环境部

注：发改委为中华人民共和国国家发展和改革委员会的简称。

（三）中国政府针对生态恢复工作的专门机构

1.中国生态环境部专设的自然生态保护司（减防退化）

专门负责指导协调和监督生态保护修复工作，拟订和组织实施生态保护修复监管政策、法律、行政法规、部门规章、标准；组织起草生态保护规划，开展全国生态状况评估，指导生态示范创建、"绿水青山就是金山银山"实践创新；监督对生态环境有影响的自然资源开发利用活动、重要生态环境建设和生态破坏恢复工作；监督野生动植物保护、湿地生态环境保护、荒漠化防治等工作。

2.中国自然资源部专设的国土空间生态修复司（恢复退化）

承担国土空间生态修复政策研究工作，拟订国土空间生态修复规划；承担国土空间综合整治、土地整理复垦、矿山地质环境恢复治理、海洋生态、海域海岸带和海岛修复等工作；承担生态保护补偿相关工作；指导地方国土空间生态修复工作。

第二节 海洋恢复生态学的概念及发展简史

海洋是人类社会和经济可持续发展的重要基础，但随着全球特别是沿海地区经济的快速发展和人口的急剧增长，沿海土地利用格局改变、海水污染、海水富营养化等影响并导致海洋生态系统正以前所未有的速度退化。与陆地生态系统相比，海洋生态系统退化受到的关注时间较晚。2008年12月5日，第63届联合国大会通过第111号决议，决定自2009年起，将每年的6月8日确定为"世界海洋日"。联合国希望世界各国都能借此机会认识海洋的价值，关注全球性污染和过度捕捞等问题对海洋环境和海洋生物资源造成的负面影响。目前，海洋生态系统退化正成为世界沿海各国普遍面临的严峻问题，海洋生态恢复作为遏制海洋生态系统退化的重要途径，已成为当前全球海洋学和生态学研究领域的热点。

一、海洋恢复生态学的概念

海洋恢复生态学（marine restoration ecology）起步时间较晚，目前尚无明确的定义。李永祺和唐学玺认为，海洋恢复生态学是研究海洋生态系统退化的原因、过程，以及退化生态系统的评价、修复和管理的理论和技术的一门新兴学科[2]。海洋生态系统的恢复研究虽然严重滞后于陆地生态系统，但近年来随着各国对海洋经济和海洋生态环境的重视，海洋生态恢复研究正成为海洋领域研究的新热点，其中涉及各类海洋生态系统。

二、国际海洋恢复生态学的发展状况

从20世纪90年代开始，科学家才将注意力投向海洋生态恢复这一领域，在近30年里发表的相关文章更是呈指数式增长[29,30]。目前,刊发海洋生态恢复论文数量居前十位的期刊分别为 *Journal of Coastal Research*,*Restoration Ecology*,*Ecological Engineering*,*Estuarine*,*Coastal and Shelf Science*,*Ocean and Coastal Management*,*Wetlands*,*Marine Pollution Bulletin*,*Estuaries and Coasts*,*PLoS One*,*Marine Ecology Progress Series*[30]。

有关沿海栖息地恢复(包括海草床、海藻场、牡蛎床、珊瑚礁、滨海盐沼、红树林)的研究与工程实施是当前海洋生态恢复研究热点,涉及濒危物种的种群恢复、群落恢复、生态系统恢复等不同尺度的研究内容,有关滨海湿地修复与生物地球化学、气候变化与生态系统管理等主题也正成为当前的研究新潮流[29-31]。在海洋生态系统的恢复研究和保护工作中,红树林生态恢复无疑是研究时间最早、范围最广的一个领域,已经形成全球性研究网络。2018 年,保护国际基金会、世界自然保护联盟、大自然保护协会、湿地国际和世界自然基金会成立了全球红树林联盟(global mangrove alliance, GMA),致力于加速全世界红树林的保护和恢复工作。2021 年,全球红树林联盟发布了《2021 全球红树林状况》(The State of the World's Mangroves 2021)报告。报告由 100 多位来自科学、金融和政策领域的国际专家参与完成,给出了近 20 年来全球红树林分布面积的变化情况,分析了引起红树林损失的原因,总结了红树林的生态功能,概述了目前有关红树林研究的最新信息和正在实施的红树林保护行动,并指明了未来红树林保护的方向[32]。

张(Zhang)等综述了沿海栖息地生态恢复的发展进程和潮流,发现 2017 年前有关海草床、牡蛎床和盐沼三大沿海栖息地的生态恢复具有以下特征:涉及盐沼的研究数最多(53%),涉及海草床和牡蛎床的研究数占比几乎相同(23%)。从 2000 年开始,三个领域的研究数均急剧增加,其中有关海草恢复的研究数增加最为迅速,观察研究占比最多,为 45%;实验性研究占比为 29%;模型模拟和综述类占比相同(13%);生态恢复方法及实施类研究占比最多(42%);恢复监测类研究和恢复海域选择占比分别为 34% 和 23%[33]。

三、中国海洋恢复生态学的发展状况

(一)中国海洋生态恢复工作进展

我国的海洋生态系统恢复工作虽然始于 20 世纪 50 年代,但在 20 世纪开展的主要为红树林生态恢复工作,包括 80 年代之前的零星红树林引种项目和 80 年代到 2000 年之前的红树林造林和经营技术等修复项目。自 21 世纪起,我国海洋生态恢复进入快速发展期,相关研究全面展开,涉及红树林、滨海盐沼、珊瑚礁、海草床、海藻场、牡蛎床、沙质海滩、海岛等领域,研究尺度也在逐步扩大,研究的内容也更加精细和丰富。

与此同时,由政府主导的海洋修复工程也在如火如荼地展开。截至 2016 年,我国共实施海洋修复工程 1011 项,颁布相关专业技术规范 341 项[34]。2010—2017 年,中央已累计投入财政专项资金 137 亿元[35]。

"十三五"时期,我国又实施了"蓝色海湾""南红北柳""生态岛礁"等重点工程,继续推进海洋生态建设和整治修复工作。在"蓝色海湾"整治工程中,完成了 16 个污染严重的重点海湾综合治理、50 个沿海城市毗邻重点小海湾的整治修复。自 2016 年起,中央财政累计安排海岛及海域保护资金 68.9 亿元,先后支持 28 个沿海城市开展"蓝色海湾"整治行动[36]。该行动的实施内容包括海岸线生态修复工程、恢复海岸线生态功能、海岛保护利用示范工程等。"南红北柳"生态工程,即因地制宜开展滨海湿地、河口湿地生态修复,主要在南方种植红树林,在北方种植柽柳(*Tamarix chinensis*)、芦苇(*Phragmites australis*)和碱蓬(*Suaeda sp.*)。在"生态岛礁"修复工程中,主要内容包括种植岛屿植被、建设海洋生态廊道、建设生态岛礁。截至 2018 年年底,中国累计修复岸线约 1000 km,滨海湿地 96 km²,海岛 20 个[36,37]。

2016 年,国家海洋局印发了《关于全面建立实施海洋生态红线制度的意见》和《海洋生态红线划定技术指南》,提出了海洋生态红线区面积、大陆自然岸线保有率、海岛自然岸线保有率和海水质量四项控制指标[38]。

2020 年,有 21 项海岸带保护修复工程技术标准正式发布实施,包括现状调查与评估类 10 项(红树林、盐沼、珊瑚礁、海草床、牡蛎礁、砂质海岸等典型生态系统现状调查和评估技术方法)、生态修复工程建设类 10 项(海堤生态化、围填海工程生态海堤建设、典型生态系统修复技术方法)、项目监管类 1 项(项目监管监测技术方法)。

2021 年,为提高海洋生态修复工作的科学化、规范化水平,提升海洋生态系统的质量和稳定性,自然资源部印发了《海洋生态修复技术指南(试行)》。

与此同时,沿海各省也积极跟进中央的海洋修复政策,出台了一些与海洋生态修复相关的法律、法规和标准。辽宁、天津、厦门、海南等省市还出台了地方性技术政策标准,如关于海洋生态(生物)损害评估或补偿的标准[36]。

我国在海洋生态恢复中存在不少问题。2020 年,杨志峰院士团队对我国海洋生态系统典型修复项目分析后发现,存在修复地域和修复类型不平衡、修复规范缺乏等问题,主要体现在以下方面:南方地区滨海湿地生态修复开展得较广泛,北方只有山东和辽宁两省开展得稍多;针对红树林和滩涂的修复实践较多,而针对盐沼、珊瑚礁、海草床的修复案例则很少;修复成功的案例少,很多地区出现反复修复的情况,不能有效阻止退化;修复工程技术手段、技术规范和原则特别缺乏,甚至无规范性的指导[34]。同时,目前海洋生态修复的政策大多分散在岸线保护、滨海湿地保护、围填海管控和修复的单项法律法规、政策文件、相关规划或标准中,国家和地方层面对于系统开展海洋生态修复工程尚缺少针对性和系统性的法律法规、整体规划、标准体系、资金保障等政策上的顶层设计[36]。

(二)中国典型海洋生态系统恢复研究进展

1.中国红树林生态系统恢复研究进展

在我国海洋生态恢复中,红树林生态系统恢复研究开展时间最长,研究范围也最广,因此研究成果也最多。20世纪50—60年代,我国开始尝试人工引种红树林,并取得了一定的成果,如1956年广西钦州市人工营造白骨壤($Avicennia\ marina$)红树林,1958年浙江省瑞安县成功引种红树林,1960年福清市从海南岛引种造林,1961年厦门同安县从海南岛引种造林[39]。20世纪80年代,我国开始注重红树林保护工作。1991年,红树林造林和经营技术研究被列入国家科技攻关研究专题,标志着我国红树林生态恢复研究进入一个全新时期。"八五"和"九五"期间,国家设立了红树林资源恢复发展技术研究攻关专题,中国林业科学研究院热带林业研究所、厦门大学滨海湿地生态系统教育部重点实验室、广西红树林研究中心等单位成为我国红树林生态恢复研究的主力军,并分别在造林技术、修复生态工程和"蓝碳"、红树林保护方面作出了重要贡献。厦门大学的林鹏院士是中国红树林生态系统研究的开拓者,先后建立了海岸红树林湿地定位研究基地和红树林修复生态工程体系等。中国林业科学研究院热带林业研究所在红树林造林技术上取得了多项突破,如主要树种造林配套技术、退化次生红树林改造优化技术、优良速生红树植物北移引种技术、污染海滩造林技术、造林树种优良种源选择技术等[39]。广西红树林研究中心的范航清出版了《中国红树林研究与管理》等著作,并长期为广西北仑河口国家级自然保护区和广西山口红树林国家级自然保护区的红树林生态保护和恢复提供技术支撑,参与组织和推动广西山口红树林国家级自然保护区和防城港红树林分别晋升为人与生物圈保护区和国际示范区,并使广西的滨海湿地研究进入"红树林-海草-珊瑚礁"大系统的高度。尽管近20年来,学者们也开始关注红树林土壤环境、底栖动物群落、物质循环等生态过程和功能等方面,但目前我国红树林生态恢复的研究仍侧重于种植技术,对红树林修复过程中生态结构和功能恢复的研究较少,对红树林修复效果进行定量评价的研究也很少[40]。

2019年,自然资源部、国家林业和草原局组织完成了我国红树林现状和育林潜力专项调查工作,基本摸清了红树林分布面积等现状,研究了红树林保护修复的各项工作和任务。该专项调查结果表明,中国目前有红树林分布的自然保护地共52处(不含港澳台),包括自然保护区、湿地公园、海洋特别保护区等类型[41]。其中,国家级红树林自然保护区有6个,分别为海南东寨港国家级自然保护区、广西山口红树林国家级自然保护区、广西北仑河口国家级自然保护区、广东内伶仃福田国家级自然保护区、广东湛江红树林国家级自然保护区、福建漳江口红树林国家级自然保护区。其中广东湛江红树林国家级自然保护区面积最大,保护区面积为202.7 km²、红树林面积为99.0 km²。

2020年,自然资源部、国家林业和草原局印发了《红树林保护修复专项行动计划

（2020—2025 年）》，明确对全国现有红树林实施全面保护，并制定了到 2025 年营造和修复红树林的目标：营造红树林 90.5 km²、修复现有红树林 97.5 km²，总面积达 188 km²。

2.中国盐沼生态系统恢复研究进展

我国滨海盐沼生态系统恢复研究尚处于起步阶段，对盐沼的恢复主要集中于生境修复、植被恢复、互花米草（*Spartina alterniflora*）等入侵物种的生态防控、关键种的保育等方面[42，43]。在植被修复实践中，北方以碱蓬、柽柳等为主，南方以芦苇、海三棱藨草（*Scirpus mariqueter*）等为主[44]，植被修复技术手段主要是各种生境条件下的植被种植以及对外来入侵物种的控制与防治。

控制入侵物种互花米草是我国滨海盐沼近 20 年来的一项重要研究内容，即通过物理、化学、生物等技术手段和工程来进行互花米草的生态防控。例如，带水刈割技术能长期有效地清除互花米草[45]；利用土著芦苇自身及其凋落物的化感作用等抑制互花米草的扩张来维持或修复被互花米草入侵的盐沼湿地[46，47]；改变土壤性质以及高程来防控互花米草的入侵[48]。

黄河三角洲湿地因面积不断扩大、生态功能强大、生态环境多变脆弱、天然湿地萎缩严重等特点，成为国家湿地保护和修复的重点对象。2003 年，国家林业局全面实施了黄河三角洲国家级自然保护区湿地生态恢复保护工程，通过引灌黄河水、沿海修筑围堤、增加湿地淡水存量等措施来恢复生态系统的稳定性和功能[49]。2001 年以来，我国在黄河三角洲自然保护区退化的海岸芦苇湿地进行了大规模的修复工程，学者们采用了多种修复措施，如淡水补充生态修复工程、土壤基底改良修复技术、芦苇实生苗联合造纸废水浇灌修复技术、调水调沙修复技术、筑坝修堤等工程和技术手段，目前已初步构建了一个比较完整的滨海湿地生态系统[50-52]。2011 年，中国科学院烟台海岸带研究所与东营市政府共建了国内首个滨海湿地野外研究平台——中国科学院黄河三角洲滨海湿地生态试验站，于君宝等研究团队对黄河三角洲滨海湿地退化机制、植被修复原理与优化对策进行了研究，在国内首次提出了从元素生物地球化学和淡水资源合理调配角度进行退化湿地生态修复的"逐级修复"思路，并建立了重度退化湿地修复技术体系[53-56]。自 2019 年起，山东省先后实施了黄河三角洲国际重要湿地保护与恢复工程等生态保护恢复工程，总投资 10.8 亿元，实施项目 16 项；通过水系微循环、微生境改造、种子库补充、水分补给等生态恢复技术，形成了"河流水系循环连通、原生湿地保育补水、鱼虾生物繁衍生息、适宜鸟类觅食筑巢"和"一次恢复、自然演替、逐步稳定"的黄河三角洲湿地恢复新模式[57]。

近年来，自然资源部中国地质调查局以我国辽河三角洲湿地、黄河三角洲湿地、盐城滨海湿地等北方地区典型滨海湿地为示范区，系统开展了滨海湿地生态地质调查和保护修复技术方法研究，初步构建了我国滨海湿地生态修复技术方法体系，建成了全球芦苇同质园，从全球 91 个芦苇基因种中优选出了 4 个生物量大、耐盐性高、抗病能力强、适应我国北方地质条件的基因种[58]。

3.中国海草床生态系统恢复研究进展

我国海草床生态系统恢复研究于 2010 年才起步,目前的研究工作主要集中于海草床退化机制和生态修复方面。海草床退化机制的研究主要涉及一些群落优势种种群动态与环境的关系[59-61],生理生态和生态毒理学[62-64],种群种苗补充机制[65,66],海水富营养对海草生长、资源配置及其与大型藻类竞争影响机制等[67-69];生态恢复主要集中在少数海草物种的移植和种植方面,未达到系统水平的修复和恢复。开展海草床生态系统恢复生态学研究的主要单位有中国科学院南海海洋研究所、中国科学院海洋研究所、中国海洋大学、广西红树林研究中心、中国水产科学研究院黄海水产研究所、山东东方海洋科技股份有限公司、山东大学、烟台大学等。

目前国内海草生态恢复研究最多的是鳗草(*Zostera marina*),学者们集中研究其种子保存、发芽及播种技术,实生苗和成株移植技术等。移植技术的研究案例有:郭栋等于2012 年分别采用沉子法、枚钉法、直插法、夹苗法和整理箱法在山东荣成俚岛近岸海域进行了鳗草移植试验[70];刘鹏等使用根茎棉线绑石移植法修复鳗草[71]。种子保存、发芽和播种技术研究案例主要有:张壮志等研究了不同温度、春化作用时间对鳗草种子萌发和不同播种深度对种子成苗率的影响,并进行了幼苗培育,研制开发了幼苗移栽装置和技术[72];黄海水产研究所成功构建了室内鳗草幼苗培育技术[73];许帅结合室内实验控制温度、盐度,探寻了鳗草种子长期保存的最适条件,构建了鳗草人工种子库[74]。

对其他海草恢复生态的研究较为零星,对日本鳗草(*Zostera japonica*)[66]和红纤维虾形草(*Phyllospadix iwatensis*)的移植进行了探索[75];于硕等进行了基于种子法的海菖蒲(*Enhalus acoroides*)海草床的恢复研究[76];韦梅球研究了贝克喜盐草(*Halophila beccarii*)种子储存与萌发影响因素[77];顾瑞婷探究了温带沿海中国川蔓草(*Ruppia sinensis*)种群特征及生态修复潜力研究[78];刘松林等开展了底质类型对热带海草海菖蒲种子萌发和幼苗生长的影响研究[79]。

4.中国海藻场生态系统恢复研究进展

我国大型海藻场的生态恢复研究工作始于 21 世纪,在生境修复藻种选择、修复方法、修复效果等多方面进行了研究。岳维忠等在 2004 年设计了大亚湾养殖水域底栖生物+藻类立体修复体系[80];2005 年,山东省海水养殖研究所藻类中心在山东荣成俚岛海区,通过移植、种植各种大型海草,构建人工海藻场,海底植被修复效果显著[81];从 2005年开始,中国南部沿海生物多样性管理项目南麂示范区(温州市平阳县)开始利用铜藻(*Sargassum norneri*)重建海藻场来恢复生态系统,取得了不错的效果[82];章守宇和孙宏超于 2007 年提出了海藻场生态工程的概念,并进行了海洋牧场、海藻场重建的多项研究[83];黄洪辉自 2014 年以来详细研究了马尾藻(*Sargassum* sp.)场生态修复重建技术,并在深圳大亚湾杨梅坑的受损岩相潮间带海域、深圳大亚湾大礁七星湾海域、惠州大亚湾横洲岛潮间带海域和大辣甲岛东侧浅海区进行了马尾藻岸线的修复重建[84];于永强在烟台小黑山岛海域的潮间带成功构建了鼠尾藻(*Sargassum thunbergii*)海藻场[85]。近岸人工鱼礁建设可以为大型海藻提供必要的附着基,成为人工修复重建海藻场的重要途径之一,所以人工鱼礁和海洋牧场建设的兴起,为人工海藻床的修复开辟了一条新的途径,如王云龙等于2019年筛选出坛紫菜(*Porphyra haitanensis*)、龙须菜(*Gracilariopsis lemaneiformis*)等适宜目标物种,并成功用在了象山港海洋牧场人工藻场构建中[86]。

5.中国珊瑚礁生态系统恢复研究进展

我国珊瑚礁生态系统恢复工作起步于20世纪90年代,目前在珊瑚礁人工移植、繁育、保护、修复机制和方法领域进行了相关研究。陈刚和谢菊娘于1995年首次在海南岛三亚市鹿回头浅海水域进行了人工珊瑚移植试验,共移植44个样品(18种石珊瑚和1种多孔螅),6个月后仅有8个石珊瑚自然脱落、3个死亡,存活率达75%[87]。2004年,由大亚湾水产资源省级自然保护区管理处及南海水产研究所共同参与的大亚湾珊瑚礁移植项目工程取得成功,移植了6种珊瑚,珊瑚礁体3000多个,移植珊瑚成活率近100%[88]。截至2013年,大亚湾区"海洋牧场"已经建成4座人工鱼礁区,先后开展了4次大型珊瑚移植保护工程,共移植珊瑚2.8万多颗,珊瑚移植成活率大于95.2%,并建设了专门的珊瑚移植区[89]。从2009年开始,中国科学院南海海洋研究所在西沙开始了珊瑚培育与珊瑚移植技术的试验[90]。2020年,自然资源部第三海洋研究所开展了基于有性繁殖技术的修复研究,并在广西涠洲岛海域进行了投放试验,且监测表明初步取得了良好的修复效果[91]。

2008年以前的珊瑚礁修复技术主要以移植为主,2008年以后逐渐开展了珊瑚繁殖与人工培育的技术研究。目前,珊瑚礁的修复项目已在三亚、西沙群岛、南沙群岛、大亚湾、涠洲岛等多地开展,其中在西沙群岛试验的修复最多,包括珊瑚幼体繁育、珊瑚苗圃构建、珊瑚断枝培育、珊瑚底播移植、底质稳固技术等[90,92]。西沙群岛、三亚、涠洲岛、大亚湾等珊瑚礁修复区已取得不错的效果[92,93]。利用天然珊瑚岛礁建设保护型海洋牧场成为一种新的珊瑚礁生态恢复方法;在保护区内限制非法拖网作业对珊瑚礁盘的破坏,可起到使珊瑚分布面积增加和礁区鱼类资源量增加的生态恢复效果[94,95]。

目前,我国已建立了多个国家级、省级、县级珊瑚礁保护区,4个国家级保护区分别是海南三亚珊瑚礁国家级自然保护区(又名"亚龙湾珊瑚礁国家级自然保护区")、广东徐闻珊瑚礁国家级自然保护区、福建东山珊瑚礁海洋自然保护区和广西涠洲岛珊瑚礁国家级海洋公园。其中,广东徐闻珊瑚礁国家级自然保护区面积约1.09 km²,是中国目前连片面积最大、种类集中最多、保存最完好的珊瑚礁自然资源保护区。

🔍 **思考题**

1.简要叙述恢复生态学的概念。

2.简要叙述海洋恢复生态学的概念。

3.简要叙述我国在恢复生态学发展中的贡献。

4.简要叙述恢复生态学得以发展的重要原因。

参考文献

[1]彭少麟,周婷,廖慧璇,等.恢复生态学[M].北京:科学出版社,2020.

[2]李永祺,唐学玺.海洋恢复生态学[M].青岛:中国海洋大学出版社,2016.

[3]董世魁,刘世梁,尚占环,等.恢复生态学[M].2版.北京:高等教育出版社,2009.

[4]任海,刘庆,李凌浩,等.恢复生态学导论[M].3版.北京:科学出版社,2019.

[5]卢学强,郑博洋,于雪,等.生态修复相关概念内涵辨析[J].中国环保产业,2021(4):10-14.

[6]STANTURF J A, PALIK B J, DUMROESE R K. Contemporary forest restoration: A review emphasizing function[J]. Forest Ecology and Management, 2014, 331: 292-323.

[7]VAN DIGGELEN R V, GROOTJANS A P, HARRIS J A. Ecological restoration: State of the art or state of the science? [J]. Restoration Ecology, 2001, 9(2): 115-118.

[8]Society for Ecological Restoration International (SER). The SER international primer on ecological restoration [R]. Tucson: SER International Science and Policy Working Group, 2004.

[9]CAIRNS J J. Rehabilitating damaged ecosystems [M]. Boca Raton: CRC Press LLC, 1988.

[10]EGAN D, HOWELL E A. The historical ecology handbook: A restorationist's guide to reference ecosystems [M]. Washington: Island Press, 2001.

[11]CAIRNS J J, DICKSON K L, HERRICKS E E. Recovery and restoration of damaged ecosystems [M]. Charlottesville: University of Virginia Press, 1977.

[12]BRADSHAW A D, CHADWICK M J. The restoration of land, the ecology and reclamation of derelict and degraded land [M]. Oxford: Blackwell Scientific Publications, 1980.

[13]JORDAN W R, GILPIN M E, ABER J D. Restoration ecology: A synthetic approach to ecological research [M]. Cambridge: Cambridge University Press, 1987.

[14]任继周,王钦.甘肃天祝永丰滩高山草原更新措施的研究简报[J].甘肃农业大学学报,1959(4):11-20.

[15]陈文瑞.沙坡头地区沙丘人工植被区土壤性质的变化[J].中国沙漠,1981,1(1):40-48.

[16]陈荷生,康跃虎,邱国玉.腾格里沙漠东南缘沙坡头地区防护林建设与生物气候关系的研究[J].干旱区资源与环境,1993,7(1):51-62.

[17]李宗善,杨磊,王国梁,等.黄土高原水土流失治理现状、问题及对策[J].生态学报,2019,39(20):7398-7409.

[18]山仑,李银锄.黄土高原的水土流失防治和综合治理[J].干旱地区农业研究,1984(3):1-9.

[19]高健翎,高燕,马红斌,等.黄土高原近70年水土流失治理特征研究[J].人民黄河,2019,41(11):65-69,84.

[20]吴振斌.水生植物与水体生态修复[M].北京:科学出版社,2011.

[21]骆永明,滕应,过园.土壤修复——新兴的土壤科学分支学科[J].土壤,2005,37(3):230-235.

[22]骆永明,滕应.中国土壤污染与修复科技研究进展和展望[J].土壤学报,2020,57(5):1137-1142.

[23]胡振琪.中国土地复垦与生态重建20年:回顾与展望[J].科技导报,2009,27(17):25-29.

[24]胡振琪,毕银丽.2000年北京国际土地复垦学术研讨会综述[J].中国土地科学,2000,14(4):15-17.

[25]HU Z Q, WANG P J, LI J. Ecological restoration of abandoned mine land in China[J]. Journal of Resources and Ecology, 2012, 3(4): 289-296.

[26]刘晓慧.废弃矿山的"绿色演变"[N].中国矿业报,2021-08-19(1).

[27]周强,李进."残山剩水"变生态修复样板——河南山水地质旅游资源开发有限公司服务矿山治理侧记[J].资源导刊,2020(7):44.

[28]高吉喜,杨兆平.生态功能恢复:中国生态恢复的目标与方向[J].生态与农村环境学报,2015,31(1):1-6.

[29]BASCONI L, CADIER C, GUERRERO-LIMÓN G. Challenges in marine restoration ecology: How techniques, assessment metrics, and ecosystem valuation can lead to improved restoration success [A]. JUNGBLUT S, LIEBICH V, BODE-DALBY M. The ocean: Our research, our future [M], 2020: 83-99.

[30]俞炜炜,马志远,张爱梅,等.海洋生态修复研究进展与热点分析[J].应用海洋学学报,2021,40(1):100-110.

[31]BAYRAKTAROV E, SAUNDERS M I, ABDULLAH S, et al. The cost and feasibility of marine coastal restoration [J]. Ecological Applications, 2016, 26(4):

1055-1074.

[32]SPALDING M D, LEAL M. The state of the world's mangroves 2021 [R]. Global Mangrove Alliance, 2021.

[33]ZHANG Y S, CIOFFI W R, COPE R. A global synthesis reveals gaps in coastal habitat restoration research[J]. Sustainability, 2018, 10(4): 1-15.

[34]刘如楠.我国滨海湿地修复"无章可循"[N].中国科学报,2020-10-28(4).

[35]陈克亮,吴侃侃,黄海萍.我国海洋生态修复政策现状、问题及建议[J].应用海洋学学报,2021,40(1):170-178.

[36]王少勇.多措并举加强海岸线生态保护修复[N].中国自然资源报,2019-11-21.

[37]张志卫,刘志军,刘建辉,等.我国海洋生态保护修复的关键问题和攻坚方向[J].海洋开发与管理,2018,35(10):26-30.

[38]陈君怡.严守海洋生态红线　强制防控陆源污染[N].中国海洋报,2017-06-22(1).

[39]郑德璋,李玫,郑松发.中国红树林恢复和发展研究进展[J].广东林业科技,2003,19(1):10-14.

[40]王丽荣,于红兵,李翠田,等.海洋生态系统修复研究进展[J].应用海洋学学报,2018,37(3):435-446.

[41]宋梅.整体保护　科学修复[N].中国自然资源报,2020-09-01.

[42]李亮.奉贤湿地蟹类对入侵种互花米草与本地种芦苇生长和更新的调控作用[D].上海:华东师范大学,2020.

[43]孙乾照,林海英,张美琦,等.滨海盐沼湿地生态修复研究进展[J].北京师范大学学报,2021,57(1):151-158.

[44]陈雅慧.长江口海三棱藨草种群的生态修复研究[D].上海:华东师范大学,2020.

[45]顾燕飞.崇明东滩互花米草生态控制的施工技术及效果[J].上海交通大学学报,2019,37(5):83-88.

[46]张茜,赵福庚,钦佩.苏北盐沼芦苇替代互花米草的化感效应初步研究[J].南京大学学报,2007,43(2):119-126.

[47]舒文凯,杨俊,秦宇露,等.本地种芦苇缓解湿地外来入侵种互花米草的化感作用[J].杭州师范大学学报,2019,18(5):483-489.

[48]刘琳,安树青,智颖飙,等.不同土壤质地和淤积深度对大米草生长繁殖的影响[J].生物多样性,2016,24(11):1279-1287.

[49]张晓龙,李培英,刘月良,等.黄河三角洲湿地研究进展[J].海洋科学,2007,31(7):81-85.

[50]唐娜,崔保山,赵欣胜.黄河三角洲芦苇湿地的恢复[J].生态学报,2006,26(8):2616-2624.

[51]孙景宽.黄河三角洲退化芦苇湿地生态修复技术研究[D].北京:中国矿业大学（北京），2013.

[52]裴俊,杨薇,王文燕.淡水恢复工程对黄河三角洲湿地生态系统服务的影响[J].北京师范大学学报,2018,54(1):104-112.

[53]董洪芳,于君宝,管博.黄河三角洲碱蓬湿地土壤有机碳及其组分分布特征[J].环境科学,2013,34(1):288-292.

[54]刘晓玲,王光美,于君宝,等.氮磷供应条件对黄河三角洲滨海湿地植物群落结构的影响[J].生态学杂志,2018,37(3):801-809.

[55]赵心怡,李晓,于淼,等.黄河三角洲湿地水文连通受阻现状[J].区域治理,2019(49):78-81.

[56]李晓,赵心怡,于淼,等.黄河三角洲清水沟和清八汊河口表层土壤金属元素含量对比[J].湿地科学,2019,17(6):718-722.

[57]陈灏.山东:黄河三角洲修复湿地近30万亩 生物多样性显著提升[E].新华网,2021-11-11.

[58]于德福.我国滨海湿地修复技术方法体系初步形成[N].中国自然资源报,2019-06-12.

[59]QIN L Z, LI W T, ZHANG X M, et al. Sexual reproduction and seed dispersal pattern of annual and perennial Zostera marina in a heterogeneous habitat[J]. Wetlands Ecology and Management, 2014, 22(6): 671-682.

[60]李乐乐.双岛湾大叶藻种群生态学的初步研究[D].济南:山东大学,2015.

[61]张飞.双岛湾鳗草种群生殖策略的研究[D].济南:山东大学,2017.

[62]GAO Y, FANG J, DU M, et al. Response of the eelgrass (*Zostera marina* L.) to the combined effects of high temperatures and the herbicide, atrazine[J]. Aquatic Botany, 2017,142: 41-47.

[63]丰玉,蒋湘丽,林海英,等.黄河口日本鳗草（*Zostera japonica*）在环境胁迫下的光合响应研究[J].北京师范大学学报,2018,54(1):25-31.

[64]罗娅.Hg、Cd胁迫对卵叶喜盐草（*Halophila ovalis*）生理生化的影响[D].湛江:广东海洋大学,2017.

[65]王朋梅.山东半岛典型海草床大叶藻种群补充机制研究[D].北京:中国科学院研究生院（海洋研究所），2016.

[66]张晓梅.山东沿海矮大叶藻基础生物学与生态恢复研究[D].北京:中国科学院研究生院（海洋研究所），2013.

[67]HAN Q Y, LIU D Y. Macroalgae blooms and their effects on seagrass ecosystems[J]. Journal of Ocean University of China, 2014, 13(5): 791-798.

[68]叶嘉晖,张璐璐,韩秋影,等.海水氮浓度和盐度对孔石莼(*Ulva pertusa*)生物量和碳氮含量的耦合影响[J].生态学杂志,2020,39(11):3748-3755.

[69]张璐璐,韩秋影,史云峰,等.富营养化和海水盐度对日本鳗草生物量和碳氮含量的协同影响[J].海洋科学,2018,42(12):55-61.

[70]郭栋,张沛东,张秀梅,等.大叶藻移植方法的研究[J].海洋科学,2012,36(3):42-48.

[71]刘鹏,周毅,刘炳舰,等.大叶藻海草床的生态恢复:根茎棉线绑石移植法及其效果[J].海洋科学,2013,37(10):1-8.

[72]张壮志,杨官品,潘金华,等.大叶藻种子育苗及移栽技术研究[J].中国海洋大学学报,2017,47(5):80-87.

[73]黄海水产研究所.黄海水产研究所在鳗草幼苗培育技术方面取得突破[J].水产科技情报,2021,48(3):178.

[74]许帅.黄渤海典型鳗草海草床声呐探测及种子保存研究[D].北京:中国科学院大学,2019.

[75]程冉,侯鑫,王欢,等.红纤维虾形草移植植株存活、生长和生理对不同水动力条件的响应[J].渔业科学进展,2022,43(2):21-31.

[76]于硕,张景平,崔黎军,等.基于种子法的海菖蒲海草床恢复[J].热带海洋学报,2019,38(1):49-54.

[77]韦梅球.对潮间带海草贝克喜盐草种子储存与萌发影响因素的研究[D].南宁:广西大学,2017.

[78]顾瑞婷.温带沿海中国川蔓草(*Ruppia sinensis*)种群特征及生态修复潜力研究[D].北京:中国科学院大学(中国科学院海洋研究所),2020.

[79]刘松林,江志坚,吴云超,等.底质类型对热带海草海菖蒲种子萌发和幼苗生长的影响[J].应用海洋学学报,2021,40(1):74-81.

[80]岳维忠,黄小平,黄良民,等.大型藻类净化养殖水体的初步研究[J].海洋环境科学,2004,23(1):13-15.

[81]李美真,詹冬梅,丁刚,等.人工藻场的构建及其生态修复技术研究[C].庆祝中国藻类学会成立 30 周年暨第五十次学术讨论会摘要集,2009:141.

[82]刘娜筱.南麂列岛生物多样性保护 5 年结硕果[N].新平阳报,2011-11-18(2).

[83]章守宇,孙宏超.海藻场生态系统及其工程学研究进展[J].应用生态学报,2007,18(7):1647-1653.

[84]中国水产科学研究院南海水产研究所.马尾藻场生态修复重建技术应用示范与推广[EB].2020.https://www.southchinafish.ac.cn/info/1019/21248.htm.

[85]于永强.潮间带鼠尾藻床构建技术研究[D].烟台:烟台大学,2013.

[86]王云龙,李圣法,姜亚洲,等.象山港海洋牧场建设与生物资源的增殖养护技术[J].水产学报,2019,43(9):1972-1980.

[87]陈刚,谢菊娘.三亚水域造礁石珊瑚移植试验研究[J].热带海洋,1995,14(3):51-57.

[88]梁钢华,郭兴民.广东大亚湾珊瑚礁移植取得成功[N].广东科技报,2004-02-02.

[89]黄礼琪,邱菊.大亚湾投5500万建4座人工鱼礁移植珊瑚28000多颗[N].羊城晚报,2013-08-29.

[90]李元超,兰建新,郑新庆,等.西沙赵述岛海域珊瑚礁生态修复效果的初步评估[J].应用海洋学学报,2014,33(3):348-353.

[91]牛文涛.聚焦珊瑚礁保护和修复　开展科研攻关[N].中国自然资源报,2021-08-20(7).

[92]龙丽娟,杨芳芳,韦章良.珊瑚礁生态系统修复研究进展[J].热带海洋学报,2019,38(6):1-8.

[93]张浴阳,刘骋跃,王丰国,等.典型近岸退化珊瑚礁的成功修复案例——蜈支洲珊瑚覆盖率的恢复[J].应用海洋学学报,2021,40(1):26-33.

[94]高永利,黄晖,练健生,等.大亚湾造礁石珊瑚移植迁入地的选择及移植存活率监测[J].应用海洋学学报,2013,32(2):243-249.

[95]黄晖.中国珊瑚礁状况报告(2010—2019)[M].北京:海洋出版社,2021.

第二章　典型海洋生态系统类型及退化现状

与陆地生态系统相比,海洋生态系统的界限难以划分,目前也无海洋生态系统分类的确切类型。按海区类型划分,海洋生态系统一般分为河口区生态系统、沿岸带生态系统、潮间带生态系统、海湾生态系统、浅海生态系统、大洋生态系统、上升流生态系统、海岛生态系统等;按生物群落划分,海洋生态系统一般分为滨海盐沼生态系统(滨海湿地生态系统)、红树林(mangrove forest)生态系统、珊瑚礁生态系统、大型海藻场生态系统、海草床生态系统等。其中,红树林生态系统、珊瑚礁生态系统和海草床生态系统被称为"三大典型海洋生态系统",红树林和盐沼又被合称为"潮汐咸水湿地"。本书主要介绍按生物群落划分的海洋生态系统及其衰退状况和原因。

第一节　滨海盐沼生态系统

滨海盐沼(coastal salt marsh)是处于海洋和陆地两大生态系统过渡地区的一种以高草本或低灌木植被为主体的湿地生态系统,通常分布于河口地区的近海一端,周期性或间歇性地受海洋咸水体或半咸水体作用,基质以淤泥或泥炭为主。滨海盐沼也称"潮汐沼泽",广泛分布于世界各地的中高纬度海陆过渡地带,在低纬度地区通常被"红树林"替代。按人工干扰程度的不同,可将盐沼划分为自然盐沼、半自然盐沼和人工盐沼。

一、滨海盐沼的环境特点

滨海盐沼的非生物环境特点主要体现为受海洋潮汐的周期性影响和土壤盐度呈梯度变化趋势。潮汐类型、潮位、潮差、潮汐作用频率和潮汐持续时长等对盐沼生物类群的分布和多样性有较大影响。根据海洋潮汐潮位,可将滨海盐沼分为低潮滩盐沼(low marsh)、中潮滩盐沼(middle marsh)和高潮滩盐沼(high marsh)[1]。其中,低潮滩盐沼是指分布于平均小潮高潮位和平均高潮位之间的部分,中潮滩盐沼是指分布于平均高潮位和平均大潮高潮位之间的部分,高潮滩盐沼是指分布于平均大潮高潮位以上的部分。低潮滩盐沼以下为海洋低潮边缘(seawater edge)或光滩(mudflat)[1]。除潮汐频率外,气温、降水、水分的蒸发和散发、地下水和地表水输入、植被盖度等因素也会影响中、高潮滩盐沼的土壤盐分,故滨海盐沼的土壤盐度变化呈现出两种趋势:一种为随着自海向陆高程的逐渐增加,土壤盐分随潮汐作用的减小而减小;另一种为中、高潮滩盐沼土壤盐度高于邻近的高地和低潮滩盐沼,形成中、高潮滩盐分峰值(如我国的黄河三角洲)(见图2-1)[1]。

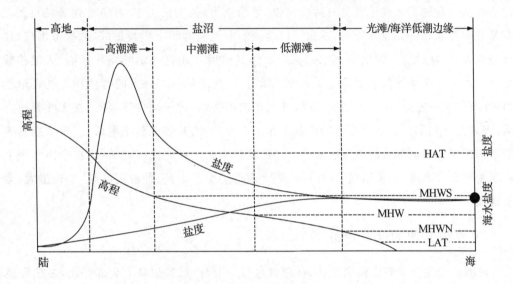

LAT—最小天文潮;HAT—最大天文潮;MHWS—平均大潮高潮位;

MHWN—平均小潮高潮位;MHW—平均高潮位。

图2-1　自海向陆高程梯度下滨海各种生境类型与潮汐的关系和盐分梯度的两种模型

二、滨海盐沼的主要生物组分

滨海盐沼生态系统中的植物群落以草本或低灌木为主。按照植物生长型的不同,盐沼植物群落又可以分为草丛盐沼和灌丛盐沼群落,通常植被盖度应大于30%,且物种组成相对简单,常形成单优群落。盐沼高等植物主要有芦苇、盐地碱蓬(Suaeda salsa)、互花米草、海三棱藨草等。

芦苇隶属于禾本科(Poaceae)芦苇属(Phragmites),为耐湿耐盐的多年生高大禾草,根状茎发达,广泛分布于全球滨海盐沼。其典型生境为常年积水的河滩、低地和入海口的泥质潮滩。其群落高大茂密,最高可达4 m。芦苇盐沼通常成片分布在潮间带上部和潮上带,呈斑块状。

盐地碱蓬隶属于藜科(Chenopodiaceae)碱蓬属(Suaeda),为真盐生植物,一年生,高20~80 cm,具有典型的肉质化叶片,广泛分布于欧洲和亚洲。其生长地土壤中含有高量可置换的钠时对其生长有利,为一种钠质土指标植物。因其秋季通体呈红色,其单优群落被称为"红地毯",黄河三角洲、辽东湾西部等地因此而成为著名旅游景点。

互花米草隶属于禾本科米草属(*Spartina*),为多年生草本植物,具有发达的地下根茎,根系也十分发达,根茎可分布于地下 100 cm,通常生长在河口、海湾等沿海滩涂的潮间带及受潮汐影响的河滩上,并形成密集的单优群落。互花米草原产于北美洲与南美洲的大西洋沿岸,近 200 年来,由于人为引入,互花米草的分布区域已扩展到欧洲、北美西海岸、新西兰与中国沿海[2],目前已被列入世界最危险的 100 种入侵种名单。它能够成为全球入侵种的原因在于其具有适应性强、繁殖能力强、生长迅速、竞争性强等特点。互花米草对基质条件无特殊要求,以在河口地区的淤泥质海滩上生长最好,适盐范围广,通气组织发达,能适应长时间的潮水浸淹[3]。但其适生往往有一定的高程范围,人工移栽可使互花米草在平均低潮面以上 1 m 处存活。互花米草具有强大的有性和无性繁殖能力,在有性繁殖方面,体现为结实率高、种子扩散能力强、种子萌发率高[3];在无性繁殖方面,表现为可利用根状茎营养繁殖扩散迅速扩大种群,当其进入新生境后,主要依靠营养繁殖来扩大分布范围并最终连接成片[4]。互花米草是一种碳四(C_4)植物,在个体水平上表现为光合效率高、生长迅速,在种群水平上表现为生产力高、种群密度高、生物量大、竞争性强[2]。

三、滨海盐沼的世界分布

滨海盐沼主要分布在温带地区,在寒带也有少量分布,如加拿大北部等地,在热带地区通常被红树林替代,但澳大利亚的北部和墨西哥的太平洋海岸等热带地区也有分布。除南极洲外,滨海盐沼在其余各洲都有分布,广泛分布于北美洲的大西洋海岸和太平洋海岸、南美洲的南部、欧洲的西海岸、大洋洲、东亚和东北亚的太平洋海岸以及非洲的南端,特别是大河三角洲或河流入海口的沉积沿岸[1]。全球滨海盐沼总面积约为 2.2×10^6 km^2[5]。

四、滨海盐沼的带状分布特点

由于盐沼生态系统地处海陆交界处,受环境条件(如盐度、潮汐等)影响呈现出明显的梯度变化趋势,因此,从陆地向海洋环境过渡过程中,植物群落类型呈明显的带状分布特点,即不同种的盐沼植物各自占据在随距海距离渐远而高程较高的环境梯度上适宜其生长的一定的带状区域[1]。

2003 年,布尔曼(Boorman)根据欧洲部分盐沼受潮汐影响的频率与植物群落结构,将完全自然状态下的盐沼植物群落沿高程由低到高分成 5 个分布带:先锋植物带、低潮滩带、中潮滩带、高潮滩带和过渡带(见表 2-1)。从近海向陆地过渡,群落分布带受潮汐的影响从大到小,群落优势种也逐渐发生变化,从先锋植物带的米草属、盐角草属(*Salicornia*)或碱菀(*Aster tripolium*),低潮滩带的海滨碱茅(*Puccinellia maritime*)或滨藜(*Atriplex* porlulacoides)，中潮滩带的补血草属（*Limonium*）或车前草属（*Plantago*）物种，高潮滩带的紫羊茅（*Festuca rubra*）、海石竹（*Armeria maritima*）及偃麦草属（*Elytrigia*）等混合群落，直至过渡带的盐生植物与非盐生植物组成的过渡群落类型。群落郁闭度也呈现出先增大再变小的趋势，在中潮滩带和高潮滩带达到100%[6]（见表2-1）。

表2-1　欧洲部分自然盐沼的群落分布带[6]

分布带类型	受潮汐影响情况	群落优势种	群落郁闭度
先锋植物带	除小潮最低潮外的其余时间均受潮汐影响	米草属、盐角草属或碱菀	小
低潮滩带	大多数时间受潮汐影响	海滨碱茅或滨藜	较大
中潮滩带	在大潮时受潮汐影响	补血草属或车前草属	100%
高潮滩带	仅在大潮最高潮时受潮汐影响	紫羊茅、海石竹及偃麦草属	100%
过渡带	仅在风暴潮时偶尔受到潮汐影响	盐生植物与非盐生植物组成的过渡群落类型	—

中国学者对黄河河口地区盐沼和江苏北部盐沼也进行了带状分布特征研究，发现黄河河口地区的带状分布情况为：低潮滩为互花米草带，中潮滩为盐地碱蓬带，高潮滩为盐地碱蓬带、盐地碱蓬和柽柳带，高地为芦苇带（见图2-2）[1]；在江苏滨海盐沼，植被的带状分布情况为：中潮滩大米草沼泽（大米草-互花米草）、中潮滩过渡带（碱蓬-大米草）、高潮滩碱蓬草甸（碱蓬）、高潮滩过渡带（獐茅-碱蓬）、超潮滩茅草草甸（白茅-大穗结缕草-獐茅草）（见表2-2），潮浸频率、地表物质泥质含量、土壤性状以及潜水水位等也呈相应的梯度变化[7]。

表2-2　江苏滨海平原典型淤泥质潮滩湿地断面生态结构[7]

地貌分带	超潮滩	高潮滩		中潮滩	
生态类型	茅草草甸	过渡带	碱蓬草甸	过渡带	大米草沼泽
植物群落	白茅-大穗结缕草-獐茅草	獐茅-碱蓬	碱蓬	碱蓬-大米草	大米草-互花米草
潮浸频率/%	<5	5～20	20～50	40～60	50～80
地表物质泥质含量/%	粗粉砂-泥 20.78	粉砂 24.10	粗粉砂-泥 29.33	粉砂 20.18	细沙-粗粉砂 10.76

续表

地貌分带		超潮滩	高潮滩		中潮滩	
土壤性状	类型	中度盐渍化土	强盐渍化土	中盐土	重盐土	中盐土
	有机质/%	3.07	1.43	0.65	0.51	0.66
	含氮量/%	0.048	0.032	0.033	0.043	0.036
	含盐量/%	0.43	0.58	0.97	1.14	0.88
潜水水位/cm		145	125	130	115	55

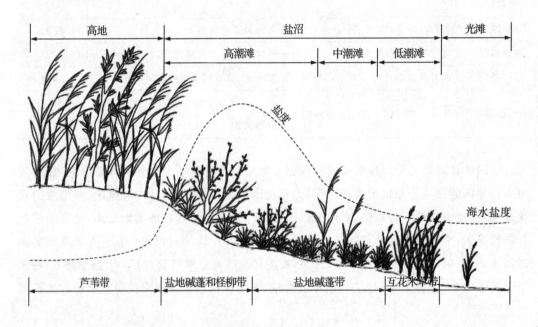

图 2-2 黄河河口地区的植物带状分布图[1]

五、中国的滨海盐沼

我国的滨海盐沼分布面积曾达 14.20×10^3 km²,在 1995 年面积为 570 km²,是同期红树林沼泽面积的 27.8 倍[8],广泛分布于杭州湾以北的北方沿海地区,自南向北依次包括长江三角洲、黄海海岸和渤海海岸,主要分布点有长江口、江苏盐城、山东黄河口、山东莱州湾、山东胶州湾、辽宁辽河口、辽宁鸭绿江口地区[9-11]。在杭州湾以南,如福建闽江河口湿地[12]、广西北海市铁山港区[13]等地,仍有少量的互花米草入侵形成的盐沼。

在长江河口,海三棱藨草、芦苇和互花米草为盐沼的主要优势植物。海三棱藨草群落为先锋群落,植株较矮,适合咸水、半咸水环境,分布于低潮滩和中潮滩,但其最适生长地段为中潮滩,涨潮时群落可被全部淹没,落潮时暴露,在低潮滩时群落郁闭度小,植株生活力差,不能开花结实完成有性生活史,主要分布在南汇边滩,崇明岛东部、北部的滩涂和沙洲上；芦苇群落分布极为广泛，主要分布在奉贤、南汇、川沙的大陆沿岸滩涂上和崇明岛东北沿岸的滩涂上，水质咸淡均可，但在中潮滩、高潮滩生长较好；互花米草群落属于半咸水-淡水植被，主要分布在崇明岛、金山区、奉贤区、南汇区的堤坝外侧和九段沙等地。互花米草的入侵正在改变长江口盐沼植物带状分布状态，使得原有的自海向陆的光滩裸地→海三棱藨草群落→芦苇群落的分带格局发生巨变，如在崇明岛北岸，互花米草几乎完全取代了位于低潮滩的海三棱藨草和中潮滩的芦苇，而成为盐沼的单优种，芦苇和海三棱藨草仅残存于少数地区[1]。此外，还有藨草（*Scirpus triqueter*）、糙叶苔草（*Carex Scabrifolia*）、灯芯草（*Juncus setchuensis*）、碱蓬、白茅（*Imperata cylindrica*）等植物零星分布。根据杨世伦于 1989 年的统计，上海地区近 82% 的岸段分布着盐沼，面积总计 200 km²，占当年上海滩涂面积的 1/3，其中芦苇和藨草植被各 100 km²[14]。

　　江苏省滨海湿地面积占全国滨海湿地总面积的比重最大（约为 1/4），主要分布在连云港、盐城、南通三市，其中以盐城区域内湿地面积最大，约占江苏省滨海湿地总面积的 60%，是中国最大的连续潮间带生态系统[15]。盐城滨海主要有芦苇群落、碱蓬群落和互花米草群落。碱蓬群落分布于低潮滩和中潮滩，优势种为盐地碱蓬，为盐渍裸地上的先锋群落，在盐城湿地自然保护区核心区和大丰市外滩等地分布面积较大，约 126.28 km²，群落盖度为 50%～80%。在高潮滩年潮淹没带附近，碱蓬植被分布稀疏，伴生植物有大穗结缕草（*Zoysia macrostachya*）、獐茅（*Aeluropus sinensis*）、盐角草（*Salicornia europaea*）、灰绿碱蓬（*Suaeda glauca*）等[1]。在海堤附近的高潮滩，碱蓬常被白茅、大穗结缕草和獐茅取代。芦苇群落的典型生境为常年积水的河滩、低地和入海口的泥质潮滩。其主要分布于盐度较低的河口区，在新淮河口、新滩盐场内堤外侧、翻身河口、扁担河口、双洋河口、大喇叭口、射阳河口及三角洲、新洋港口及芦苇基地、核心区近海堤边缘、三里闸堤外等均有大面积分布，约 141.13 km²，河口群落盖度为 90%～100%，堤外群落盖度为 60%～70%。互花米草于 1982 年在射阳、大丰等地引种成功，目前主要分布在射阳河口一带的高潮带下部至中潮带上部的广阔滩面上，这里已成为全国面积最大的互花米草分布区，约为 126.07 km²，群落盖度高达 90%。互花米草和大米草（*Spartina anglica*）已取代盐地碱蓬而成为盐沼的先锋植物，成为低潮滩的主要植物群落。盐城滩涂的匡围速度不断加大，且匡围范围基本在碱蓬滩的中上部，使得原来与碱蓬过渡的近千米宽的白茅-大穗结缕草群落仅余几百米[16]。

　　黄河三角洲地区的盐沼主要植物群落为盐地碱蓬群落、柽柳群落和芦苇群落，也有互花米草群落。黄河三角洲地区的芦苇群落有淡水型和半咸水型两种。在黄河三角洲自然保护区的一千二管理区，盐地碱蓬占据低潮滩盐沼和陆缘两个带区，柽柳在高潮滩为植物群落优势种，但郁闭度较小，芦苇、罗布麻（*Apocynum venetum*）、白茅等群落在高地呈斑块状分布；在保护区内的清水沟地区，低潮滩的盐地碱蓬分布区非常狭窄，中、高潮滩的柽柳带区则较宽；在黄河现行河口地区，互花米草迅速入侵光滩，形成互花米草单优群落,盐地碱蓬广泛分布于互花米草带之外的整个盐沼,高地则为芦苇群落,柽柳主要分布在陆缘地区,与盐地碱蓬为共优势种[1]。

莱州湾南岸区为小清河、潍河、弥河、白浪河、胶莱河等河流形成的河口三角洲。各湿地类型由于开发状况不同呈现出不同的分带规律:在建有防潮堤的岸段,防潮堤以内的虾蟹池、盐田分布集中区散布有条带状盐地碱蓬群落、柽柳群落、白茅群落,最上部为淡水芦苇群落和香蒲($Typha\ orientalis$)群落;昌邑市北部自高潮线开始呈带状分布着盐地碱蓬群落、柽柳群落、白茅群落,盐田最上部为散布的淡水芦苇沼泽和香蒲群落[17]。

山东胶州湾盐沼是山东半岛面积最大的滨海湿地,盐沼植被以盐地碱蓬、芦苇和互花米草群落为主。互花米草入侵严重,1988 年仅有 0.03 km²,2012 年其面积增长,2014—2017 年呈爆发式扩张,达到 2.35 km²,以洋河口及其周边面积最大[11]。

在辽河河口湿地,主要的盐沼植物群落为盐地碱蓬群落和芦苇群落。碱蓬主要分布在双台子河河口滨海湿地平均海潮线以上的滩涂,由于经常受海潮浸渍,土壤含水量和含盐量都很高,因此碱蓬几乎在整个生长季都为红色,成为我国沿海少有的"红地毯"景观[16]。该地的主要植物群落为芦苇群落,是全国沿海最大的芦苇基地,芦苇的 70% 分布在平原地区,分布于常年积水和季节性积水的淡水湿地[16]。低潮滩盐沼同样以盐地碱蓬为主,其次是芦苇群落或者白刺($Nitraria\ sibirica$)群落,逐渐过渡到罗布麻、柽柳群落[1]。

在鸭绿江口也有盐沼分布,主要有芦苇群落和碱蓬群落,碱蓬盐沼主要分布于近河口和沿海岸的潮沟两侧,常形成连续数千米的碱蓬群落。芦苇群落是鸭绿江口湿地保护区中最主要的组成部分,主要分布于鸭绿江口和大洋河中[9]。

关道明对我国五大盐沼分布区的不同群落分布面积进行了统计,发现:江苏盐城滨海盐沼面积最大,为 393.42 km²;山东黄河口次之,为 306.99 km²;长江口的主要群落类型最多(4 个);鸭绿江口只有芦苇和碱蓬两种群落;五大盐沼分布区均以芦苇群落的面积最大[16](见表 2-3)。

表 2-3　中国五大盐沼分布区面积[16]　　　　　　　　　　　单位:km²

地区	芦苇滩	碱蓬滩	互花米草滩	海三棱藨草滩	合计
鸭绿江口	42.21	2.90	—	—	45.11
双台子河口	107.92	8.20	—	—	116.12
黄河口	157.92	142.31	6.76	—	306.99
盐城	141.13	126.28	126.01	—	393.42
长江口	105.89	11.05	36.59	16.23	169.76

六、滨海盐沼的生态服务功能

(一)提供巨大的初级生产力,维持高的生物多样性

盐沼湿地由于水分充足,植被茂密,水体中又存在大量的浮游植物,故其初级生产力极高,因此可以在系统内维持高的生物多样性。如胶州湾盐沼潮上带植物多达132种,浮游生物10种,大型底栖动物163种,鸟类156种[11]。

(二)为鸟类提供重要栖息地和迁徙站

滨海盐沼湿地是候鸟迁徙的重要驿站,盐沼生态系统内丰富的鱼虾贝藻草等生物为鸟类提供了食物来源。如鸭绿江河口芦苇沼泽是丹顶鹤、苍鹭、草鹭等鸟类的迁徙停歇地,也是雁、鸭等70多种鸟类的繁殖地,碱蓬盐沼为黑嘴鸥等涉禽提供食物和栖息地[9]。每年经辽河口湿地迁飞、停歇的候鸟多达172种,该保护区共记录到鸟类236种,其中国家一级保护鸟类5种(丹顶鹤、黑颈鹤、白鹤、白鹳、黑鹳),二级保护鸟类28种;黄河口湿地共计录鸟类265种,世界濒危鸟类黑嘴鸥在此繁殖;盐城盐沼湿地共记录鸟类394种,其中国家一级保护鸟类10种(丹顶鹤、白头鹤、白鹤、白尾海雕、东方白鹳等),国家二级保护鸟类65种;崇明东滩已记录到鸟类284种,其中国家一级保护鸟类4种,国家二级保护鸟类34种;九段沙保护区共记录鸟类113种,其中有8种属国家二级保护鸟类[16]。

(三)充当地球重要碳汇

盐沼不仅生产力高、有机质分解速率低,而且高的植被根冠比(1.4~5)将使其地下生物量中有大量的碳储存,这些碳通过根系的传递可存储于土壤碳库中[18]。河口海岸地区泥沙沉积速率很高,泥沙沉积过程对内源和外源有机碳有强大的掩埋作用。故盐沼具有巨大的碳捕获和封存潜力,预测全球范围内大约有430 Tg碳被储存在盐沼0~50 cm土层内[19]。盐沼平均净固碳量高于红树林,固碳速率是森林生态系统的40倍[20-22]。王法明等初步估算了全球尺度上盐沼湿地和红树林的碳埋藏速率,约为53.65 Tg·a^{-1},换算成CO_2当量为196.71 Tg·a^{-1}[23],相当于人类活动每年排放量的0.6%[24]。他们还利用盐沼湿地遥感数据并结合滨海湿地碳埋藏速率的实测数据,估算了我国盐沼湿地的碳埋藏速率,估值高达1.19 Tg·a^{-1}[23]。

(四)促淤护堤

滩涂盐沼植被可增大水流摩擦阻力,减缓水流,影响泥沙运输,达到促淤消浪的作用。盐沼植被促进泥沙淤积有利于维持滩涂湿地,植被的消浪缓流作用保障了海堤安全[25]。

第二节　红树林生态系统

红树林是指自然分布于热带、亚热带海岸带和潮间带,由以红树植物为主体的常绿乔木、灌木组成的木本植物群落[26]。红树林也称"潮汐森林",是海岸区域重要的湿地类型之一,也是典型海洋生态系统之一,被称为"海岸卫士"。红树林生态系统作为重要的湿地类型,已被列入拉姆萨尔湿地分类系统和中国湿地资源调查分类系统,是国际上湿地生态保护和生物多样性保护的重要对象。

一、红树林的非生物环境

影响红树林生长、繁殖、分布的主要非生物因素有温度、盐度、沉积物特性、潮水浸淹和风浪作用等。大部分天然红树林分布于最冷月平均水温高于 20 ℃的区域,温度过低会导致红树植物冻死或阻止其开花结果、种实萌发、幼苗生长,间歇式的寒潮引发的霜冻被认为是导致其叶片受伤等生理损伤的主要原因,也是限制红树林高纬度分布的主要原因,目前普遍接受 -3 ℃为红树林的寒潮致死温度[27-29];红树林生长在海滨盐土上,含盐量达 4.6‰~27.8‰,盐度不仅对红树林分布起宏观控制作用,还会影响红树植物的光合作用、种子萌发、幼苗生长等生理生长特性[30]。红树林适合生长在沉积物丰富松软的海岸滩涂和细质的冲积土上,冲积平原和三角洲地带的土壤由粉粒和黏粒组成,含有大量的有机质,适合红树林生长。因此,海平面以上的潮点高潮位是红树林恢复造林时严格的宜林临界线[31]。风浪作用也是控制红树植物沿海岸纵向分布格局的主要因素,沿岸泥沙沉积有利于红树林生长,但强波浪冲击会妨碍泥沙的沉积,风浪还会阻碍红树林胎生胚轴的着床定植和幼苗生长,所以红树林一般分布于受到良好掩护的港湾、河口湾、潟湖水域海岸沙坝或岛屿的背风侧珊瑚礁坪的后缘,很少在与优势风向平行的岸线生长[30,32]。

二、红树林的生物组分

红树植物是红树林群落的优势种,因树木富含单宁、木质显红色,被称为"红树"。红树植物可分为真红树植物和半红树植物:前者是指专一生长于潮间带的木本植物,后者是指能生长于潮间带,有时可以成为优势种,但也能在陆地非盐渍土生长的木本植物[33]。可见,红树植物是一个生态学意义上的组合,而不是一个分类学上的组合。

广义的红树植物在分类学上隶属于两个门,即蕨类植物门和种子植物门。种子植物门中的双子叶植物纲和单子叶植物纲中都有红树植物。全球红树植物可归为 27 科、36 属、108 种,27 个科中无一个严格意义上的红树植物科,36 个属中有 18 个属全部为红树植物。在红树林中占优势的科有 3 个：红树科(4 属 23 种)、马鞭草科(1 属 16 种)和海桑科(1 属 10 种)。它们的红树植物种数占全部的 45.37%，包含的 6 个属中全部为红树植物[34]。

除红树植物外，在红树林中还有其他伴生植物，如出现于红树林中的附生植物、藤本植物和草本植物。红树林群落结构简单，与同地区的陆生森林群落相比较矮，且随着纬度升高和温度降低，其高度逐渐下降。例如：赤道地区的红树林最高达 30 m；在热带边缘地区的中国海南岛，红树林一般高 10~15 m；在南亚热带的深圳，红树林高度一般不超过 3 m。

为了适应潮间带周期性海水淹没和海浪冲刷环境，红树植物进化出了与之相适应的形态、生理和发育特征。

(1)具有胎生繁殖体。不少红树植物的果实成熟后，并不脱离母树，果实内的种子不经过休眠直接萌发。因此，其胎生繁殖体本质上为萌发的幼苗。萌发的胚胎生长到一定阶段后，繁殖体从母树上掉落到淤泥中，就地生长或随海水漂到异地。由于繁殖体中储存了大量营养物质，能有效地克服落地后滩涂的恶劣环境，如海浪冲击、高盐、淹水等，可持续数月的半休眠状态，当接触到松软的沉积物后，便能在短时间内定植，继续生长发育。依种子萌发过程中胚轴是否突破果皮可将红树的胎生分为两类：显胎生和隐胎生。显胎生是指胚胎在生长过程中先后突破种皮和果皮的现象，如红树科的红树属(*Rhizophora*)、秋茄树属(*Kandelia*)、角果木属(*Ceriops*)和木榄属(*Bruguiera*)；隐胎生是指胚胎在萌发过程中只突破种皮而不突破果皮的现象，如海榄雌属(*Avicennia*)、蜡烛果属(*Aegiceras*)、水椰属(*Nypa*)和假红树属(*Pelliciera*)[35]。

(2)具有特殊根系。红树植物为了适应海水和沉积物中的缺氧环境，形成了一系列呼吸根或兼具呼吸功能的不定根，用于从大气或海水中吸取氧气和进行气体交换。呼吸根主要有指状呼吸根、笋状呼吸根、蛇状呼吸根和膝状呼吸根。指状呼吸根由沉积物中平行横走的侧根中垂直生出，垂直地露出地表，顶端略变细，表面具大量根毛，如白骨壤；笋状呼吸根较指状呼吸根粗大，常见于海桑科；膝状呼吸根是近地表的横生根向上膝形弯曲部分，如海莲(*Bruguiera* sp.)等属种；蛇状呼吸根自地面以下横生根生出，呈蛇状匍匐于地面上，如木果楝(*Xylocarpus granatum*)。不定根主要有气生根、支柱根和板状根。红树(*Rhizophora apiculata*)、红海榄(*Rhizophora stylosa*)支柱根、气生根最为发达；秋茄(*Kandelia candel*)、桐花树(*Aegiceras corniculatum*)等发育板状根；表面根无主根，主要的侧根都暴露于地表，侧根衍生的细根斜伸入底质，庞大的根系在地表交织成网，如海漆(*Excoecaria agallocha*)等半红树植物。这些呼吸根对水深由深到浅的适应顺序依次为笋状呼吸根、指状呼吸根、不定根、膝状呼吸根、蛇状呼吸根、表面根，它们对水深的适应成为影响红树林内部分带的重要因素之一[36]。

(3)对高盐环境具有高度适应性。红树植物有泌盐和拒盐两种高盐适应机制：泌盐类为叶片中具有盐腺以泌盐，如桐花树等；拒盐类为根部只允许低浓度盐进入液汁中，通过代谢把盐运到衰老叶片、树皮或木质部,如秋茄等[34]。

三、红树林的分布及区系

红树林主要分布在南北纬 25°之间的热带、亚热带沿海,即在冬季水温不低于 20 ℃的等水温范围内。受海洋暖流的影响,并且有些耐寒性较好的树种可以适应低温的环境,因此红树林分布南限可达新西兰北岛南端沿岸(41°S),其构成树种以海榄雌属植物为主;北则以日本九州(31°N)为限,由秋茄构成纯林。

全球有两个红树林分布中心:东方红树林分布中心和西方红树林分布中心。也有学者把它们分别称为东南亚红树林分布中心和中南美洲红树林分布中心。这两个分布区在斐济和汤加具有交界区。

东方红树林在热带印度洋和热带太平洋上分布范围非常广,以印度尼西亚的苏门答腊和马来半岛西海岸为中心,向西沿孟加拉湾—印度—斯里兰卡—阿拉伯半岛至非洲东部沿海,向南沿澳大利亚沿岸到新西兰的查塔姆群岛,向北沿印尼诸岛沿岸—菲律宾—中印半岛至中国甚至日本九州,东到太平洋诸岛。

西方红树林以美洲的加勒比海、南美洲的北部沿海和非洲的几内亚湾沿岸为中心,主要分布于南美洲东西海岸及西印度群岛、非洲西海岸。北美的红树林主要分布在美国佛罗里达半岛的南部沿岸,墨西哥西部沿海的局部地区,萨尔瓦多、尼加拉瓜、洪都拉斯沿海一带和古巴的西部地区;南美的红树林主要分布在哥伦比亚、厄瓜多尔、委内瑞拉和巴西的个别沿海地区;非洲西海岸的红树林主要分布在几内亚、几内亚比绍和塞拉利昂的大西洋沿岸,尼日利亚和喀麦隆的几内亚湾,莫桑比克东南和马达加斯加西北沿海。

两个红树林分布区不仅在地理上有明确的分区,在植物区系组成上也有很大的差异。东方红树林分布中心的红树植物区系丰富,含 26 科 32 属 93 种;西方红树林分布中心的属、种均较贫乏,仅 8 科 9 属 17 种。两个分布中心有 5 个共有属($Rhizophora$、$Avicennia$、$Acrostichum$、$Heritiera$ 和 $Hibiscus$)和 2 个共有种[黄槿($Hibiscus\ tiliaceus$)和卤蕨($Acrostichum\ aureum$)],它们之间红树植物属的相似性系数为 12.2%,物种相似性系数仅为 1.8%。大红树($Rhizophora\ mangle$)和红茄苳($Rhizophora\ mucronata$)在它们的交界区斐济和汤加交替出现。根据植物区系种类不同,两个分布中心又可各自划分出 3 个分布区:非洲东部海岸(9 科)、印度-马来西亚海岸(24 科)、澳-亚大陆海岸(25科)、美洲西部海岸(7 科)、美洲东部海岸(7 科)、非洲西部海岸(4 科)[34]。

红树林面积不等同于红树林湿地面积。红树林面积通常是指被红树林覆盖的潮滩面积,不包括光滩和低潮时水深不超过 6 m 的海底区,约等于红树林湿地面积的 30%[37, 38]。

不同学者对于全球红树林面积的估算略有不同。2005 年,联合国粮食及农业组织(Food and Agriculture Organization of the United Nation)发布的《1980—2005 全球红树林》(The world's mangroves 1980-2005)中给出的面积约为 $1.57×10^5$ km^2[39];斯伯丁(Spalding)等[40]和吉里(Giri)等[41]分别于 2010 年和 2011 年对全球红树林面积进行估算,结果分别为 $1.52×10^5$ km^2 和 $1.37×10^5$ km^2;2021 年,全球红树林联盟发布的《2021全球红树林状况》报告中采用由全球红树林观察团队(global mangrove watch,GMW)与 GMA 合作开发的全球地图估计出 2016 年全球红树林面积为 $1.35×10^5$ km^2[42]。《1980—2005 全球红树林》和《2021 全球红树林状况》都给出了全球 9 个区域的红树林分布面积。在《1980—2005 全球红树林》中,红树林分布面积排在前四位的为东南亚地区,南美地区,中美、北美、加勒比海地区,中非、西非地区,它们分别占全球的 33.5%、15.7%、14.7% 和 13.2%;在《2021 全球红树林状况》中,红树林分布面积排在前四位的为东南亚地区,中美、北美、加勒比海地区,中非、西非地区,南美地区,它们分别占全球的 32.2%、15.4%、14.6% 和 14.0%(见表 2-4)。克拉夫特(Craft)于 2016 年依据 Spalding 等[40]和 Giri 等[41]的估算列出了红树林分布面积位于前 16 位的国家,其中,分布面积排在前 6 位的国家分别为印度尼西亚、巴西、澳大利亚、墨西哥、尼日利亚和马来西亚,它们的分布面积分别为 $3.19×10^4$ km^2、$1.30×10^4$ km^2、$9.91×10^3$ km^2、$7.70×10^3$ km^2、$7.36×10^3$ km^2 和 $7.09×10^3$ km^2,同时这也是全球分布面积大于 $7.0×10^3$ km^2 的 6 个国家,它们在全球红树林面积中的占比分别为 20.9%、8.5%、6.5%、5.0%、4.8% 和 4.7%(见表 2-5)[43]。《2021 全球红树林状况》中指出,全球三分之一的红树林分布于东南亚,有 20% 分布于印度尼西亚[42]。

表 2-4 全球不同地区红树林分布面积及其比例

地区	《1980—2005 全球红树林》		《2021 全球红树林状况》	
	面积/km^2[39]	全球占比/%[39]	面积/km^2[42]	全球占比/%[42]
北美、中美、加勒比海	22402	14.7	20962	15.4
南美	23882	15.7	18943	14.0
东非、南非	7917	5.2	7276	5.4
中非、西非	20040	13.2	19767	14.6
中东	624	0.4	315	0.2
东亚	215	0.1	171	0.1
东南亚	51049	33.5	43767	32.2
南亚	10344	6.8	8414	6.2
澳大利亚、新西兰	10171	6.7	9983	7.3
太平洋群岛	5717	3.7	6285	4.6

表 2-5 全球红树林分布面积最大的 16 个国家及其分布面积和比例

国家	面积/km²[41]	面积/km²[40]	全球占比/%[40]
印度尼西亚	31139	31894	20.9
澳大利亚	9780	9910	6.5
马来西亚	5054	7097	4.7
缅甸	4946	5029	3.3
巴布亚新几内亚	4801	4265	2.6
孟加拉国	4366	4951	3.2
印度	3683	4326	2.8
马达加斯加	2781	—	
菲律宾	2631	—	
尼日利亚	6537	7356	4.8
几内亚比绍	3387	—	
莫桑比克	3189	—	
巴西	9627	13000	8.5
墨西哥	7419	7701	5.0
古巴	4215	4944	3.3
哥伦比亚	—	4079	2.7

四、中国红树林

中国红树林属东方红树林的一部分,分布于东南沿海热带和亚热带海岸、港湾、河口湾等受掩护水域。中国红树林纬度分布主要受气温、海水表层温度和霜冻频率等生态因子控制。天然红树林的分布南界为海南省三亚市榆林港(18°09′N)、分布北界为福建省福鼎县沙埕湾(27°20′N),分布北界的 1 月平均气温与平均水温分别为 9.8 ℃和10.9 ℃;人工引种北界为浙江省乐清县(28°25′N),其 1 月平均气温与平均水温分别为 9.3 ℃和10.6 ℃[44]。红树植物种类由南向北逐渐减少,最南的海南文昌市有 23 种,而北界福鼎县只有秋茄分布[26]。在中国南海诸岛仅有半红树植物生长,未发现红树植物,因此不能形成红树林群落。中国红树林矮化现象明显,大多以灌木为主,且绝大部分为次生林。

化石记录表明,中国红树林面积曾达 2500 km²。2020 年 6 月发布的《中国红树林保护及恢复战略研究报告》中显示,20 世纪 50 年代初,中国有近 500 km² 的红树林。经历了 20 世纪 60—70 年代的围海造田、20 世纪 80—90 年代的围塘养殖和 90 年代的城市化及港口码头建设,中国红树林面积急剧减少至 2000 年的 220 km²(2001 年全国湿地调查数据),仅为 20 世纪 50 年代初红树林面积的 44%。有学者认为由于 20 世纪末开始的保护政策和大规模的人工造林活动,中国红树林面积有所增加,如吴培强等[45]和贾明明[46]分别于 2013 年和 2014 年估算为 245 km² 和 329 km²。但也有学者认为我国红树林面积仍在下降,如 2017 年杨盛昌等结合自身在沿海各地的实地调查与前人的研究,认为虽然人造红树林面积有所增加,但由于人为破坏和造林失败等因素的影响,近 20 余年红树林面积实际减少量远大于增加量,减少量约 20 km²,目前中国的红树林面积为 177 km²[26]。贾明明等于 2021 年利用陆地卫星(Landsat)系列卫星数据和面向对象分析方法解译 1973—2020 年中国红树林生长区的土地覆被,得出了 1973—2020 年中国红树林面积的变化特征:1973 年、1980 年、1990 年、2000 年、2010 年、2015 年和 2020 年全国红树林面积分别为 488 km²、282 km²、204 km²、186 km²、207 km²、224 km² 和 280 km²;1973—2000 年全国红树林面积呈减少趋势,减少约为 62%;2000 年后全国红树林面积转为上升趋势,增长51%。2020 年中国红树林的总面积基本恢复到 1980 年水平[47]。学者们的调查、估计方法不一致,导致我国红树林的准确面积未有定数,但目前总体呈天然林面积下降、人工造林面积逐年增加、总面积上升的趋势。

中国红树林分布跨越 8 个省(区),包括海南、广东、广西、福建、浙江、台湾、香港及澳门等地。其中,海南、广东、广西、台湾、福建、浙江各有 7 个、5 个、4 个、3 个、4 个和 2 个主要分布区[26]。海南、广东、广西三省(区)的红树林面积合占全国红树林面积的 80% 以上,其余各省(区)占比较小。广东省红树林主要分布在湛江、深圳等地,面积居全国之首,在全国占比近 40%(见表 2-6)。

表 2-6 中国红树林的分布地区和面积[26]

省份	面积/km²	分布区
广东	90.84	深圳市深圳湾,湛江市徐闻、雷州、遂溪、连江四县(市),茂名市电白区水东湾,惠州市惠东县,汕头市潮阳区、澄海区
广西	83.75	北海市合浦县英罗湾,北海市大冠沙,防城港市防城区、东兴市(北仑河口),钦州市钦州湾
海南	39.30	海口市美兰区东寨港,文昌市清澜港,三亚市铁炉港,三亚市三亚河、榆林河,三亚市亚龙湾(青梅港),儋州市新英港,澄迈市花场湾
福建	6.15	漳州市云霄市漳江口,漳州市龙海县九龙江口,泉州市泉州湾,宁德市福鼎县沙埕湾
香港	5.0	米埔、沙头角、荔枝窝等
台湾	2.8	新北市淡水镇淡水河口,台南市北门区,高雄市高屏溪入海口
澳门	0.60	澳门半岛、凼仔等
浙江	0.21	温州市乐清市乐清湾,台州市台州湾
合计	228.73	—

中国红树植物种类为 22 科 26 属 38 种（不含外来种）。其中真红树植物为 13 科 15 属 27 种，海南海桑（*Sonneratia* × *hainanensis*）和拟海桑（*Sonneratia* × *paracaseolaris*）为 2 个杂交种，尖瓣海莲（*Bruguiera sexangula* var. *rhymchopetala*）为变种，无瓣海桑（*Sonneratia apetala*）、拉关木（*Laguncularia racemosa*）为 2 个外来种；半红树植物计 9 科 11 属 11 种[26]（见表 2-7）。

表 2-7　中国红树植物种类及各省（区）分布[26]

科名	种名	海南	广东	广西	台湾	香港	澳门	福建	浙江
真红树植物									
卤蕨科（Acrostichaceae）	卤蕨（*Acrostichum aureum*）	+	+	+	+	+	+	−	
	尖叶卤蕨（*Acrostichum speciosum*）	+							
楝科（Meliaceae）	木果楝	+							
大戟科（Euphorbiaceae）	海漆	+	+	+	+	+		−	
海桑科（Sonneratiaceae）	杯萼海桑（*Sonneratia alba*）	+							
	海桑（*Sonneratia caseolares*）	+	○						
	海南海桑	+							
	卵叶海桑（*Sonneratia ovata*）	+							
	拟海桑	+							
	无瓣海桑	○	○	○				○	

续表

科名	种名	海南	广东	广西	台湾	香港	澳门	福建	浙江
红树科 (Rhizophoraceae)	木榄 (*Bruguiera gymnoihiza*)	+	+	+	−	+		+	
	海莲 (*Bruguiera sexangula*)	+	○					○	
	尖瓣海莲	+	○					○	
	角果木 (*Ceriops tagal*)	+	−		−				
	秋茄	+	+	+	+	+	+	+	○
	红树	+							
	红海榄	+	+	+	−			○	
使君子科 (Combretaceae)	红榄李 (*Lumnitzera littorea*)	+							
	榄李 (*Lumnitzera racemosa*)	+	+	+		+	+	○	
	拉关木	○	○					○	
紫金牛科 (Myrsinaceae)	桐花树	+	+	+		+	+	+	
马鞭草科 (Verbenaceae)	白骨壤 (*Avicennia marina*)	+	+	+	+	+	+	+	
爵床科 (Acanthaceae)	小花老鼠簕 (*Acanthus ebracteatus*)	+	+	+					
	老鼠簕 (*Acanthus ilicifolius*)	+	+	+		+	+	+	
茜草科 (Rubiaceae)	瓶花木 (*Scyphiphora hydrophyllacea*)	+							
棕榈科 (Arecaceae)	水椰(*Nypa fruticans*)	+							
梧桐科 (Sterculiaceae)	银叶树 (*Heritiera littoralis*)	+	+	+	+	+		○	

续表

科名	种名	海南	广东	广西	台湾	香港	澳门	福建	浙江
半红树植物									
莲叶桐科 （Hernandiaceae）	莲叶桐 （*Hernandia sonora*）	+							
豆科 （Leguminosae）	水黄皮 （*Pongamia pinnata*）	+	+	+	+	+			
锦葵科 （Malvaceae）	黄槿	+	+	+	+	+		+	
	杨叶肖槿 （*Thespesia populnea*）	+	+	+	+	+		○	
千屈菜科 （Lythraceae）	水芫花 （*Pemphis acidula*）	+			+				
玉蕊科 （Lecythidaceae）	玉蕊 （*Barringtonia racemosa*）	+			+			○	
夹竹桃科 （Apocynaceae）	海檬果 （*Cerbera manghas*）	+	+	+	+	+	+	○	
马鞭草科 （Verbenaceae）	苦郎树 （*Clerodendrum inerm*）	+	+	+	+	+	+	+	
	钝叶臭黄荆 （*Premna obtusifolia*）	+	+	+				○	
紫薇科 （Bignoniaceae）	海滨猫尾木 （*Dolichandron espatacea*）	+	+						
菊科 （Compositae）	阔苞菊 （*Pluchea indica*）	+	+	+	+	+	+	+	

注：＋表示分布，－表示灭绝，○表示引种成功；只统计在中国分布较多的外来种。

五、红树林的生态服务功能

（一）防风消浪、固岸护堤

红树林植物的根系十分发达，对海浪和潮汐的冲击有很强的抵抗能力，可以起到防风消浪、固岸护堤、保护农田、降低盐害侵袭的作用，是陆地的天然屏障，被称为"海岸卫士"。有研究表明，在进入红海榄林150 m或海桑林100 m后，风浪的能量均可下降50%；红树林降低风浪高度的作用是沙滩的5～7倍；当红树林覆盖度大于40%和林带宽度在100 m以上时,其消波系数可达85%,能把10级大风刮起的巨浪化为平波[48,49]。红树林是一种可渗透的大坝,能够抑制风暴潮,减少损失,如1958年8月23日福建厦门曾遭受12级强台风袭击,距离厦门较近的龙海县角尾乡海滩却因受红树林保护损失很小;1986年广西沿海发生了近百年未遇的特大风暴潮,合浦县398 km长海堤被海浪冲垮294 km,堤外分布有红树林的区域经济损失甚微。美国南佛罗里达州墨西哥湾沿岸6~30 km的红树林可以有效减弱3级飓风威尔玛造成的风暴潮,并使红树林内面积为1800 km² 的区域免遭洪水淹没[50];据估计,红树林每年可防止超过650亿美元的财产损失[42]。

(二)提供动物栖息地、维护生物多样性

红树林生长于海陆交界的潮间带和河口地带,为多种海洋和陆地动植物提供了独特的生境。大量的红树植物枝、叶、花等凋落物为林区的鸟类、底栖生物和鱼类提供了丰富的饵料和极佳的栖息地,因此红树林生态系统拥有丰富的生物多样性,在红树林湿地生态系统中有红树林、大型藻类、浮游植物、浮游动物、底栖动物、昆虫、哺乳动物、爬行动物、鸟类等大量动植物。

大量研究表明,与其他生态系统相比,红树林湿地生态系统内水生生物的物种多样性远远高于海草床、海藻场、盐沼等海岸水域生态系统。红树林区的鱼类不仅种类多,而且栖息密度大。如在美国佛罗里达州、印度和斐济,60%以上的经济鱼类把红树林区作为其生活史中某些关键阶段的活动场所。红树林及林缘滩涂的鱼类独有种远高于其附近的海草床,渔获量是海草床的4~10倍[51]。在许多国家,有超过80%的生计渔民,而且全球有超过410万的红树林渔民依赖红树林而生存;红树林还是虾类养殖的虾类繁殖或育苗区[42]。我国仅海南东寨港红树林区就有115种鱼类。红树林还是各种海鸟觅食、栖息、生产繁殖的场所,也是候鸟的越冬场和迁徙中转站,如从澳大利亚经我国东南部沿海红树林分布区再到俄罗斯西伯利亚沿线是候鸟途经我国的三条主要迁徙路线之一,每年在我国南方深圳湾湿地歇脚或过冬的鸟类就有10万只以上[52]。红树林生态系统还是一些珍稀大型哺乳动物的栖息地,如位于广西合浦县境内的北海红树林湿地有"美人鱼"儒艮和"海上大熊猫"中华白海豚。

(三)净化环境

红树林可以除去污水中大部分的氮和磷,有效减少海水富营养化,使得有害藻类进入红树林后因不适应环境而死亡,起到减少赤潮发生的作用[53]。红树林还可吸收富集有机农药和重金属等有毒有害物质,从而起到净化海水和沉积物的作用。

(四)提供高生产力、充当重要碳汇

红树林湿地具有很高的生产力,赤道周围的红树林由于水热条件优越,其生物量超

过很多热带雨林。由于林下土壤有机碳分解速率低,碳储存时间长,红树林湿地具有很高的碳汇潜力,因此红树林是重要的碳汇,被认为是最重要的"蓝碳"生态系统。典型的热带红树林的碳储量最高可达 1.39×10^5 Mg C·km^{-2}[54],整个红树林生态系统的碳汇能力约为热带雨林的 50 倍,单位面积的红树林沼泽湿地固定的碳是热带雨林的 10 倍。目前,全球红树林储存的碳相当于 21 Gt 以上的 CO_2。因此,GMA 倡导将保护红树林工作纳入气候适应和气候变化减缓计划之中[42]。研究显示,深圳福田红树林 4 种代表性群落白骨壤群落、秋茄群落、海桑群落和无瓣海桑群落的植被碳储量分别为 2.87×10^3 t C·km^{-2}、1.28×10^4 t C·km^{-2}、1.00×10^4 t C·km^{-2}、7.36×10^3 t C·km^{-2},各群落的净初级生产力分别为 8.75×10^2 t C·km^{-2}·a^{-1}、7.67×10^2 t C·km^{-2}·a^{-1}、9.60×10^2 t C·km^{-2}·a^{-1}、1.19×10^3 t C·km^{-2}·a^{-1}[55]。自然资源部第三海洋研究所的研究表明,广东湛江红树林国家级自然保护区范围内 2015—2019 年间种植的 3.80 km^2 红树林在 2015—2055 年间可产生 1.6×10^5 t CO_2 减排量。2021 年 6 月,自然资源部指导的我国首个"蓝碳"项目——"广东湛江红树林造林项目"碳江交易正式签约,为 5880 t CO_2 的减排量。

(五)促淤造陆

红树林发达的根系可以明显地降低潮水的流速,促进水体中的悬浮颗粒沉降,比海草床有更强的促进水体中悬浮物沉积的能力。此外,红树林还具有很强的捕捉碎屑的能力,可促进淤泥在林区的沉积。红树林对颗粒物的沉积速度明显高于附近裸滩,其强大的促淤功能使得淤泥不断在林区沉积,促进沉积物的形成,伴随着沼泽不断升高,林区的沉积物逐渐变干,最终形成陆地[49]。

第三节　海草床生态系统

海草床(seagrass bed)又称"海草场"(seagrass meadow),是以海草为主要支持生物而广泛分布于全球各近海泥沙海岸和岩礁海岸潮间带至潮下带的海洋生态系统,也被称为"海底草场"。

一、海草的分类及生物学特征

(一)海草的分类

海草是一亿年前由陆地重返海洋的高等植物,也是地球上唯一一类可完全生活在海水中的被子植物。海草是一个生态学而非分类学概念,它属于不同的分类群[56]。与陆地高等植物相比,海草的种类极其稀少。2007 年,以肖特(Short)为代表的世界海草协会权威专家确定的海草系统认定全球海草包含 6 科 13 属 72 种[57]。2014 年，Yu 和 den Hartog[58]又将原认定在中国分布的川蔓草（*Ruppia maritime*）重新认定为 3 个新种。因此，现全球有海草 6 科 13 属 74 种（见表 2-8 和表 2-9）。

表 2-8　全球海草科属组成

科	属数	属	全球种数
丝粉草科（Cymodoceaceae）	5	根枝草属（*Amphibolis*）	2
		丝粉草属（*Cymodocea*）	4
		二药草属（*Halodule*）	7
		针叶草属（*Syringdodium*）	2
		全楔草属（*Thalassodendron*）	2
水鳖科（Hydrocharitaceae）	3	海菖蒲属（*Enhalus*）	1
		泰来草属（*Thalassia*）	2
		喜盐草属（*Halophila*）	17
波喜荡草科（Posidoniaceae）	1	波喜荡草属（*Posidonia*）	8
鳗草科（Zosteraceae）	2	虾形草属（*Phyllospadix*）	5
		鳗草属（*Zostera*）	14
川蔓草科（Ruppiaceae）	1	川蔓草属（*Ruppia*）	6
角果藻科（Zannichelliaceae）	1	鳞毛草属（*Lepilaena*）	2
	合计 13		合计 72

表 2-9　全球海草种类组成及地理分布[57,59-60]

序号	物种	分布区域
1	圆叶丝粉草（*Cymodocea rotundata*）	5
2	齿叶丝粉草（*Cymodocea serrulata*）	5
3	窄叶丝粉草（*Cymodocea angustata*）	5
4	小丝粉草（*Cymodocea nodosa*）	1、3
5	单脉二药草（*Halodule uninervis*）	5
6	羽叶二药草（*Halodule pinifolia*）	5
7	百慕大二药草（*Halodule bermudensis*）	2
8	纤状二药草（*Halodule ciliata*）	2
9	凹缘二药草（*Halodule emarginata*）	2
10	博德特二药草（*Halodule beaudettei*）	2

序号	物种	分布区域
11	莱氏二药草（*Halodule wrightii*）	1、2、3、4、5
12	针叶草（*Syringodium isoetifolium*）	5、6
13	丝状针叶草（*Syringodium filiforme*）	2、3
14	南极根枝草（*Amphibolis antarctica*）	6
15	根枝草（*Amphibolis griffithii*）	6
16	粗茎全楔草（*Thalassodendron pachyrhizum*）	6
17	全楔草（*Thalassodendron ciliatum*）	5、6
18	海菖蒲（*Enhalus acoroides*）	5
19	泰来草（*Thalassia hemprichii*）	5
20	龟裂泰来草（*Thalassia testudinum*）	2
21	卵叶喜盐草（*Halophila ovalis*）	4、5、6
22	小喜盐草（*Halophila minor*）	5
23	毛叶喜盐草（*Halophila decipiens*）	2、3、4、5、6
24	贝克喜盐草（*Halophila beccarii*）	5
25	桂花喜盐草（*Halophila baillonii*）	2
26	夏威夷喜盐草（*Halophila hawaiiana*）	5
27	棘状喜盐草（*Halophila spinulosa*）	5
28	长萼喜盐草（*Halophila stipulacea*）	2、3、5
29	三脉喜盐草（*Halophila tricostata*）	5
30	显脉喜盐草（*Halophila euphlebia*）	4
31	恩氏喜盐草（*Halophila engelmanni*）	2
32	日本喜盐草（*Halophila nipponica*）	4
33	澳洲喜盐草（*Halophila australis*）	6
34	摩羯喜盐草（*Halophila capricorni*）	5
35	约氏喜盐草（*Halophila johnsonii*）	2
36	卵圆喜盐草（*Halophila ovata*）	5
37	苏拉维西喜盐草（*Halophila sulawesii*）	5
38	澳洲波喜荡草（*Posidonia australis*）	6
39	波状波喜荡草（*Posidonia sinuosa*）	6
40	狭叶波喜荡草（*Posidonia angustifolia*）	6
41	革质波喜荡草（*Posidonia coriacea*）	6

续表

序号	物种	分布区域
42	哈托波喜荡草（*Posidonia denhartogii*）	6
43	柯克曼波喜荡草（*Posidonia kirkmanii*）	6
44	大洋波喜荡草（*Posidonia oceanica*）	3
45	奥氏波喜荡草（*Posidonia ostenfeldii*）	6
46	卷轴川蔓草（*Ruppia cirrhosa*）*	3、4、5*
47	川蔓草（*Ruppia maritime*）	1、2、3、4、5、6
48	大果川蔓草（*Ruppia megacarpa*）*	4、6*
49	多果川蔓草（*Ruppia polycarpa*）	6
50	块状川蔓草（*Ruppia tuberose*）	6
51	丝状川蔓草（*Ruppia filifolia*）	6
52	短柄川蔓草（*Ruppia brevipedunculata*）	4、5
53	中国川蔓草（*Ruppia sinensis*）	4、5
54	鳗草（*Zostera marina*）	1、3、4
55	丛生鳗草（*Zostera caespitosa*）	4
56	宽叶鳗草（*Zostera asiatica*）	4
57	具茎鳗草（*Zostera caulescens*）	4
58	日本鳗草（*Zostera japonica*）	4、5
59	巨济鳗草（*Zostera geojeensis*）	4
60	智利鳗草（*Zostera chilensis*）	6
61	好望角鳗草（*Zostera capensis*）	5、6
62	牟氏鳗草（*Zostera muelleri*）	5、6
63	黑茎鳗草（*Zostera nigricaulis*）	6
64	多栉鳗草（*Zostera polychlamys*）	6
65	塔斯鳗草（*Zostera tasmanica*）	6
66	太平洋鳗草（*Zostera pacifica*）	4
67	诺氏鳗草（*Zostera noltii*）	1、3
68	黑纤维虾形草（*Phyllospadix japonicus*）	4
69	红纤维虾形草（*Phyllospadix iwatensis*）	4
70	斯考勒虾形草（*Phyllospadix scouleri*）	1
71	齿叶虾形草（*Phyllospadix serrulatus*）	1
72	托利虾形草（*Phyllospadix torreyi*）	1

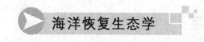

续表

序号	物种	分布区域
73	澳洲鳞毛草（*Lepilaena australis*）	6
74	海洋鳞毛草（*Lepilaena marina*）	6

注：表中第三列数字为海草分布区代号，其中 1、2、3、4、5、6 分别代表北大西洋温带区、大西洋热带区、地中海区、北太平洋温带区、印度洋-太平洋热带区和南半球温带区；* 依据文献[59]中国海草物种分布区域补充了 4 或 5 两个生物地理区域。

（二）海草的生物学特性

海草属于单子叶植物，可在海洋中完成全部生活史，包括种子发芽、生长、开花、结实等。它们都为水媒花植物，在水中完成受粉过程。除虾形草属为雌雄异株植物外，其余均为雌雄同株植物。

Short F T 和 Short C A 基于生长点数目和叶片生长特征将海草分为四种生长型：单生长点叶更替型（如鳗草属 *Zostera*）、双生长点叶更替型（泰来草属 *Thalassia*）、单生长点叶非更替型（喜盐草属 *Halophila*）和双生长点叶非更替型（喜盐草属中的 *Halophila tricostata* 和 *Halophila spinulosa*）[61]。海草是典型的根茎克隆植物，其生长包括有机体构件生长和克隆生长两个过程，两个生长过程伴随进行。有机体构件生长主要为幼叶伸长、根状茎延伸、不定根长出以及叶更替型海草的新老叶片更替和双生长点型海草垂直茎的延伸，而克隆生长则体现为在根状茎和垂直茎延伸过程中克隆分株的不断形成。海草生长动态的差异主要体现在克隆生长能力强弱和分株生活史长短上，不同的海草分株能力相差很大，如卵叶喜盐草的分株能力是大洋波喜荡草的近 100 倍，前者分株速率为 2.2 d·株$^{-1}$，后者为 213 d·株$^{-1}$；大洋波喜荡草的分株寿命（11.98 a）是川蔓草（0.14 a）的 85 倍[62]。

根状茎直径（rhizome diameter，RD）、果实大小、叶面积、分株重和单叶面积是海草种间形态差异显著的五个指标，其中，根状茎直径是表征海草个体大小的最适指标[63]。郑凤英等依据此标准将海草分为大海草（RD＞7 mm）、中海草（3 mm＜RD＜7 mm）和小海草（RD＜2 mm）三类，其中大海草在形态上表现出根状茎粗、果实大、分株重和叶面积大的特点，小海草正好相反，中海草则介于二者之间[62]。海菖蒲、大洋洲波喜荡草、澳洲波喜荡草和水鳖科海草属于典型的大海草，其中海菖蒲是全球最大的海草；喜盐草属、二药草属（*Halodule*）和日本鳗草是典型的小海草；鳗草是北半球温带海域分布最广的中海草[57,62]。

二、海草床生态系统的生物组分

虽然海草群落一般为单优群落，如我国黄海海草床的鳗草海草床群落、红纤维虾形草群落等，但草场内生物多样性极高，养育了大量的海洋动物（鱼虾贝）、微生物和其他植物。海草叶片上可附着众多的硅藻等微藻和大型藻类及鱼虾贝类的卵;沉积物中生活着大量的底栖动物,复杂的系统内环境为鱼类等游泳动物提供了生存空间。密集分布的海草为系统内的主要生产者,浮游植物和海草叶片上附生的众多微型藻类也是重要的初级生产者。有研究发现,附生藻类的生产力可占海草-附生藻类体系总生产力的 30%[64]。海草床具有复杂的食物网,如东营黄河口潮间带和烟台西海岸潮间带海草床内初级消费者有众多滤食性双壳类和多毛类,次级消费者有杂食性甲壳类、肉食性鱼类和腹足类[65]。细菌、真菌、微藻、古生菌和病毒等微生物栖息在海草器官、海水和沉积物中,对海草生长、营养和健康以及系统内物质循环起着重要作用。

三、全球海草床的地理分布

(一)全球海草分布生物地理区划

除南极外,海草在全世界沿岸海域都有分布,从潮间带到潮下带,最大水深可达 90 m,可形成广阔的海草床,沿海的海草生态系统覆盖了约 2.00×10^5 km²[66]的面积。

全球海草的分布有着明显的地域性和强烈的热带、温带特性。2007 年,Short 等在文献查阅、实地调研的基础上,基于大部分海草的热带及温带的分布特性、大洋的物理限制以及大洋的地质构造等因素对全球海草分布进行了区划,建立了全球海草分布与多样性生物地域模型。他们将全球海草分布区域划分为 6 个区:大西洋热带区、印度洋-太平洋热带区、地中海区、北大西洋温带区、北太平洋温带区和南半球温带区(见表 2-10)[57]。

表 2-10　全球海草 6 大分布区域的海域位置及特征[57]

分布区域	海域地理位置	特征描述
北大西洋温带区	从美国北卡罗来纳州到希腊、挪威,沿欧洲南部沿海到葡萄牙海域	5 种物种,生长于河口、潟湖和浅海,水深极限 12 m。鳗草为优势种,大都形成单优群落,但在美国北卡罗来纳海域它常与热带海草莱氏二药草混合生长,在葡萄牙海域则常与小丝粉草混合生长
大西洋热带区	加勒比海、墨西哥湾、百慕大(群岛)、巴哈马(群岛)、大西洋热带沿海	13 种物种,生长于潟湖、浅海、礁后区和深海,水深极限 50 m。以龟裂泰来草、丝状针叶草和莱氏二药草为优势种,特别是在墨西哥湾和加勒比海海域,通常形成混合群落,有时也可形成单优群落。喜盐草属海草广布于此海域

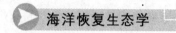

续表

分布区域	海域地理位置	特征描述
地中海区	地中海、黑海、里海、咸海和非洲西北海域	10种物种,生长于潟湖、浅海和深海,水深极限45 m。以大洋波喜荡草为优势种,但以整个区域都有温带海草大洋波喜荡草和热带海草小丝粉草组成混合群落为最大特点
北太平洋温带区	从中国、朝鲜半岛、日本海域到太平洋东岸的美国西海岸,墨西哥巴扎半岛海域、墨西哥	20种物种,生长于河口、潟湖和近岸波浪破碎区,水深极限20 m。鳗草为优势种,虾形草属为特有属,日本鳗草是东亚沿海的土著种,现成为太平洋东岸海域的入侵种
印度洋-太平洋热带区	东非、南亚、澳大利亚热带海域到太平洋东部	24种物种,生长于河口、浅海、礁后区和深水处,水深极限70 m,是许多大型食草动物的捕食对象。在西太平洋,海草均生长于珊瑚礁上,其中泰来草、针叶草、单脉二药草是珊瑚礁上的优势种。喜盐草属海草广布于此海域,海菖蒲为本区特有种
南半球温带区	新西兰、澳大利亚温带海域、南美海域和非洲南部海域	28种物种,常生长于河口、潟湖、浅海和深水处,水深极限50 m。波喜荡属和鳗草属海草为优势种,根枝草属和鳞毛草属为该区特有属

注:表中的物种数根据表2-9进行了更新。

(二)全球海草种属分布规律

全球海草种属的分布具有明显的热带和温带特性(见表2-9和表2-10)。其中,鳗草属、虾形草属(*Phyllospadix*)、根枝草属(*Amphibolis*)、波喜荡属(*Posidonia*)和鳞毛草属(*Lepilaena*)为温带海草,海菖蒲属(*Enhalus*)、泰来草属、丝粉草属(*Cymodocea*)、喜盐草属、二药草属、针叶草属(*Syringodium*)和全楔草属(*Thalassodendron*)属于热带海草,而川蔓草属(*Ruppia*)却属于全球性海草,可在南、北半球的温带和热带的海域中生存。但鳗草属的一些种在热带海域仍有种群分布,如在我国和东南亚沿岸的日本鳗草、东大西洋的诺氏鳗草、东澳大利亚的牟氏鳗草和东非的好望角鳗草。同时,一些热带属中有扩延至亚热带甚至暖温带的种类,如单脉二药草、喜盐草和针叶草,杨宗岱和吴宝铃在1981年将二药草属、喜盐草属和针叶草属归为泛热带-亚热带属[67]。

从南、北半球视角来看,两半球海草属数基本相当,南12、北11,根枝草属和鳞毛草属为南半球特有属,虾形草属为北半球特有属,其余10属两半球共有[57]。在印度洋-太平洋区内热带海草广泛分布于赤道两侧,而在大西洋区只有喜盐草和二药草两属见于赤道以南。鳗草不仅是北太平洋温带区和北大西洋温带区的优势种,在地中海区也有分布,因此,它是北半球分布最为广泛的海草。地中海区和南半球温带区却以波喜荡属物种为优势种,因此,鳗草属和波喜荡属是同时分布于南、北半球的两个温带属。在两个热带区里,均以喜盐草属海草最多(见表2-9)。

从东、西半球视角来看,东半球海草物种多样性明显高于西半球。Short 等在2007年给出了全球五个海草多样性高的分布中心,全部位于东半球,其中四个位于印度洋-太平洋区。排在第一位的是东南亚诸岛一直延伸到澳大利亚北部的热带海域,包括大堡礁;第二个中心是印度东南部;其余三个中心分别在非洲东部、日本南部和澳大利亚西南部。在东非和日本南部分别有好望角鳗草和日本鳗草等温带海草分布,而在澳大利亚西南这个温带物种多样性高的中心分布区里却有四种热带海草混在其中[57]。

四、中国海草床的分布和种类组成

(一)中国海草科属种组成

综合郑凤英等[59]、Yu 和 den Hartog[58]的分类研究成果及黄小平等[68]对中国海草更名的提议,本书确定中国海草有22种,隶属于4科10属(见表2-11)。川蔓草属海草因为盐度生态幅较大,是否列入海草类一直有争议。虽然近年来海草专家认为其应划归于海草之列,但在我国它们多生于咸水、海水养殖池及沟渠等非典型海洋环境中[58,69],因此,编者认为在海洋中生存的显花植物应称为"典型海草",而川蔓草属海草可称为"非典型海草"。

表 2-11　中国海草科属种组成

科名	属名	种名
丝粉草科	丝粉草属	圆叶丝粉草
		齿叶丝粉草
	二药草属	单脉二药草
		羽叶二药草
	针叶草属	针叶草
	全楔草属	全楔草

续表

科名	属名	种名
水鳖科	海菖蒲属	海菖蒲
	泰来草属	泰来草
	喜盐草属	卵叶喜盐草
		小喜盐草
		毛叶喜盐草
		贝克喜盐草
鳗草科	鳗草属	日本鳗草
		丛生鳗草
		宽叶鳗草
		具茎鳗草
		鳗草
	虾形草属	黑纤维虾形草
		红纤维虾形草
川蔓草科	川蔓草属	短柄川蔓草
		中国川蔓草
		大果川蔓草

(二)中国海草的分布区划

郑凤英等将我国海草分布区划分为两个大区:中国南海海草分布区(South China Sea Bioregion,SCSBR)和中国黄渤海海草分布区(China's Yellow Sea and Bohai Sea Bioregion,CYSBSBR)[59]。南海海草分布区包括海南、广西、广东、香港、台湾和福建六省(区)沿海;黄渤海海草分布区包括山东、河北、天津和辽宁四省沿海。这两个海草分布区分别属于 Short 等[57]划分的印度洋-太平洋热带海草分布区和北太平洋温带海草分布区。江苏、浙江和上海三省(市)沿岸仅有川蔓草属种类,不在上述两个海草分布区内。

南海海草分布区有典型海草8属13种(见表2-12)。8属中包括7个热带属(丝粉草属、二药草属、针叶草属、全楔草属、海菖蒲属、泰来草属、喜盐草属)和1个温带属(鳗草属),13种包括圆叶丝粉草、齿叶丝粉草、单脉二药草、羽叶二药草、针叶草、全楔草、海菖蒲、泰来草、卵叶喜盐草、小喜盐草、毛叶喜盐草、贝克喜盐草和日本鳗草。该分布区以卵叶喜盐草分布范围最广,在海南、广东、广西、台湾和香港均有分布,泰来草和卵叶喜盐草分别是该区热带和亚热带海草床的主要优势种。

黄渤海海草分布区分布有2属7种典型海草(见表2-12)。2属(鳗草属和虾形草属)

均是温带属,7 种包括鳗草、丛生鳗草、日本鳗草、具茎鳗草、宽叶鳗草、红纤维虾形草和黑纤维虾形草。鳗草和红纤维虾形草分别是该分布区泥沙底质和岩石底质海草床的建群种。南海海草分布区的海草种属区系较为复杂,全球 7 个热带属在此区域均有分布,黄渤海海草分布区种属分布明显较南海海草分布区简单。

表 2-12　中国沿海各省(区)的典型海草种类分布[59]

序号	种类	海南	广东	广西	香港	台湾	山东	河北	辽宁	福建
1	丝粉草	+	+			+				
2	齿叶丝粉草	+				+				
3	二药草	+		+		+				
4	羽叶二药草	+				+				
5	针叶草	+	+*	+*		+				
6	全楔草	+*	+*			+				
7	海菖蒲	+								
8	泰来草	+	+			+				
9	喜盐草	+	+	+	+	+				
10	小喜盐草			+	+					
11	毛叶喜盐草	+*								
12	贝克喜盐草	+	+	+	+	+				+
13	日本鳗草	+	+	+	+	+	+	+*	+*	+*
14	丛生鳗草						+	+*		
15	宽叶鳗草								+*	
16	具茎鳗草								+*	
17	鳗草						+	+	+	
18	黑纤维虾形草						+	+*	+*	
19	红纤维虾形草						+	+*	+*	
	种类合计	13	9	7	4	11	5	5	7	2

注:表中内容根据最新文献进行了修订;* 表示历史上有记录,但本世纪调查未发现。

(三)中国现有主要海草床的面积与分布

根据郑凤英等对已有数据的汇总[59],结合熊卉等[70]、吴钟解等[71]、陈石泉等[72,73]、周毅等[74-76]、李政等[77]、岳世栋等[78]以及编者的调查数据,中国现有海草床的总面积约为 175.48 km²,且主要分布在海南、广西、广东、香港、台湾、福建、山东、河北和辽宁 9 个省(区),各海草床的基本情况见表 2-13。南海海草分布区和黄渤海海草分布区的海草床面积分别为 119.06 km² 和 56.42 km²,分别占中国海草床总面积的 68% 和 32%。

(1)海南海草床。海南是中国海草床分布面积最大的省份,海草床面积合计为 91.64 km²,占我国海草床总面积的 52.2%,主要集中于东部的文昌、琼海、陵水和三亚沿岸,西部沿岸仅有零星分布。其中,文昌海域的海草床面积最大,仅高隆湾和长圮港就各有 30.57 km²[71];琼海市青葛和龙湾分别约有 15.96 km² 和 8.65 km² 的海草床[79];陵水县新村港和黎安港分别有 3.04 km²[72] 和 0.93 km²[73] 的海草床;三亚市后海湾、铁炉港、鹿回头、西瑁洲岛和小东海都分布有小面积海草床[80,81]。海南海草床多数以泰来草为优势种,但陵水县新村港和黎安港及文昌市高隆湾则以海菖蒲和泰来草为共优种(见表 2-13)。

(2)广东海草床。广东共有 13 处面积确定的海草床,面积合计为 9.75 km²,占全国海草床总面积的 5.5%,主要分布于雷州半岛沿海。湛江市流沙湾拥有广东省面积最大的海草床(9.00 km²),以卵叶喜盐草为优势种。此外,潮州市饶平柘林湾、惠东县考洲洋、湛江市英罗湾和阳江市海陵岛分别有 0.40 km²、0.07 km²、0.02 km² 和 0.01 km² 的卵叶喜盐草草场;湛江市东海岛和珠海市唐家湾海草床则各有 0.09 km² 和 0.08 km² 的贝克喜盐草草场;而台山市上川岛和下川岛两处却以日本鳗草为优势种,面积分别为 0.07 km² 和 0.01 km²[59](见表 2-13)。

(3)广西海草床。广西共有 59 处海草分布点,面积合计为 9.42 km²,占全国海草床总面积的 5.4%,分布于北海、防城港和钦州三市沿海。其中北海海草床总面积最大(8.61 km²),占全区海草床总面积的 91.4%;防城港(0.64 km²)和钦州(0.17 km²)分别占 6.8% 和 1.8%。草场面积排在全省前五位的分别是北海市的铁山港沙背(2.83 km²)、铁山港北暮(1.70 km²)、山口乌坭(0.94 km²)、铁山港下龙尾(0.79 km²)、铁山港川江(0.73 km²),均以卵叶喜盐草为优势种。防城港市交东(0.42 km²)和北海市沙田山寮(0.14 km²)以日本鳗草为优势种,钦州市纸宝岭(0.11 km²)、北海市山口丹兜(0.11 km²)则以贝克喜盐草为优势种[59](见表 2-13)。

(4)台湾海草床。台湾海草床合计面积约 8.21 km²,占全国海草床总面积的 4.7%,主要分布于本岛西部、南部与各离岛的浅海环境中。东沙岛拥有台湾地区最大的海草床,面积约 8.20 km²,以泰来草为优势种;恒春半岛也有以泰来草为优势种的小面积海草床;其他主要的分布点有澎湖列岛、绿岛、小琉球岛以及台湾本岛的台中市高美等地[59](见表 2-13)。

(5)香港海草床。香港海草床主要分布于下白泥、荔枝窝、印洲塘等地。新界西北部(元朗流浮山)的下白泥拥有香港最大的海草床(0.04 km²),以贝克喜盐草为优势种[59](见表 2-13)。

(6)山东海草床。近年来,随着调查的深入,山东省海草床面积比先前估计的扩大了许多,达到 18.33 km²,占全国海草床总面积的 10.4%。面积最大的海草床为东营市黄河口的日本鳗草草场(10.00 km²)[74]。其余海草床主要分布在威海市和荣成市。从荣成市荣成湾的成山头至桑沟湾的东楮岛都有海草分布,集中分布于天鹅湖(1.91 km²)、桑沟湾(0.60 km²)和俚岛湾(0.30 km²)。威海市区的双岛湾[77]和杨家湾分别有 4.42 km² 和 0.50 km² 的海草床分布。烟台市区套子湾有大于 0.50 km² 的鳗草草场,渔人码头有 0.10 km² 的鳗草＋日本鳗草草场,莱州市芙蓉岛有呈斑块状分布、面积不足 0.01 km² 的鳗草草场[78]。此外,青岛市区也有海草零星分布(见表 2-13)。除东营市黄河口外,山东海草床在泥沙底质浅水海域主要为鳗草单优群落,在岩石硬质底质海域则为红纤维虾形草单优群落。

(7)河北海草床。周毅等于 2019 年利用声呐探测技术对河北唐山海草床进行了探测,确认此处为鳗草单优草场,面积为 29.17 km²[75](见表 2-13),因此,河北省成为黄渤海海草区拥有海草床面积最大的省,占全国海草床总面积的 16.6%。

(8)辽宁海草床。郑凤英等于 2013 年在长海县的几个岛屿(獐子岛和海洋岛)海域发现了面积共约 1.00 km² 的海草床,为鳗草单优群落[59]。周毅等于 2020 年调查发现,辽宁省兴城市觉华岛海域有面积为 7.92 km² 的鳗草草场[76]。因此,目前调查发现的辽宁省海草床面积共有 8.92 km²,占全国海草床总面积的 5.1%(见表 2-13)。

(9)其他。天津、福建、江苏与浙江海域仅有海草标本采集信息,无海草面积分布的记录[58,82,89,98](见表 2-13)。

表 2-13 中国主要海草床信息[59]

序号	海草床	面积/km²	主要种类	文献来源
	海南	91.64	—	—
1	文昌市高隆湾	30.57	泰来草、海菖蒲、单脉二药草、卵叶喜盐草	[71,79]
2	文昌市港东村	面积不详	泰来草、海菖蒲、卵叶喜盐草	[79]
3	文昌市长圮港	30.57	泰来草、海菖蒲、单脉二药草、卵叶喜盐草、小喜盐草	[71,79]
4	文昌市宝峙村	面积不详	泰来草、单脉二药草、圆叶丝粉草、卵叶喜盐草、针叶草、齿叶丝粉草	[79]
5	文昌市冯家湾	面积不详	泰来草、海菖蒲、卵叶喜盐草、单脉二药草、齿叶丝粉草	[79]
6	文昌市椰林湾	1.01	泰来草、圆叶丝粉草、卵叶喜盐草	[80]
7	琼海市青葛	15.96	泰来草、海菖蒲、圆叶丝粉草、卵叶喜盐草、单脉二药草	[79]
8	琼海市龙湾	8.65	海菖蒲、泰来草、圆叶丝粉草	[71,79]

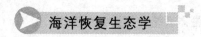

续表

序号	海草床	面积/km²	主要种类	文献来源
9	琼海市潭门	面积不详	泰来草、卵叶喜盐草、圆叶丝粉草、单脉二药草、针叶草	[79]
10	三亚市后海湾	0.06	泰来草、圆叶丝粉草	[81]
11	三亚市铁炉港	0.04	卵叶喜盐草、海菖蒲	[81]
12	三亚市鹿回头	0.38	泰来草	[81]
13	三亚市西瑁洲岛	0.02	泰来草、单脉二药草	[81]
14	三亚市小东海	0.36×10^{-2}	泰来草	[81]
15	澄迈市花场湾	0.40	羽叶二药草、贝克喜盐草	[79]
16	陵水县黎安港	0.93	海菖蒲、泰来草、圆叶丝粉草、卵叶喜盐草	[71,73,79]
17	陵水县新村港	3.04	海菖蒲、泰来草、圆叶丝粉草、卵叶喜盐草、单脉二药草、小喜盐草、日本鳗草	[59,71,79]
18	万宁市	0.01	单脉二药草、卵叶喜盐草	[79,82]
19	东方市	面积不详	单脉二药草	[82]
20	海口市	面积不详	日本鳗草、贝克喜盐草、单脉二药草、卵叶喜盐草	[82]
21	西沙群岛(晋卿岛)	面积不详	全楔草、泰来草、卵叶喜盐草	[82]
22	南沙群岛(太平岛等)	面积不详	种类不详	[83]
	广西	9.42	—	—
23	北海市铁山港沙背	2.83	卵叶喜盐草、日本鳗草、小喜盐草、贝克喜盐草	[84]
24	北海市铁山港北暮	1.70	卵叶喜盐草、日本鳗草、小喜盐草、贝克喜盐草	[84]
25	北海市山口乌坭	0.94	卵叶喜盐草	[84]
26	北海市铁山港下龙尾	0.79	卵叶喜盐草、日本鳗草、贝克喜盐草、小喜盐草	[84]
27	北海市铁山港川江	0.73	卵叶喜盐草、单脉二药草	[84]
28	防城港市交东(珍珠湾)	0.42	日本鳗草,贝克喜盐草	[84]
29	北海市沙田山寮	0.14	日本鳗草	[84]
30	钦州市纸宝岭	0.11	贝克喜盐草	[84]
31	北海市山口丹兜	0.11	贝克喜盐草	[84]

续表

序号	海草床	面积/km²	主要种类	文献来源
32	其他零星分布点	1.65	卵叶喜盐草、日本鳗草、贝克喜盐草等	[84]
	广东	9.75	—	—
33	湛江市流沙湾	9.00	卵叶喜盐草、单脉二药草	[85]
34	潮州市饶平柘林湾	0.40	卵叶喜盐草	[85]
35	湛江市东海岛	0.09	贝克喜盐草	[85]
36	珠海市唐家湾	0.08	贝克喜盐草	[85]
37	台山市上川岛	0.07	日本鳗草	[85]
38	惠东县考洲洋	0.07	卵叶喜盐草	[85]
39	湛江英罗湾	0.02	贝克喜盐草	[70]
40	阳江市海陵岛	0.01	卵叶喜盐草	[85]
41	台山市下川岛	0.01	日本鳗草、贝克喜盐草	[85]
42	汕尾市白沙湖	<0.01	卵叶喜盐草	[85]
43	深圳市大亚湾	<0.01	卵叶喜盐草	[85]
44	雷州市企水湾	<0.01	卵叶喜盐草	[85]
45	湛江市硇洲岛	面积不详	卵叶喜盐草	[82]
46	汕尾市海丰县	面积不详	日本鳗草	[82]
	香港	0.04	—	—
47	元朗区下白泥	0.04	贝克喜盐草	[86]
48	其他分布点（荔枝窝、印洲塘、三桠涌、大潭湾、散头等）	面积不详	日本鳗草、卵叶喜盐草、小喜盐草、贝克喜盐草	[86,87]
	福建	—	—	—
49	晋江市	面积不详	日本鳗草	[82]
50	厦门市	面积不详	日本鳗草、贝克喜盐草	[82,88]
51	漳州市东山岛	面积不详	日本鳗草	[82]
	台湾	8.21	—	—
52	东沙岛	8.20	泰来草、单脉二药草、圆叶丝粉草、齿叶丝粉草、针叶草、卵叶喜盐草、全楔草	[80~90]
53	屏东市恒春半岛南湾	0.40×10^{-2}	泰来草、单脉二药草	[90,91]
54	屏东市恒春半岛大光	0.30×10^{-2}	泰来草	[90,91]

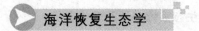
续表

序号	海草床	面积/km²	主要种类	文献来源
55	澎湖列岛（分布于岐头、镇海、沙港、讲美等地）	面积不详	喜盐草、日本鳗草、单脉二药草	[89,92]
56	绿岛	面积不详	泰来草	[89,92]
57	小琉球岛	面积不详	泰来草、单脉二药草	[89,92]
58	金门岛（分布于浯江口、慈湖—南山等地）	面积不详	日本鳗草	[89]
59	台湾本岛其他海域（位于屏东市海口、后湾、万里桐，新竹市香山，台中市高美，嘉义市白水湖，台南市七股，台东市小港等地）	面积不详	日本鳗草、贝克喜盐草、卵叶喜盐草、泰来草、羽叶二叶草、单脉二叶草、毛叶喜盐草	[89,92]
	山东	18.33	—	—
60	东营市黄河口	10.00	日本鳗草	[74]
61	威海市区双岛湾	4.42	鳗草、红纤维虾形草	[77]
62	荣成市天鹅湖（月湖）	1.91	鳗草、日本鳗草	[93]
63	荣成市桑沟湾（东楮岛）	0.60	鳗草、丛生鳗草、日本鳗草、红纤维虾形草	[94,95]
64	威海市杨家湾	0.50	鳗草	编撰者调查
65	荣成市俚岛湾	0.30	鳗草、丛生鳗草、黑纤维虾形草、红纤维虾形草	[95]
66	烟台市区套子湾	0.50	鳗草	[78]
67	渔人码头	0.10	鳗草、日本鳗草	[78]
68	烟台市区担子岛、玉岱山	<0.01	鳗草、丛生鳗草	[59,96]
69	莱州市莱州湾芙蓉岛	<0.01	鳗草	[59,78,97]
70	东营市垦利县	<0.01	鳗草	[95]
71	青岛市区（汇泉湾、青岛湾等）	面积不详	鳗草、日本鳗草、丛生鳗草、红纤维虾形草、黑纤维虾形草	[93,95]

续表

序号	海草床	面积/km²	主要种类	文献来源
72	其他分布点(分布于潍坊市的寿光、烟台市的龙口和长岛县、威海市的石岛和乳山、青岛市的崂山和胶南岛以及日照市的石臼所等)	面积不详	鳗草、日本鳗草、丛生鳗草、红纤维虾形草	[82]
	河北	29.17		
73	唐山曹妃甸	29.17	鳗草	[75]
74	秦皇岛市北戴河	面积不详	鳗草、丛生鳗草、日本鳗草	[82]
	辽宁	8.92	—	
75	葫芦岛市兴城市觉华岛	7.92	鳗草	[76]
76	大连市长海县獐子岛、海洋岛	1.00	鳗草、丛生鳗草、黑纤维虾形草	[59,98]
	合计	175.48	—	

注:表中主要资料来源于文献[59],并增加了新文献,面积合计时不确定者未计入其中。

五、海草床生态系统的服务功能

(一)固定底泥、保护海岸

海草有强大的根状茎系统和不定根系统,它们深入底泥,起到了固定沉积物、抵抗和减缓波浪与潮汐对海床冲击的作用。因此,可以防止或减缓海滩和海岸的流失和侵蚀。

(二)净化水质、提升海水透明度

除喜盐草等小海草外,大部分海草的叶面积较大,叶片上能吸附众多的泥沙等颗粒物,可以有效地降低周围海水中悬浮物的浓度,并且能高效率吸收水体和表层沉积物中的营养盐。因此,海草可有效提升近岸海水的透明度。

(三)提供高的初级生产力

海草床广泛分布于温带-热带海域,是地球上生产力最高的生态系统之一[99]。全球海草床虽然仅占全球海洋面积的0.5%,但贡献了全球海洋1%的净初级生产力[100]。虽然海草床的现存生物量($461\ g\ DW \cdot m^{-2}$)显著低于红树林生态系统的现存生物量($9.0 \times 10^3 \sim 6.17 \times 10^4\ g\ DW \cdot m^{-2}$),但是生产力与红树林持平[99,101]。据估计,全球海草年平

均初级生产力可达 1.01×10^3 g DW·m^{-2},高于生物圈中其他大部分类型生态系统,为地球生物圈中最高产的生态系统之一。海草植物叶上附着有大量的藻类,贡献的生产力可达海草植物地上部分生产力的 $20\% \sim 60\%$[101]。

(四)为海洋动物提供育幼场、栖息地和食物来源,维持高的生物多样性

大部分海草的叶片宽阔且柔软纤长,是许多海洋生物(如仿刺参、贝类、虾蟹类和鱼类等)的卵和幼体的优良附着基质,同时海草床生态系统内复杂的空间环境也为这些动物提供了育幼场、栖息场所和庇护场所。研究发现,海草床比沿岸其他生境具有更高的水生动物幼体生物量和丰度[102]。与周围无海草海域相比,海草床拥有更高的生物多样性,如孟周等于 2021 年在山东省广饶县潮间带日本鳗草斑块海草床采到了 33 种大型底栖动物(包括甲壳动物、多毛类动物、软体动物),而在离海草床 10 m 和 30 m 处,仅分别采得大型底栖动物 21 种和 20 种[103]。海草床可为许多经济鱼类提供重要食源和庇护场所,如眼斑拟石首鱼(*Sciaenops ocellatus*)、黄线仿石鲈(*Haemulon flavolineatum*)、笛鲷类(*Lutjanus* sp.)、褐篮子鱼(*Siganus fuscessens*)、点斑篮子鱼(*Siganus guttatus*)、四带牙鰔(*Pelates quadrilineatus*)、细鳞鰔(*Terapon jarbua*)等[104];海草的叶片、幼茎还是一些动物(如儒艮、绿海龟、大天鹅、海胆等)的鲜食食源[105];海草叶片、根茎等组织脱落形成的碎屑可为仿刺参等动物提供腐食来源[106]。

(五)充当巨大的碳汇

由于海草叶片中纤维素含量高、不易腐烂,且根茎系统发达,所以海草植物每年有 $15\% \sim 28\%$ 的生产量被长期埋存于海底,它们对海草床中表层沉积物有机碳库的贡献约为 50%,每年封存于海草沉积物中的碳相当于全球海洋碳封存总量的 $10\% \sim 15\%$。全球海草每年所捕获并封存于沉积物中的碳总量在各类滨海生态系统中仅次于滨海盐沼,高于红树林[101]。全球海草生态系统每年的平均固碳速率为 83 g·cm^{-2},约为热带雨林的 21 倍;全球海草床沉积物有机碳的储量为 $9.8 \sim 19.8$ Pg C,相当于全球红树林与潮间带盐沼植物沉积物碳储量之和[101,107]。因此,海草床被认为是地球上最有效的碳捕获和封存系统,是全球重要的碳汇。

第四节　大型海藻场生态系统

大型海藻场(macroalgae meadow)是指由沿岸潮间带下区和潮下带水深 30 m 以内浅硬质底区的大型底栖藻类与其他海洋生物群落共同构成的一种典型近岸海洋生态系统。因与潮间带岩岸群落相连接,也称为"海藻森林"(kelp forest)或"海藻床"(kelp bed)。其广泛分布于温带、寒带以及部分热带和亚热带海岸。

一、大型海藻场的生物组分

大型藻类是海藻场生态系统的支持生物,通常在生物量上占有绝对优势。一个典型的海藻场生态系统的支持生物不会超过 2 个属,通常为 1 个种,即形成单优大型海藻群落[108]。形成海藻场的大型底栖海藻主要为褐藻,如马尾藻属(*Sargassum*)、海带属(*Laminaria*)、巨藻属(*Macrocystis*)、裙带菜属(*Undaria*)、鹿角藻属(*Pelvetia*)等,红藻和绿藻相对较少。世界上个体最大的海藻是巨藻(*Macrocystis pyrifera*),藻体一般长十几至几十米。多数大型海藻通过固着器附着于硬质底质上,也有部分为漂浮生活。营固着生长的海藻的主要形态特征为:从固着器上长出藻柄(假茎),柄上长出假叶,叶片的基部生长气囊。在大型海藻的叶、藻柄表面附着有大量的附生生物,包括中小型藻类、附生动物和附生微生物。特定类型海藻场中附生生物的种类和组成相对稳定,附生生物可为整个生态系统提供高达 30% 的生产力和 30% 的生物多样性[109]。此外,海藻场内还有浮游植物、浮游动物、底栖生物、游泳生物、哺乳动物和海鸟等,海藻场生态系统的浮游植物具有多样性低、优势种明显和生物量较大的特点[108]。

二、大型海藻场的分布

海藻场一般分布在水深 20 m 以内,在透明度大、光照强度良好的情况下,一些海区的藻场如美洲太平洋沿岸的巨藻场甚至可以延伸至潮下线 30 m 左右。除南极洲外,大型海藻主要分布在各大洲的沿海,占这些海域 43% 的海洋生物生态区。海藻场分布沿东太平洋北美和南美西海岸一直延伸到亚热带的上升流区;在西太平洋则分布于日本沿海、朝鲜和中国北部近海区;在大西洋海域则分布于加拿大东部沿海、格陵兰岛南部、冰岛和英国沿海;在南半球的新西兰(包括亚南极群岛)和南非也有分布[110]。

海藻场主要分布于中纬度海岸,高水温和低营养盐通常是阻止大型藻类在亚热带和热带形成藻场的主要因素[111]。其分布的最低纬度往往是由海流驱动的水温和营养盐状况所决定的,如南北回归线附近的加利福尼亚南部至墨西哥海域、智利北部至秘鲁、非洲西南和澳大利亚西部等[112]。

Dayton(1985)根据大型海藻的叶冠层高度将其分为三种形态群,分别是漂浮冠层海藻(floating canopy kelp)、有柄海藻(stipitate kelp)和匍匐海藻(prostrate kelp)[113]。

漂浮冠层海藻体型最大且能产生漂浮的冠层,又可分为大型类和小型类。前者指巨藻属种类,长可达 45 m,主要分布于北美洲和南美洲西海岸,零星分布于南非和南太平洋,包括澳大利亚南部、新西兰(包括亚南极群岛)。巨藻属种类并不多,最为丰富的巨藻植物区系出现在北美洲的加利福尼亚州的沿海地区。小型冠层海藻一般长约 10 m,如分布于加利福尼亚州中部到阿拉斯加州的腔囊藻(*Nereocystis leutkeana*)、分布于南非的极大昆布（*Ecklonia maxima*）、分布于阿拉斯加州和亚洲太平洋沿岸的翅藻（*Alaria fistulosa*）[112,113]。

有柄海藻的叶状体有直立的藻柄将其支撑于海底之上，它们主要包括分布于欧洲和太平洋西北的海带属的一些种类、澳大利亚南部和新西兰的昆布属（*Ecklonia*）、智利的巨藻属（*Lessonia*）。海带属的一些种类从日本东北贯穿阿拉斯加州沿岸到加利福尼亚州北部的北太平洋均为优势种，大部分种类长度小于 5 m。其他有柄藻属生长在北美洲的太平洋沿岸。

匍匐海藻是最小的类群，其叶状体覆盖于海底或者稍高于海底，包括海带属的几个种。除北太平洋东部部分海区外，它们是北半球大部分海域海藻场的优势种。在北大西洋西部，小型海带属海藻场从缅因湾到格陵兰岛均有分布。在北大西洋东部，它们在从冰岛到挪威的高寒地区、向南至非洲的最西北端都有分布[112,113]。

三、中国大型海藻场

（一）中国大型海藻分布的时空特性

我国的海岸线将近 3.2×10^4 km，包括大陆海岸线 1.8×10^4 km、岛屿海岸线 1.4×10^4 km，其中超过 1/4 的基岩潮间带和潮下带适合大型海藻生长。中国海藻区系划分为黄海西区、东海西区、南海北区和南海南区 4 个区，大型海藻物种数达到 1277 种，其中蓝藻门 21 科 57 属 161 种（及变种）、红藻门 40 科 169 属 607 种（及变种）、褐藻门 24 科 62 属 298 种（及变种）、绿藻门 21 科 48 属 211 种（及变种）[114]。

我国大型海藻的分布有明显的时空特性，表现为它们随季节更替和纬度变化而消长，海水温度是导致季节变化的主要生态因子。大型海藻通常不耐高温，因此冬末至春末之间是南中国海大型海藻出现的盛期[114]。即便在同一海域，海藻场的优势种也会随季节而变化。如浙江省大陈岛潮间带底栖藻类物种数变化的趋势是冬春两季海藻种数增多，4 月出现种数最多，4—7 月有很多大型海藻，如鼠尾藻和羊栖菜（*Hizikia fusifarme*）等进入生长盛期，为潮间带海藻数量最多的时期。此后随气温、水温的升高以及持续高温的出现，种类逐渐减少，9 月达最小值。秋后气温和水温下降，海藻种数仅有较小幅度的增加，入冬之后海藻种数才逐步增加[115]。山东省烟台养马岛潮间带大型海藻优势种季节性变化较为明显，夏季优势种有绿藻和其他褐藻，如鼠尾藻、孔石莼（*Ulva pertusa*）、缘管浒苔（*Enteromorpha linza*）、刚毛藻（*Cladophora* sp.）等；秋、冬、春季优势种以红藻和褐藻为主，主要有鼠尾藻、丛托多管藻（*Polysiphonia morrowii*）、小石花菜（*Gelidium divaricatum*）、珊瑚藻（*Corallina officinalis*）等[116]。浙江省渔山列岛潮间带的大型海藻场在春、夏、秋三季的种类数和优势种都呈明显变化趋势，春季群落的种类最丰富（31 种），其次为夏季群落（29 种），秋季和冬季较少（20 种）；春季的主要优势种有鼠尾藻、羊栖菜、萱藻(*Scytosiphon lomentarius*)等;夏季的优势种有蜈蚣藻(*Grateloupia licina*)、铁钉菜(*Ishige okamurai*)、孔石莼等;秋季的优势种有无柄珊瑚藻(*Corallina sesslis*)、叉珊藻(*Jania decussato-dichotoma*)、匍匐石花菜(*Gelidium pusillum*)等[117]。浙江省枸杞岛潮间带大型海藻种类季节性变化明显,种类数变化规律为春季＞冬季＞秋季＞夏季,海藻群落优势种有铜藻、无柄珊瑚藻、鼠尾藻、萱藻、孔石莼、裙带菜(*Undaria pinnatifida*)、粗枝软骨藻(*Chondria crassicaulis*)、小石花菜和羊栖菜等[118]。

　　潮间带和潮下带是大型海藻生长的主要区域,也是海藻场的主要分布区域。水下光照强度和光质决定了大型海藻在海水中的垂直分布,如三亚市绝大多数海藻都有其特定的生长分布区域,一般沿潮上带至潮下带分布的大型藻类依次为蓝藻、绿藻、褐藻和红藻,其间也有过渡区[114];在浙江省七星岛,潮上带海藻种类贫乏,潮间带海藻场物种丰富,由绿藻、褐藻和红藻组成,潮下带藻场茂盛,由大型的褐藻如马尾藻和红藻组成[119];在山东省烟台养马岛,潮间带海藻场的优势种有鼠尾藻、孔石莼和丛托多管藻等[116],潮下带藻场的优势种为海黍子(*Sargassum miyabei*);浙江省马鞍列岛海域潮间带,孔石莼、鼠尾藻、粗枝软骨藻、珊瑚藻、羊栖菜、裙带菜等为春、夏季优势种[120],而在潮下带优势种则为铜藻和瓦氏马尾藻(*Sargassum vachellianum*)[121]。

(二)中国海藻场类型

　　章守宇等将我国近岸海藻场划分为温带温水型海藻场、亚热带暖水型海藻场和热带暖水型海藻场三种类型[121]。温带温水型海藻场主要分布在渤海、黄海近岸区域,典型的海藻场有辽宁省近岸獐子岛铜藻、海带(*Laminaria japonica*)海藻场;辽宁省旅顺口黄金山近岸海蒿子(*Sargassum pallidum*)、海黍子海藻场;山东省长岛县南隍城岛近岸海带、海黍子海藻场;山东省荣成市鸡鸣岛近岸海带、裙带菜海藻场等。亚热带暖水型海藻场主要分布在东海和南海北部近岸。典型海藻场有浙江省马鞍列岛近岸瓦氏马尾藻、铜藻海藻场;福建省东山县鸡心屿近岸半叶马尾藻(*Sargassum hemiphyllum*)海藻场;广东省南澳县顶澎岛近岸亨氏马尾藻(*Sargassum henslowianum*)海藻场;广西壮族自治区北海市涠洲岛半叶马尾藻、三亚马尾藻(*Sargassum sanyaense*)海藻场。热带暖水型海藻场主要分布在南海南部近岸。典型海藻场有海南省文昌市清澜湾近岸匍枝马尾藻(*Sargassum polycystum*)海藻场;三亚市大东海近岸凹顶马尾藻(*Sargassum emarginatum*)海藻场;昌江县棋子湾近岸匍枝马尾藻、斯氏马尾藻(*Sargassum swartzii*)海藻场[121]。

　　章守宇领衔近海栖息地团队集中力量开展了从南向北的全国沿海重点海藻场资源调查,实地采样足迹遍布我国9个省份共计30余个区域,填补了多数地区潮下带海藻场生态学调查的空白。其调查发现,辽宁省有4个重点潮下带海藻场,分别位于旅顺市黄金山、长海县大耗子岛、瓦房店市仙浴湾、兴城市觉华岛;山东省有8个重点潮下带海藻场,分别位于长岛县南隍城岛、烟台市养马岛、荣成市褚岛、荣成市鸡鸣岛、乳山市汇岛、青岛市太平角、青岛市仰口、日照市任家台;江苏省有 1 个重点潮下带海藻场,为连云港市前三岛乡潮下带海藻场;浙江省有 3 个重点潮下带海藻场,分别为马鞍列岛、渔山列岛和南麂列岛潮下带海藻场;福建省有 4 个重点潮下带海藻场,分别位于东山县、漳浦县六鳌镇、平潭县、霞浦县;广东省有 2 个重点潮下带海藻场,分别位于南澳县顶澎岛和湛江市硇洲岛;广西壮族自治区有 2 个重点潮下带海藻场,分别位于北海市涠洲岛和防城港市白龙半岛;海南省有 6 个重点潮下带海藻场,分别位于儋州市文青沟、临高县新盈镇、陵水县新村港、文昌市清澜湾、三亚市大东海、昌江棋子湾[121](见表 2-14)。

四、大型海藻场的生态服务功能

(一)为海洋提供高的初级生产力

海藻场区域被公认为海洋生态系统中初级生产力最高的系统之一,在不到 1% 的海洋面积中贡献了 10% 左右的海洋初级生产力,其生产力可与热带雨林和密植农田相媲美;在适宜条件下,其净初级生产力可超过红树林、海草床等生态系统。

(二)为海洋生物提供饵料及摄食场所

大型海藻生长速度快、生产力和生物量高,能为大量海洋生物提供稳定的饵料来源。其鲜组织可被海胆、鲍、帽贝、石鳖、滨螺、植食性鱼类和某些端足类等植食性动物直接食用。但大型海藻只有少量(约 10%)活体生物量进入牧食食物链[122],其余生物量均以有机碎屑(颗粒态有机质和溶解态有机质)的形式进入腐食食物链。因为大型海藻藻体纤维质含量低,在波浪的作用下易碎裂,同时它们在生长过程中也会不断释放并脱落碎屑,这些有机碎屑沉降到藻场附近海底或者通过海流运输传递到更遥远的大洋底部,成为海底有机物的主要补充。枸杞岛海藻场大型海藻在凋亡期对沉积有机物的贡献率可达66.67%[123]。因此,碎屑食性的腹足类、甲壳类等许多底栖无脊椎动物能够在一些有大型海藻分布的区域大量存在,故海藻场在沿岸带支撑了复杂的食物网[124]。

(三)为海洋生物提供栖息地、产卵场和孵化场

海藻场不仅可以影响局部水体的流向和流速,起到消减波浪的作用,还可以有效阻止表层高温水体快速进入,使得海藻场内的海水温度变化更为缓慢。因此,海藻场内可形成相对稳定的生存空间,有利于海洋生物的养息,并成为动物在灾害天气时的避难所。海藻场内空间异质性较高,可为各类生物提供生态位,因此系统内生物多样性极高,良好的海藻场空间形成了鱼虾贝类的产卵场和稚鱼的孵化场。大型海藻自身叶片形状、大小和纹理等形态特征使得其在微尺度下的空间结构往往更为复杂,是底栖硅藻等附生藻类、细菌、真菌、原生动物等的良好的附着基,这也吸引了以这些微型生物为食的端足目、

等足目、虾类、腹足类、线虫和桡足类等其他无脊椎动物在海藻叶片上栖息[125,126]。此外，海藻叶片还为大型海洋动物幼体和卵的附着创造了良好的条件，如极北海带（$Laminaria hyperborea$）上栖息的小型海洋动物可达 8000 只·株$^{-1}$[127]。海藻场内能够形成日荫、隐蔽场及狭窄迷路，复杂的内部环境为各种大型底栖动物（如鲍、仿刺参、蟹等）和鱼类提供了优良的索饵、产卵、育幼和躲避敌害的场所。

（四）吸收氮、磷等营养元素，净化水质

大型海藻个体和叶面积均大，叶片能直接吸收海水中的营养盐且具有很高的吸收效率，如海带对氮、磷的吸收速率分别可达到 5.4 $\mu g \cdot g^{-1} \cdot h^{-1}$ 和 1.1 $\mu g \cdot g^{-1} \cdot h^{-1}$[128]。此外，大型海藻的储氮能力极强，一些大型海藻藻体储存的氮含量可达到其环境氮含量的 2.8×10^3 倍[129]。海藻养殖区可以有效减少海水中含量过高的氮、磷元素，如构建龙须菜海藻场可以显著减少海水中的无机氮和无机磷，并增加溶解氧浓度和海水透明度，起到净化水质的作用[130]。因此，海藻场有降低海水富营养化、净化水质的功能。

（五）碳汇功能

海藻场的大型海藻通过光合作用将海水中的溶解无机碳（HCO_3^-）和 CO_2 转化为有机碳，使海水中的 CO_2 溶解量降低，从而促使大气中的 CO_2 向海水中转移，因此海藻场是蓝碳的重要成员。研究表明，地球上 90% 的光合作用是由海洋藻类完成的，而大型海藻的固碳能力远大于海洋浮游植物[131]，如每平方米长海带（$Laminaria longicruris$）的碳吸收速率可达 3.4 kg·a^{-1}[132]，高密度培养浒苔（$Enteromorpha prolifera$）对海水无机碳的去除率高达 96.98%[133]。大型藻类世代周期长，生物量累积大，所以固碳能力强，如 19 种大型海藻在硇洲岛岩礁带海区有很强的固碳能力，其中 12 种海藻的总有机碳（TOC）超过 30%[134]。

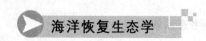

表 2-14　中国沿海潮下带重点海藻场[121]

省份	藻场区域	支撑藻种	生物量/(g·m⁻²)	株高/cm	覆盖度/%	离岸范围/m	宽幅/m	水深范围/m
辽宁	旅顺市黄金山	裙带菜、海蒿子、海带子	13835.58	38.4~518.8	30~70	15~75	10~50	≤12.90
	长海县大耗子岛	铜藻、裙带菜、海带	38739.28	73.5~193.0	30~40	15~60	20~50	≤14.98
	瓦房店市仙浴湾	厚叶马尾藻(Sargassum crassifolium)	1330.87	9.8~11.9	10~20	15~100	50~80	≤4.37
	兴城市觉华岛	孔石莼	898.60	—	10~20	5~45	5~30	≤6.15
山东	烟台市养马岛	海蒿子	1538.69	9.4~128.9	30~50	5~15	15~35	≤11.10
	长岛县南隍城岛	裙带菜、海带、海蒿子	18530.12	42.2~414.2	35~50	5~35	10~30	≤14.86
	乳山市汇岛	海蒿子	1619.93	27.5~71.5	30~50	15~60	20~40	≤12.78
	荣成市楮岛	裙带菜、海蒿子	7237.78	18.7~88.1	20~60	20~300	50~200	≤4.06
	荣成市鸡鸣岛	裙带菜、海蒿子	7551.29	23.7~252.1	20~50	15~20	15~35	≤14.97
	日照市任家台	鼠尾藻	283.81	20.1~117.8	30~40	20~50	10~30	≤6.49
	青岛市太平角	裙带菜	6367.51	23.0~60.0	40~50	10~200	10~40	≤14.06
	青岛市仰口	裙带菜、鼠尾藻	2914.27	19.2~111.1	30~40	30~130	10~40	≤6.61
江苏	连云港市前三岛乡	软叶马尾藻(Sargassum tenerrimum)	1308.02	33.5~87.8	10~40	5~15	5~10	≤14.96
浙江	马鞍列岛	铜藻、瓦氏马尾藻	4957.94	26.7~137.0	30~50	5~30	15~20	≤14.21
	渔山列岛	铜藻、鼠尾藻	5440.16	12.1~207.0	30~40	10~30	10~20	≤14.97
	南麂列岛	羊栖菜、草叶马尾藻(Sargassum graminifolium)	1137.62	16.2~75.0	30~50	10~40	10~30	≤14.99

— 64 —

续表

省份	藻场区域	支撑藻种	生物量 /(g·m⁻²)	株高 /cm	覆盖度 /%	离岸范围 /m	宽幅 /m	水深范围 /m
福建	东山县	半叶马尾藻、瓦氏马尾藻	4090.22	12.8~78.5	30~70	5~15	5~10	≤8.60
	漳浦县六鳌镇	马尾藻（Sargassum sp.）、草叶马尾藻	4816.39	20.0~82.5	30~40	20~50	10~30	≤9.40
	平潭县	鼠尾藻、铜藻	4755.99	49.5~161.5	30~60	10~50	10~30	≤11.00
	霞浦县	鼠尾藻、羊栖菜、瓦氏马尾藻	2361.22	12.5~62.3	30~50	20~50	10~30	≤12.05
广东	南澳县顶澎岛	亨氏马尾藻	29239.92	17.5~369.5	30~50	15~100	10~40	≤5.83
	湛江市硇洲岛	半叶马尾藻、亨氏马尾藻	7683.17	10.8~65.8	20~40	5~10	5~10	≤10.97
广西	北海市涠洲岛	三亚马尾藻、半叶马尾藻	10184.79	16.9~114.2	30~50	10~50	10~40	≤9.65
	防城港市白龙半岛	展枝马尾藻（Sargassum patens）、无肋马尾藻（Sargassum fulvellum）	4891.16	87.5~239.9	30~60	150~200	10~40	≤5.77
海南	儋州市文青沟	匍枝马尾藻	3188.46	11.2~117.9	30~60	30~200	10~40	≤6.10
	临高县新盈镇	亨氏马尾藻	711.92	6.0~240.0	30~50	10~70	10~50	≤3.00
	陵水县新村港	裂片石莼（Ulva fasciata）	1392.09	—	70~90	50~350	40~300	≤1.90
	文昌市清澜湾	匍枝马尾藻	7700.43	12.6~173.0	50~60	20~200	10~40	≤2.10
	三亚市大东海	凹顶马尾藻	14556.81	41.2~156.1	20~30	5~50	5~20	≤3.00
	昌江棋子湾	斯氏马尾藻、匍枝马尾藻	3170.45	10.3~87.3	30~60	10~50	15~40	≤4.00

第五节　珊瑚礁生态系统

　　珊瑚礁(coral reef)是分布于南北纬约 30°之间的热带和亚热带贫营养浅海地区、由造礁石珊瑚生物群体形成的底质所支持的特殊生态系统。它是海洋中物种最丰富、生物多样性最高的生态系统,被称为"海洋中的热带雨林""蓝色沙漠中的绿洲",是海洋生态系统的重要组成部分。

一、珊瑚礁的分类

　　根据珊瑚礁的形态,可以将其分为七类[135]:

　　(1)岸礁(裙礁、边缘礁):沿大陆和岛屿的岸线发育,紧靠海岸,与陆地之间局部或有一浅窄的礁塘。全球最长且发育最好的岸礁多分布于红海岸线,长约 2700 km,分布水深达 30 m;中国台湾恒春半岛和海南岛也有岸礁发育。

　　(2)堡礁(堤礁):又称"离岸礁",在距岸较远的浅海中,呈带状延伸分布的大礁体,基底与大陆相连,与陆地或岛屿海岸之间有一个较宽阔的大陆架浅海或潟湖等。全球最大的堡礁是澳大利亚东北海岸的大堡礁,距澳大利亚大陆有 100 km,全长 2000 km,宽为 300~1000 km,分布水深达 30 m。

　　(3)环礁:礁体呈环状或马蹄形,中央为潟湖或礁湖,一些礁湖与外海有水道相通。环礁直径从几百米到几十千米不等。环礁多生长在大洋的火山锥上,少数发育在大陆架上。全球有环礁 330 多座,主要分布在太平洋西南海域、印度洋的热带海域及加勒比海区域。

　　(4)台礁(桌礁):无潟湖或潟湖已淤积为浅水洼塘、呈台状高出周围海底、边缘隆起的珊瑚礁。

　　(5)点礁(斑礁):堡礁和环礁潟湖中的礁体,呈分散状,规模较小,直径小于 1 km。

　　(6)塔礁:兀立于深海、大陆坡上的细高礁体。

　　(7)礁滩:匍匐在大陆架浅海海底的丘状珊瑚礁。

二、珊瑚礁的生物组分

　　虽然珊瑚礁生态系统的生物组分复杂多样,但造礁珊瑚(zooxanthellae corals)和造礁藻类(虫黄藻)是其主体生物。造礁珊瑚与虫黄藻营共生生活,其中,造礁珊瑚能进行钙化,且生长速度快,具有造礁功能;虫黄藻是一种单细胞藻类,可为珊瑚虫提供其光合作用产生的碳水化合物,且在造礁过程中有促进钙化的作用,珊瑚虫给虫黄藻提供保护和营养盐。

在珊瑚礁生态系统中,生产者有浮游植物、底栖植物和共生虫黄藻。浮游植物包括硅藻、甲藻、裸甲藻、蓝绿藻及营自养的蓝细菌。其中硅藻类是珊瑚礁生态系统中的主要浮游植物,占总量的 99.6%。底栖植物包括单细胞藻类、大型藻类(红藻、绿藻、褐藻)和海草类,单细胞藻类中有蓝藻类的织线藻属(*Plectonema*)和席藻属(*Phormidium*)、硅藻类菱形藻属(*Nitzschia*)等的种类;大型海藻类包括绿藻类的蚝壳藻属(*Ostreobium*)、蕨藻属(*Caulerpa*)、松藻属(*Codium*)、仙掌藻属(*Halimeda*)和笔藻属(*Penicillus*)等的种类,褐藻类的马尾藻属(*Sargassum*)等的种类,红藻类的旋毛藻属(*Audouinella*)、叉节藻属(*Amphiroa*)和乳节藻属(*Galaxaura*)等的种类[136]。珊瑚礁生态系统中的动物包括浮游动物、底栖动物和各种鱼类。浮游动物有有孔虫、放射虫、纤毛虫、水螅水母、钵水母、桡足类和甲壳类等[135],底栖动物有双壳类、海绵类、水螅虫类、苔藓类、多毛类、腹足类、棘皮类等[135]。此外,系统内还有浮游细菌和底栖细菌等分解者。

三、珊瑚礁生态系统的分布

影响珊瑚分布的生态因子主要有水温、光照、盐度等。珊瑚生长的水温为 20～30 ℃,造礁珊瑚的最适生长水温为 23～27 ℃,也有学者认为是 25～28 ℃,水温低于20 ℃则不能生长,因此,一些位于赤道附近的海区,水温低于造礁珊瑚要求的温度条件,也无珊瑚礁存在。光是虫黄藻光合作用的必需生态要素,海水透光率制约了珊瑚礁分布的水深。造礁珊瑚生长的水深范围是 0～50 m,最佳水深为 20 m 以内。一般地,水深超过 50～70 m,造礁珊瑚就停止造礁,这也是珊瑚礁分布局限于大陆或岛屿边缘的一个原因[136]。造礁珊瑚对盐度也有较为严格的要求。造礁珊瑚可生长在盐度为 27‰～40‰的海水中,最佳盐度范围是 34‰～36‰,故在河口区和陆地径流输入较大的海区,由于水体中盐度较低,无珊瑚礁发育[135];但在盐度高达 42‰的波斯湾,造礁珊瑚仍然生长旺盛。此外,风浪、海底地形等因素也会影响珊瑚礁的分布,如迎风浪一侧礁一般发育较好,但风浪过强时珊瑚虫难以在基底上固着。

据估计,全球珊瑚礁覆盖面积大约为 1.50×10^7 km²[137],占世界海域面积的 0.1%～0.5%[138],全球珊瑚礁集中分布于印度-太平洋区系和大西洋-加勒比海区系两个海区,分别占全球珊瑚礁总面积的 78% 和 8%[139]。其中东南亚约占 32.3%,太平洋(包括澳大利亚)约占 40.8%。印度-太平洋区系有 86 属 1000 多个物种,大西洋-加勒比海区系有26 属 68 种[140]。全球珊瑚礁生态系统共有 16 个主要分布区域:巴哈马群岛、安的列斯、中加勒比海、中南美洲岸线、佛罗里达和墨西哥湾、百慕大、红海和佩尔桑湾、西印度洋、中东印度洋、东南亚和新几内亚 、澳大利亚、西太平洋(美拉尼西亚)、中太平洋(密克罗尼西亚和波利尼西亚)、夏威夷群岛、东太平洋、中国南海[136,141,142]。其中,前 6 个分布区域位于大西洋-加勒比海区系,其余 10 个分布区域属于印度-太平洋区系。全球珊瑚礁分布最多的海域为太平洋中部和西部、澳大利亚的东岸和北岸、巴西的东岸、红海沿岸、我国的南海诸岛。珊瑚礁三角区（coral reef delta region，coral triangle）是全球珊瑚种类多样性最为丰富的海域,面积为 1.8×10^4 km²,是印度尼西亚、菲律宾、巴布亚新几内亚和所罗门群岛之间呈三角形的水域,造礁珊瑚种类多达 605 种（其中 15 个特有种）,占全球总数的 76%,仅在印度尼西亚的鸟头半岛（Bird's Head Peninsula）就有 574 种;红海/阿拉伯海域有364 种和 27 个地方特有种,是全球第二个珊瑚礁生物多样性丰富地区[143]。澳大利亚的大堡礁和中美洲洪都拉斯的罗阿坦堡礁分别是世界上第一、二大的珊瑚礁,其中,大堡礁延伸长达 2000 km。全球约 110 个国家拥有珊瑚礁资源,珊瑚礁分布面积前 8 位的国家分别为印度尼西亚、澳大利亚、菲律宾、法国、巴布亚新几内亚、斐济、马尔代夫和中国[144]。

四、中国珊瑚礁分布

中国珊瑚礁属于印度-太平洋区系,从台湾岛及其离岛开始,一直分布到热带海洋南海,即中国珊瑚礁分布于广西、广东、福建、台湾和香港沿海以及南海诸岛,但以南海诸岛的珊瑚礁为多。中国共有面积为 7300 km² 的珊瑚礁,占世界珊瑚礁总面积的 2.57%,在全球 22 个珊瑚礁分布面积占比超过全球珊瑚礁总面积 1% 的国家里,中国居第 8 位,其中南沙和西沙群岛、中国大陆和台湾分别约有 5700 km²、900 km² 和 700 km² 的珊瑚礁[144]。

我国珊瑚礁有岸礁、环礁、台礁等类型。岸礁主要分布于海南岛和台湾岛。其中,海南的南岸、东岸和西北岸共有岸礁线长约 200 km,宽几百米至 2 km;台湾南岸岸礁发育较好,北岸则发育较差[144]。因受黑潮暖流影响而水温较高,北回归线以北的台湾海峡南部、台湾岛东岸和台湾岛东北面的钓鱼岛等地仍有岸礁存在;华南大陆不少岸段潮下浅水区只有零星生长的造礁活珊瑚,但未形成真正的珊瑚礁,大陆南端的雷州半岛灯楼角岬角东西两侧可见聚成岸礁,沿岸离岛的岸礁只发现于北部湾的涠洲岛和斜阳岛[135]。环礁广泛分布于南海诸岛,西沙群岛、东沙群岛和中沙群岛共有环礁 15 座,南沙群岛共有 113 座礁体,其中干出的环礁或台礁 51 座,沉没的环礁、台礁或其他水下礁体62 座[144]（见表 2-15）。中国南海的中沙大环礁、马绍尔群岛的夸贾林环礁和印度洋马尔代夫群岛的苏瓦迪瓦环礁被称为全球三大环礁,其中,中国南海的中沙大环礁的直径最大,达 141 km。

表 2-15   中国南海诸岛干出礁统计[144]

群岛	干出礁				
	环礁	台礁	礁体面积/km²	礁平面积/km²	潟湖面积/km²
东沙群岛	1	0	417.0	125.0	292.0
中沙群岛	1	0	130.0	53.0	77.0
西沙群岛	10	2	1836.4	221.6	1614.8
南沙群岛	51	8	2903.1	507.5	2396.8
合计	53	10	5286.5	907.1	4380.6

中国珊瑚礁物种区系十分丰富,其中六放珊瑚亚纲(Hexacorallia)多样性极高,有80个属和亚属,700多种,在南海有45属179种,分别占印度-太平洋区系的56%和26%,台湾地区最多,为58属230种,南沙群岛次之,为50属200种,太平岛位列第3,有56属163种。大多数造礁石珊瑚在南部的分布少于北部;沙珊瑚属(*Psammocora*)、鹿角珊瑚属(*Acropora*)、蔷薇珊瑚属(*Montipora*)、角孔珊瑚属(*Goniopora*)、滨珊瑚属(*Porites*)、蜂巢珊瑚属(*Favia*)在南海群岛、海南岛、广东和广西沿岸普遍存在,杯形珊瑚属(*Pocillopora*)、厚丝珊瑚属(*Pachyseris*)、蕈珊瑚属(*Fungia*)、多叶珊瑚属(*Polyphyllia*)和刺孔珊瑚属(*Echinopora*)在广东、广西罕见,排孔珊瑚属(*Seriatopora*)、顶枝珊瑚属(*Acrhelia*)和西沙珊瑚属(*Coeloseris*)仅分布于南海群岛[145](见表2-16和表2-17)。

表2-16　中国不同地区造礁珊瑚的种属数[145]

地区	属数	种数
广东、广西	21	45
福建	8	8
香港	21	49
台湾	58	230
海南岛	34	110
东沙群岛(东沙)	38	127
西沙群岛	34	101
太平岛	56	163
黄岩岛	19	46
南沙群岛	50	200

表2-17　中国不同地区造礁珊瑚类型、物种数和优势种[145]

珊瑚礁类型	调查地区	物种数	优势种	北纬/(°)
亚热带造礁珊瑚群落	福建东山	3	盾形陀螺珊瑚(*Turbinaria peltata*)、锯齿刺星珊瑚(*Cyphastrea serailia*)	23.71
	广东大亚湾	25	鹿角珊瑚属、澄黄滨珊瑚(*Porites lutea*)、菊花珊瑚属(*Goniastrea*)	22.56

续表

珊瑚礁类型	调查地区	物种数	优势种	北纬/(°)
中国造礁珊瑚北界群落	广西涠洲岛	14	十字牡丹珊瑚(*Pavona decussate*)、澄黄滨珊瑚、多孔鹿角珊瑚(*Acropora millepora*)	21.04
	广东徐闻	24	秘密角蜂巢珊瑚(*Favites abdita*)、精巧扁脑珊瑚(*Platygyra daedalea*)、膨胀蔷薇珊瑚(*Montipora turgescens*)、细角孔珊瑚(*Goniopora gracilis*)、标准蜂巢珊瑚(*Favia speciosa*)	20.31
	海南西北	51	澄黄滨珊瑚、丛生盔形珊瑚(*Galaxea fascicoularis*)、蔷薇珊瑚属	19.83
	海南东北	68	丛生盔形珊瑚、蔷薇珊瑚属、佳丽鹿角珊瑚(*Acropora pulchra*)	19.12
裙礁	海南东部	68	丛生盔形珊瑚、多孔鹿角珊瑚、鼻形鹿角珊瑚(*Acropora nasuta*)、辐板轴孔珊瑚(*Acropora cytherea*)、澄黄滨珊瑚	18.34
	海南三亚	65	丛生盔形珊瑚、繁锦蔷薇珊瑚(*Montipora efflorescens*)、多孔鹿角珊瑚	18.22
	海南蜈支洲	41	佳丽鹿角珊瑚、辐板轴孔珊瑚	18.32
环礁	西沙群岛	178	多孔鹿角珊瑚、芽状鹿角珊瑚(*Acropora gemmifera*)、澄黄滨珊瑚	16.95

五、珊瑚礁的生态服务功能

(一)保护海岸线

珊瑚礁能缓解海浪对海岸的冲击,起到保护海岸线的作用。健康的珊瑚礁能有效抵挡 70%～90% 的海浪冲击力量,死珊瑚被海浪分解成的细沙可以取代被海潮冲走的沙粒[146]。因此,珊瑚岸礁被誉为"海上长城"。

(二)提供高的生产力,在全球碳循环中扮演重要角色

珊瑚礁生态系统被誉为"海洋中的热带雨林",是初级生产力最高的海洋生态系统,其初级生产力范围为 $1500\sim5000$ g C·m^{-2}·a^{-1},底栖植物对整个珊瑚礁生态系统的初级生产力贡献达 90% 以上;珊瑚礁植物和共生群落的初级生产力为 $5\sim20$ g C·m^{-2}·d^{-1},而贫

营养和中等营养的热带大洋中的初级浮游植物生物量仅为 $0.05 \sim 0.03$ g C·m^{-2}·d^{-1}；珊瑚礁生态系统的次级生产过程对净初级生产力的使用效率也很高,因此其系统总生产力极高,每平方米的生物生产力是周围热带大洋的 $50 \sim 100$ 倍[135]。此外,珊瑚礁在成礁过程中伴随着大量碳酸盐沉积,据估计,珊瑚礁区 $CaCO_3$ 的年累积量可达 0.084 Pg C,占全球 $CaCO_3$ 年累积量的 $23\% \sim 26\%$。研究表明,珊瑚礁生态系统固定碳的能力为 $0.5 \sim 26.1$ g C·m^{-2}·d^{-1},整个珊瑚礁生态系统所固定的碳量为 7.0×10^{14} g C·a^{-1}[136]。因此,珊瑚礁在全球碳循环中扮演着重要角色。

(三)为海洋生物提供优良栖息地、维护海洋生物多样性、维持高的渔获产量

典型的珊瑚礁由潟湖、礁坪和礁斜坡组成,生活空间的垂直结构复杂多样,因而生物多样性极其丰富[135]。虽然珊瑚礁生态系统仅占全部海域面积的 $0.1\% \sim 0.5\%$,却为超过 30% 的海洋生物提供了栖息地和家园,有近 33% 的鱼类栖息在此,是大量海洋生物的栖息地和育幼所,如在澳大利亚的大堡礁有 350 种造礁珊瑚、$1500 \sim 2000$ 种海洋鱼类和 4000 多种软体动物[139]。珊瑚礁三角区的鸟头半岛周围水域有约 1223 个品种的鱼类。因此,珊瑚礁生态系统是全球生物多样性最高的生态系统。

珊瑚礁为鱼类提供了食物来源及繁殖的场所。全球有 5 亿人直接依赖于珊瑚礁生态系统而生活,全球约 10% 的渔业产量源于珊瑚礁地区,马来西亚有 30% 的渔获物是从珊瑚礁群中捕得。有超过 2500 种鱼类生活在珊瑚礁之中,健康的珊瑚礁系统每年每平方千米渔业产量达 35 t。

(四)具有极高的观赏价值

珊瑚礁形状多变、色彩艳丽,被称为"海底花园";观赏性极高,是热带海域宝贵的旅游资源。保护性开发珊瑚礁观光是一个兴盛的产业,如澳大利亚的大堡礁群享有"透明清澈的海中野生王国"的美誉,是发展旅游业的典范。

第六节　海洋生态系统的退化及其原因

一、生态系统退化和海洋退化生态系统

生态系统退化是目前全球面临的主要环境问题之一。退化生态系统指在一定的时空背景下,受自然因素、人为因素或两者的共同干扰,生态系统的某些要素或系统整体发生不利于生物和人类生存要求的量变和质变,系统的结构和功能发生与原有的平衡状态或进化方向相反的位移[147]。退化生态系统的特征主要表现为:①服务功能减弱或丧失;

②生态效益和社会效益降低;③生物多样性降低;④生产力下降;⑤基本结构和功能破坏或丧失;⑥稳定性和抗逆能力下降。

海洋退化生态系统(marine degraded ecosystem)是指在自然和人为干扰下形成的偏离原来状态的海洋生态系统[148]。目前,海洋生态系统全面退化,包括海草床生态系统、海藻场生态系统、珊瑚礁生态系统、红树林生态系统和滨海盐沼生态系统。

(一)滨海盐沼生态系统的退化

由于海平面上升、海水富营养化等,滨海盐沼在全球范围内出现严重的退化趋势,表现在面积衰退、土著种被入侵种取代、群落结构破坏和生态系统功能降低等方面[149,150]。据斯宾赛(Spencer)等于 2016 年的预测,如果 2100 年海平面上升 110 cm,全球将会丧失约 78% 的盐沼[151]。甘朱(Ganju)等在 2017 年评估了美国海岸 4 个州(加利福尼亚州、缅因州、马里兰州、新泽西州)的 8 个盐沼地后指出,由于沉积物减少,8 个盐沼地都有不同程度的退化,有些还十分严重,如果退化的盐沼地得不到恢复,现存的盐沼也将在 350 年后消失一半[152]。富营养化可导致盐沼植被地上部生物量增加、地下部生物量降低,同时会提高微生物对有机物的分解能力,这些生态系统的改变会降低地形稳定性,造成沿岸坍塌,最终导致盐沼退化[153]。

自 20 世纪 50 年代起,我国的盐沼和淤泥质沙滩面积已经下降了 57%[154],1950—2014 年,我国盐沼湿地损失面积达 8.01×10^4 km²,约占全国湿地面积的 58%[155]。围垦和互花米草入侵是我国滨海盐沼生态系统退化的主要原因。在 1995 年前的 45 年里,我国有 7.08×10^3 km² 的盐沼因被开垦而丧失,已超过 1995 年中国天然盐沼的总面积[156]。江苏省盐沼湿地占我国湿地的 1/4,其盐沼湿地的退化最具代表性:自 1982 年江苏省在射阳、大丰、东台等市(县)引种以来,互花米草扩张迅速,1988—2001 年期间,互花米草盐沼在江苏沿海双洋河口至梁垛河闸之间扩张了近 30 倍,分布面积达 129.28 km²,并已覆盖了从射阳河口至梁垛河闸之间的潮间中上带泥滩大部分区域[157]。自 1977 年至 2014 年的 37 年来,江苏滩涂资源最为丰富的大丰麋鹿国家级自然保护区与盐城国家级珍禽自然保护区的盐沼湿地面积(包括盐生植被和光滩)呈快速消失的趋势,从 1977 年的 1983 km²降低到 2014 年的 925 km²,其中盐生植被退化最为严重(退化面积达到 500 km²),除盐城国家级珍禽自然保护区核心区保存较为完整外,河口与高潮滩区域由于人为围垦已经快速退化,甚至有消失的趋势[158]。

(二)红树林生态系统的退化

红树林生态系统是陆地过渡到海洋的界面生态系统,处于生态环境脆弱带,在海平面上升、围海、养殖等人为和自然因素的作用下,系统退化严重。在 20 世纪的最后 20 年里,全球约有 35% 的红树林消失[159]。在 2000—2012 年期间,全球红树林年丧失率为

0.26%～0.66%,其中,东南亚丧失速率是全球的两倍,缅甸的丧失率最高(0.5%～0.7%),是全球平均值的 4 倍[160,161]。南海地区(包括柬埔寨、中国、印度尼西亚、马来西亚、菲律宾、泰国和越南)拥有世界 28% 的红树林,我国学者兰竹虹和陈桂珠于 2007 年估计的本区红树林的平均年损失率为 1.7%,比全球平均损失率高 35%[162]。《2021 全球红树林状况》报告显示,虽然全球范围内红树林的平均损失率现在正在放缓,但在 2016 年之前的 20 年里净损失仍然达到 4.3%[42]。我国红树林毁坏与退化严重,20 世纪 50—90 年代初的 40 多年间面积锐减了 68.7%,现存林分中 80% 以上为退化次生林,立地环境恶化[163]。21 世纪以来,对红树林的零散破坏案件还时有发生,典型案例如 2001 年广东汕头市澳头西塭有 0.10 km² 天然次生红树林被开发为养殖池,2015 年海南澄迈有 0.08 km² 红树林遭填埋并被开发为楼盘等[47]。虽然全国红树林面积有所增加,但是红树林斑块的破碎化程度增加,退化的红树林在植物生物多样性、珍稀濒危种类现状和群落结构等方面均表现欠佳[47,164]。

(三)海草床生态系统的退化

由于人类近百年来对近海海域频繁的干扰活动,海草床生态系统受损严重。2009 年,维卡特(Waycott)等估计,自 1990 年后全球海草床以每年 7% 的速率在减少[165]。到 2010 年,已约有高达 29% 的海草床消失,约有 14%(10 种)的海草种类正面临灭绝的风险[166]。

中国海草床生态系统严重退化,海草床面积的急剧萎缩已严重威胁到海草物种多样性。1982 年胶州湾芙蓉岛附近大约 13.00 km² 的鳗草群落在 2000 年已基本消失[167]。威海全市海域超过 90% 的海草床在从 1990 年到 2010 年的 20 多年里消失[59]。2002 年,黄小平等于最大潮差期退潮时,在陆上通过手持全球定位系统(GPS)仪测绘给出的湛江市流沙湾海草床分布面积为 9.00 km²[168];2019 年,钟超等通过潜水调查发现,海草床分布面积仅为 0.30 km²[169]。虽然不同的调查方法可能导致调查面积存在差异,但如此悬殊的面积差也反映了广东省最大的海草床流沙湾海草床在最近 20 多年衰退严重。海南省多处海草床正迅速消退,如遥感数据反演发现陵水县新村港南岸 3 处海草分布点几近消失[170];三亚市海草床分布面积从 2008 年的 1.64 km² 衰退为 2014 年的 0.50 km²[71];陵水县黎安港海草床分布面积在 2004 年为 2.50 km²[79],2009 年退化为 2.07 km²[71],2020 年只剩 0.93 km²[73]。广西北海市合浦英罗港附近的海草床分布面积,1994 年约为 2.67 km²,到 2001 年仅存 0.001 km²[171]。一些海草种类如全楔草、毛叶喜盐草、针叶草、黑纤维虾形草、宽叶鳗草和具茎鳗草等在 21 世纪的调查中极为罕见,甚至未见[59]。

(四)海藻场生态系统的退化

全球变化引发的极端气候事件如热浪等是造成大型海藻场退化的一个重要原因。

2011 年 3 月以来,澳大利亚西部沿海经历了有史以来最大强度的高温袭击,在长达 2000 km 多的沿海,海水温度升高 2～4 ℃ 并且持续 10 周以上,导致温带海藻、无脊椎动物、底栖鱼类群落等发生大的变化,大型海藻分布大面积下降[172]。由于城市化,澳大利亚阿德莱德(Adelaide)大都市沿海有约 70% 的大型海藻场消退[173]。加拿大新斯科舍(Nova Scotia)中部和西南海域在 2008 年前的 40～60 年里,大型海藻生物量减少了 85%～99%,由原来茂密的藻场变为以盐沼草和入侵藻类等机会种为优势种的混合草场[174]。克鲁汉(Krumhansl)等在 2016 年发现,全球 38% 的海带属种群在过去几十年里衰退[175]。在过去的 10 多年里,澳大利亚的塔斯马尼亚(Tasmania)的大型藻场大幅缩减[176]。在美国加利福尼亚州北部,在 350 km 的沿岸线上,大型海藻生物量减少了 90%[177]。

自 20 世纪 80 年代以来,我国近海沿岸的天然藻场退化严重并大量消亡。20 世纪 80 年代前,青岛市近岸海域潮间带 3～6 m 水深处以石花菜为优势种群;20 世纪 80 年代后期,填海造地和围海养殖等人类活动的破坏导致石花菜种群濒临消亡[178,179]。随着近年来海参、鲍鱼养殖业的快速发展,匍枝马尾藻和鼠尾藻在广东湛江和海南周边的近海被大量采收用作饲料,马尾藻在辽宁瓦房店被当作优质饵料遭到大量采集,导致这些藻类资源急剧衰退甚至面临绝迹危险[121]。1980 年,南麂列岛各离岛潮间带石沼和大干潮海岸线附近沿礁都有铜藻分布,5 处海域铜藻场面积都大于 600 m²,而在 2007 年只存留 2 处海域铜藻场[121,180]。

(五)珊瑚礁生态系统的退化

珊瑚礁是一个极其敏感脆弱的生态系统,容易受到自然环境和人为干扰的影响。全球气温变暖和海洋酸化是导致珊瑚礁退化的最重要因素。《世界珊瑚礁现状 2008》显示,全世界范围内的珊瑚礁有 54% 处于退化状态,其余 46% 的珊瑚礁没有面临任何可以预测的威胁。2011 年,世界资源研究所与另外 24 家组织在《珊瑚礁危险再现》的报告中指出,2030 年将有超过 90% 的珊瑚礁遭遇风险,并且几乎所有的珊瑚礁将在 2050 年面临威胁;全球有 27 个国家的珊瑚礁面临的威胁较大,其中海地、格林纳达、菲律宾、科摩罗、瓦努阿图、坦桑尼亚、基里巴斯、斐济和印度尼西亚 9 国面临的威胁相对较大[181]。《世界珊瑚礁现状 2020》(The status of coral reef of the world:2020)指出,2009—2018 年的 10 年间,海洋温度的持续上升引发了大规模珊瑚白化事件的反复发生,导致全球 14% 的珊瑚礁死亡,这比目前生活在澳大利亚珊瑚礁上的所有珊瑚数量还要多;2019 年,世界珊瑚礁上的藻类比 2010 年增加了 20%,这表明硬珊瑚数量正在减少;自 2010 年以来,几乎所有地区的平均珊瑚覆盖面积都出现了下降[182]。科学家们估计,到 2030 年,全球将近 70% 的珊瑚礁会发生白化事件[183]。

中国的珊瑚礁退化同样严重,自 1950 年以来我国珊瑚礁面积减少了 80%[153]。截至 2010 年,由于人类活动所引起的破坏和污染,我国广东、广西、海南沿岸在过去的 30 年中造礁石珊瑚数量减少了80%。由于渔业的过度捕捞和长棘海星(*Acanthaster planci*)的暴发,南海的珊瑚岛礁在近15~20年平均覆盖率从60%下降至20%[184]。西沙群岛珊瑚覆盖率下降速率更是惊人,2006—2007年一年内下降了15%(2006年为65%,2007年为50%),至2009年已不足10%[185,186]。海南三亚鹿回头活珊瑚覆盖率在20世纪60年代为80%,到90年代下降为40%,至2006年仅剩12%[187]。鹿回头81种造礁石珊瑚中有30种已经出现区域性灭绝[188]。近年来,中国不同区域活造礁石珊瑚覆盖率均呈现下降趋势,局部区域已经低于10%,离岸活造礁石珊瑚的覆盖率下降最明显,许多区域从多样性较高的群落转变为以团块状为单一优势类群的群落。我国珊瑚礁目前面临的主要问题和威胁包括气候变化、人类活动和珊瑚病敌害。其中,人类活动被认为是我国南海珊瑚礁退化的重要因素,包括过度捕捞、非法渔业活动、海水富营养化、海岸带开发、工程建设和滨海旅游等[189]。

二、海洋生态系统退化的原因

(一)全球气候变化

1.全球气温上升

全球变暖已是一个不争的事实,海洋变暖也使强台风、飓风、极端降雨发生的频率增加。日益上升的气温对生长于热带和亚热带的珊瑚礁有着直接的威胁。热带珊瑚极易受到海水表面高温的伤害,高温可能会使造礁珊瑚的共生藻死亡,发生珊瑚白化现象。《世界珊瑚礁现状2020》指出,珊瑚礁的最大干扰来自大规模的珊瑚白化事件,在厄尔尼诺较剧烈的1997—1998年,珊瑚白化事件导致了世界上约8%的珊瑚死亡,印度洋、东南亚、西太平洋和加勒比海的一些地区珊瑚死亡率甚至超过了90%;全球珊瑚覆盖面积的下降与海洋表面温度异常有关,预测随海洋表面温度增加,珊瑚礁覆盖率将在未来几十年进一步下降[182]。海洋温度上升导致了食物链底层的微生物数量下降,导致在食物链顶层的较大型动物的食物供应量(以鱼类为主)减少。在澳大利亚西部,水温升高导致温带海藻、无脊椎动物、底栖鱼类群落等发生大的变化,大型海藻分布大面积下降[172]。高温也会导致热带海草床衰退。研究表明,由于全球变暖,夏季海草床平均海水温度可能上升4~5 ℃,导致一些对高温敏感的海草如鳗草、大西洋波喜荡草、南极根枝草(*Amphibolis antarctica*)大面积死亡[190-192]。

2.海洋酸化

海洋酸化主要是指海洋吸收大气中过量的CO_2,使海水pH值下降的现象。科学研究报告显示,海水pH值从工业革命前的8.2下降至21世纪末的7.8[193],海水酸性的增加会改变海水化学平衡,破坏海水化学环境稳定性,给海洋生态系统带来巨大威胁。我国黄海北部酸化问题已相当突出[194]。酸化将对外壳或骨骼含钙的海洋生物(包括贝类和珊瑚等)造成严重威胁。海水酸化使得珊瑚骨骼变薄、骨骼孔隙度增加、骨骼密度降低,珊瑚幼体在酸化条件下不仅骨骼形态结构发生了变化,而且骨骼表面会出现溶蚀迹象[195]。当 CO_2 浓度达到 560 mg·L^{-1} 时,所有的珊瑚礁将停止生长并开始溶解。藻类、软体动物和棘皮动物等都属于酸碱平衡调节能力较低的海洋生物,当海水酸性过强时,它们的外壳及骨骼中的碳酸钙就会被溶解,幼体则无法正常形成所需的碳酸盐外壳或骨骼。

3.海平面上升

海平面上升是全球变暖的直接后果。据估计,过去 100 多年里海平面上升速率为 1～2 mm·a^{-1},全球海平面已上升了 10～20 cm[196]。联合国政府间气候变化专门委员会(intergovernmental panel on climate change,IPCC)第六次评估报告指出,2006—2018 年的海平面上升速率处于提高状态(3.7 mm·a^{-1}),预估到 2050 年和 2100 年,全球平均海平面(global mean sea level,GMSL)将分别上升 0.15～0.30 m 和 0.28～1.02 m[197]。海平面上升主要会导致滨海盐沼和红树林等湿地的退化,如在南非的肯尼亚河口,目前约有 6.67 km^2 的滨海盐沼,1960—2017 年间海平面上升速率为 2.19 mm·a^{-1}。科学家们于 2020 年预测,到 2100 年该区 40% 的潮上带盐沼将会消失[198]。低盐潮间带盐沼会经历更多的洪水,给其带来负面影响。在美国切萨皮克湾(Chesapeake Bay)入海河口,由于洪水的入侵,低盐潮间带盐沼正在严重退化,生物多样性下降,入侵种优势越来越明显[199]。海平面上升导致红树林淹水时间和频率增加,进而影响红树林的生长和发育[200-202]。如果海平面上升的速率大于沉积物堆积的速率,海水将会淹没红树林,使红树林向陆地迁移,反之则向海洋延伸[203,204]。

《2019 年中国海平面公报》显示,1980—2019 年中国沿海海平面上升速率为 3.4 mm·a^{-1},高于同时段全球平均水平;2010—2019 年平均海平面处于近 40 年最高位,比 1980—1989 年平均海平面高约 100 mm;2019 年中国沿海海平面较常年高 72 mm[205]。我国沿海海平面的上升导致潮间带的面积变得越来越小,坝前红树林由于没有"后路"可退,受海平面上升的威胁最为严重[47]。

(二)围填海等海岸工程

围填海活动是许多沿海国家开发利用海洋资源的主要途径,也是引起滨海湿地退化最直接的人为因素。过度的海岸带围垦活动是当前造成我国海岸带湿地生态系统大量丧失和退化的主要原因之一。有研究指出,我国湿地年平均围垦率为5.9%[206]。2003—2009 年,全国沿海共围垦湿地 1678 km^2,较为严重的地区有辽河三角洲、黄河三角洲、胶州湾、莱州湾、苏北沿海、长江口、珠江口等地[16]。研究表明,30 多年来我国渤海人工岸线的长度增加了 1214.64 km,占岸线总长的 42.57%;填海等新形成陆域面积 2278.34 km^2,占渤海水域总面积的 2.96%,估算由此造成海洋生物资源、人文社会价值和消浪促淤护岸的损失总计达 2506.20 亿元[207]。围填海不仅直接占用近海空间,毁掉海草床、红树林和盐沼等生态系统,导致生态景观破碎化,还会导致生态系统的环境质量下降,对水动力环境产生影响,削弱水体交换能力,进一步加剧水体和沉积物的污染和生物资源的衰竭[148]。

(三)海岸带的水产养殖

改革开放后,我国海岸带地区养殖业蓬勃发展,目前我国已成为全球最大的水产品养殖国。据统计,近 50 年来中国沿海兴建的养殖区面积已达到 1000 km²。但水产养殖区的扩大不断压缩海岸带自然湿地空间,从 1999 年到 2013 年,东寨港红树林面积由 17.10 km² 减少至 16.80 km²,年均减少 0.002 km²;与之相反的是,沿海岸线 2 km 缓冲区范围内周边养殖塘面积由 1987 年的 0.59 km² 增至 2013 年的 19.87 km²[208]。沿海水产养殖业的发展造成了海岸带湿地景观类型单一化、生物多样性下降和生态系统稳定性降低等多种连锁负效应。此外,许多海水养殖区域存在超负荷养殖现象,因此,来源于残饵、排泄物等的营养物质可引起海水富营养化,养殖用药会造成抗生素等药物残留。海水富营养化不仅会导致赤潮的发生,也是海草床衰退的最主要原因。抗生素等药物残留于生态系统中会导致沉积物和海水中的微生态环境发生变化。这些负效应最终造成湿地生境失调,生态环境恶化,湿地生态功能降低。

(四)外来物种入侵

外来物种入侵是导致海岸带湿地物种多样性丧失和退化的主要原因之一。外来物种入侵后种群快速扩散并抢占土著种生态位而最终排斥掉土著种,造成生态系统物种多样性降低,并进一步降低海洋生态系统稳定性,造成外源病害肆虐,加剧海洋生态灾害等[209]。2006 年,中国湿地生态系统中有外来入侵植物 10 种、入侵动物 53 种[210]。2013 年,陆琴燕等统计发现,我国南海最主要分布和已经报道的外来物种就有 35 种,其中外来藻类、外来海洋污损动物、外来微生物和外来潮间带滩涂植物分别为 16 种、11 种、5 种和 3 种[209]。

对中国沿海湿地生态系统影响最大的入侵种为互花米草,该种于 1979 年被人为引入中国,目前已在从辽宁到广西的滨海湿地中广泛分布,截至 2015 年,其在中国的入侵面积约 540 km²。互花米草在我国海岸带湿地表现出了极强的适应能力和扩散能力,其入侵显著改变了我国滨海湿地的植被类型、生物多样性和生态系统服务功能。2003 年,互花米草被列入了原国家环境保护总局公布的第一批入侵物种名单。自 1995 年在崇明东滩首次发现互花米草入侵以来,互花米草的分布面积已超过 16.00 km²[211],其入侵迅速压缩了土著植物海三棱藨草和芦苇的生存空间,导致迁徙鸟类的食物资源和栖息地质量下降,对滨海鸟类多样性的保护造成了严重影响[212]。陈中义在 2004 年调查发现,在上海崇明东滩,与海三棱藨草群落相比,互花米草群落虽然群落高度、盖度、地上生物量和优势度占优势,群落的生物多样性(物种丰富度、香农-威纳指数、均匀度)却显著低于前者[213]。互花米草于 20 世纪 90 年代被引入黄河三角洲地区,在黄河三角洲低潮滩,互花米草种群面积急剧扩大,在 2007 年为 6.15 km²,2012 年已增加到约 10.00 km²。互花米草在黄河三角洲滨海湿地的扩散导致了严重的生态后果:降低了潮间带生物多样性;改变了潮间带的水盐条件,从而导致高潮滩的建群种盐地碱蓬大面积死亡;侵占了海草(日本鳗草)的生态位[214]。贾明明等的研究显示,虽然目前互花米草侵占面积最多的是红树林内部林窗和周边裸滩,直接侵占的红树林面积并不多,但其未来很可能会进一步侵占红树林的生态位,抑制红树林植物生长[47]。

(五)海洋环境污染

海洋环境污染也是当前海洋生态系统退化的一个重要原因。其污染源包括陆源污染和海洋自身污染,陆源污染物占主要部分。在我国,工业"三废"、城镇生活垃圾以及农业、养殖造成的污染物占陆源污染物排放量的 80%[215]。海洋污染物主要包括重金属、石油、微塑料、农药、营养盐等。重金属在沉积物中的富集系数高[216],不易降解,对海洋生物有较强的毒害作用。如日本鳗草是对浊度胁迫有一定适应性的海草种类,但污染胁迫如重金属铜胁迫对其光合作用的影响比水体浊度胁迫的影响更大[217];当汞的浓度大于 0.005 mg·L⁻¹、镉的浓度大于 0.1 mg·L⁻¹ 时,会导致卵叶喜盐草出现光合色素含量下降、膜脂等相关指标上升等生理胁迫[218];农药和高温胁迫对鳗草实生苗表现出明显的胁迫[219]。石油类可黏附在鱼鳃上,使鱼窒息,抑制水鸟产卵和孵化,破坏其羽毛的不透水性。微塑料的定义为直径小于 5 mm 的塑料碎片、颗粒。微塑料来源于人类活动,主要分布在水体、土壤和大气中,受风力、江河、降雨等因素影响而迁移,最终汇集在深海[220]。我国渤海湾沉积物中微塑料吸附的重金属汞和镉的含量均高于背景值[221]。汞、镉和铅等多种重金属可随微塑料进入机体,在生物体内累积,引起毒性效应[220]。

思考题

1.简要叙述典型海洋生态系统的生物组成特征。
2.简要叙述典型海洋生态系统的服务功能。
3.简要叙述典型海洋生态系统衰退的普遍性原因。

参考文献

[1]贺强,安渊,崔保山.滨海盐沼及其植物群落的分布与多样性[J].生态环境学报,2010,19(3):657-664.

[2]王卿,安树青,马志军,等.入侵植物互花米草——生物学、生态学及管理[J].植物

分类学报,2006,44(5):566-567.

[3]肖德荣.上海崇明东滩外来物种互花米草种子产量与萌发特性[J].西南林业大学学报,2012,32(增刊1):34-38.

[4]林贻卿,谭芳林,肖华山.互花米草的生态效果及其治理探讨[J].防护林科技,2008(3):119-123,142.

[5]LAFFOLEY D, GRIMSDITCH G. The management of natural coastal carbon sink[M]. Gland, Switzerland: IUCN, 2009.

[6]BOORMAN L. Saltmarsh review: An overview of coastal saltmarshes, their dynamic and sensitivity characteristics for conservation and management[R]. Peterborough: JNCC Report No.334, 2003.

[7]杨桂山,施雅风,张琛.江苏滨海潮滩湿地对潮位变化的生态响应[J].地理学报,2002,57(3):325-332.

[8]YANG S, CHEN J. Coastal salt marshes and mangrove swamps in China[J]. Chinese Journal of Oceanology and Limnology, 1995, 13(4): 318-324.

[9]董志刚,魏春.鸭绿江口滨海湿地自然保护区的生物多样性及保护区发展研究[J].农村生态环境,1998,14(2):5-8.

[10]GU J, LUO M, ZHANG X, et al. Losses of salt marsh in China: Trends, threats and management[J]. Estuarine, Coastal and Shelf Science, 2018, 214: 98-109.

[11]于秀波,张立.中国沿海湿地保护绿皮书(2019)[M].北京:科学出版社,2020.

[12]毛立,孙志高,陈冰冰,等.闽江河口互花米草入侵湿地土壤无机硫赋存形态及其影响因素[J].生态学报,2021,41(12):4840-4852.

[13]李慧颖,申乃坤,吴家法,等.广西北部湾入侵植物互花米草内生可培养细菌多样性及促生防病活性分析[J].南方农业学报,2021,52(4):1012-1021.

[14]杨世伦.我国潮汐沼泽的类型及其开发利用[J].资源科学,1989,11(1):29-34.

[15]王敬华,何大巍,张策,等.江苏盐城滨海湿地研究进展[J].湿地科学与管理,2011,7(3):60-63.

[16]关道明.中国滨海湿地[M].北京:海洋出版社,2012.

[17]高美霞,王德水,王松涛,等.莱州湾南岸滨海湿地生物多样性及生态地质环境变化[J].山东国土资源,2009,25(6):16-20.

[18]王秀君,章海波,韩广轩.中国海岸带及近海碳循环与蓝碳潜力[J].中国科学院院刊,2016,31(10):1218-1222.

[19]仲启铖.温度和水位对滨海围垦湿地碳过程的影响[D].上海:华东师范大学,2014.

[20]ALONGI D M. Carbon cycling and storage in mangrove forests[J]. Annual Review of Marine Science, 2014, 6(1): 195-219.

[21]MCLEOD E，CHMURA G L，Bouillon S，et al. A blueprint for blue carbon：toward an improved understanding of the role of vegetated coastal habitats in sequestering CO_2[J]. Frontiers in Ecology and the Environment，2011，9(10)：552-560.

[22]陈梓涵.九段沙潮汐盐沼湿地 CO_2 通量及影响机制研究[D].上海：华东师范大学,2020.

[23] WANG F，SANDERS C J，SANTOS I R，et al. Global blue carbon accumulation in tidal wetlands increases with climate change[J]. National Science Review，2021,8(9)：140-150.

[24]王法明,唐剑武,叶思源,等.中国滨海湿地的蓝色碳汇功能及碳中和对策[J].中国科学院院刊,2021,36(3):241-251.

[25]任璘婧,李秀珍,杨世伦,等.崇明东滩盐沼植被变化对滩涂湿地促淤消浪功能的影响[J].生态学报,2014,34(12):3350-3358.

[26]杨盛昌,陆文勋,邹祯,等.中国红树林湿地：分布、种类组成及其保护[J].亚热带植物科学,2017,46(4):301-310.

[27]DE LANGE W P，DE LANGE P J. An appraisal of factors controlling the latitudinal distribution of mangrove (*Avicennia marina* var. *resinifera*) in New Zealand[J]. Journal of Coastal Research，1994，10(3)：539-548.

[28]DUKE N C. Phenological trends with latitudes in the mangrove tree *Avicennia marina*[J]. Journal of Ecology，1990，78(1)：113-133.

[29]WARDLR P. Environmental influence on the vegetation of New Zealand[J]. New Zealand Journal of Botany，1985，23(4)：773-788.

[30]刘亮,范航清.红树林宜林因子研究[J].湿地科学与管理,2010,6(2):57-60.

[31]张乔民,于红兵,陈欣树,等.红树林生长带与潮汐水位关系的研究[J].生态学报,1997,17(3):258-265.

[32]RAO A N. Mangrove ecosystems of Asia and Pacific[A]. NUDP/UNESCO. Mangrove of Asia and the Pacific：Status and Management. Technical Report of the NUDP/UNESCO Research and Training Pilot Program on Mangrove Ecosystem in Asia and the Pacific (RAS/79/002)[C]. Quezou：JMC Press，1986：1-48.

[33]林鹏.红树林[M].北京：海洋出版社,1984.

[34]缪绅裕,陈桂珠.全球红树林区系地理[J].植物学通报,1996,13(3):6-14.

[35]周晓旋,蔡玲玲,傅梅萍,等.红树植物胎生现象研究进展[J].植物生态学报,2016,40(12):1328-1343.

[36]桑树勋,刘焕杰,施健.海南岛红树植物的形态与生态适应[J].中国矿业大学学报,1993,22(3):27-35.

[37]廖宝文,张乔民.中国红树林的分布、面积和树种组成[J].湿地科学,2014,

12(4):435-440.

[38]王文卿,王瑁.中国红树林[M].北京:科学出版社,2007.

[39] Food and Agriculture Organization of the United Nations. The world's mangroves 1980-2005[R]. FAO Forestry Paper 153,2007.

[40]SPALDING M,KAINUMA M,COLLINS L. World atlas of mangroves[M]. London:Earthscan,2010.

[41]GIRI C,OCHIENG E,TIESZEN L L,et al. Status and distribution of mangrove forests of the world using earth observation satellite data[J]. Global Ecology and Biogeography,2011,20(1):154-159.

[42]SPALDING M D,LEAL M. The state of the world's mangroves 2021[R]. Global Mangrove Alliance,2021.

[43]CRAFT C. Creating and restoring wetlands[M]. Amsterdam:Elsevier,2016.

[44]张乔民,隋淑珍.中国红树林湿地资源及其保护[J].自然资源学报,2001,16(1):28-36.

[45]吴培强,张杰,马毅,等.近20a来我国红树林资源变化遥感监测与分析[J].海洋科学进展,2013,31(3):407-414.

[46]贾明明.1973—2013年中国红树林动态变化遥感分析[D].北京:中国科学院研究生院(东北地理与农业生态研究所),2014.

[47]贾明明,王宗明,毛德华,等.面向可持续发展目标的中国红树林近50年变化分析[J].科学通报,2021,66(30):3886-3901.

[48]张志才.福建省红树林生态系统的区域功能和建设发展布局研究[D].福州:福建农林大学,2007.

[49]蒋隽,胡宝清.红树林生态系统服务功能及其价值[J].安徽农业科学,2013,41(9):3958-3960.

[50]ZHANG K,LIU H,LI Y,et al. The role of mangroves in attenuating storm surges[J]. Estuarine, Coastal and Shelf Science[J],2012,102-103:11-23.

[51]施富山,王瑁,王文卿,等.红树林与鱼类关系的研究进展[J].海洋科学,2005,29(5):54-59.

[52]段舜山,徐景亮.红树林湿地在海岸生态系统维护中的功能[J].生态科学,2004,23(4):351-355.

[53]吴世军,李裕红,辛碧芬,等.泉州湾自然保护区桐花树生态系统价值研究[J].泉州师范学院学报,2010,28(6):8-14.

[54]张莉,郭志华,李志勇.红树林湿地碳储量及碳汇研究进展[J].应用生态学报,2013,24(4):1153-1159.

[55]彭聪姣,钱家炜,郭旭东,等.深圳福田红树林植被碳储量和净初级生产力[J].应

用生态学报,2016(7):2059-2065.

[56]DEN HARTOG C, KUO J. Taxonomy and biogeography of seagrasses[A]. Larkum A W D, Orth R J, Duarte C M. Seagrasses: Biology, Ecology and Conservation[C]. Dordrecht: Springer, 2006:1-23.

[57]SHORT F, CARRUTHERS T, Dennison W, et al. Global seagrass distribution and diversity: A bioregional model[J]. Journal of Experimental Marine Biology and Ecology, 2007,350(1-2):3-20.

[58]YU S, DEN HARTOG C. Taxonomy of the genus *Ruppia* in China[J]. Aquatic Botany, 2014,119:66-72.

[59]郑凤英,邱广龙,范航清,等.中国海草的多样性、分布及保护[J].生物多样性, 2013,21(5):517-526.

[60]黄小平,江志坚,张景平,等.全球海草的中文命名[J].海洋学报,2018,40(4): 127-133.

[61]SHORT F T, Short C A. Identifying seagrass growth forms for leaf and rhizome marking applications[J]. Biology Marine Mediterranean, 2000,7:131-134.

[62]郑凤英,韩晓弟,金艳梅,等.海草形态、生长的种间差异及其相关生长关系[J]. 生态学杂志,2012,31(9):2412-2419.

[63]DUARTE C M. Allometric scaling of seagrass form and productivity[J]. Marine Ecology Progress Series, 1991,77:289-300.

[64]BOROWITZKA M A, LETHBRIDGE R C. Seagrass epiphytes[A]. Larkum A W D, McComb A J, Shepherd S A. Biology of seagrasses: A treatise on the biology of seagrasses with special references to the Australian Region[C]. Amsterdam: Elsevier, 1989:297-298.

[65]宋博,陈琳琳,闫朗,等.山东东营和烟台潮间带海草床食物网结构特征[J].生物多样性,2019,27(9):984-992.

[66]杨红生.海洋牧场构建原理与实践[M].北京:科学出版社,2021.

[67]杨宗岱,吴宝铃.中国海草场的分布、生产力及其结构与功能的初步探讨[J].生态学报,1981,1(1):84-89.

[68]黄小平,江志坚,范航清,等.中国海草的"藻"名更改[J].海洋与湖沼,2016, 47(1):290-294.

[69]范航清,石雅君,邱广龙.中国海草植物[M].北京:海洋出版社,2009.

[70]熊卉,彭生,陈超,等.湛江红树林国家级自然保护区海草床分布点新记录[J].湿地科学与管理,2013,9(2):61-62.

[71]吴钟解,陈石泉,王道儒,等.海南岛东海岸海草床生态系统健康评价[J].海洋科学,2014,38(8):67-74.

[72]陈石泉,吴钟解,陈晓慧,等.海南岛南部海草资源分布现状调查分析[J].海洋学报,2015,37(6):106-113.

[73]陈石泉,庞巧珠,蔡泽富,等.海南黎安港海草床分布特征、健康状况及影响因素分析[J].海洋科学,2020,44(11):57-64.

[74]周毅,张晓梅,徐少春,等.中国温带海域新发现较大面积(大于 50 ha)的海草床:Ⅰ黄河河口区罕见大面积日本鳗草海草床[J].海洋科学,2016,40(9):95-97.

[75]周毅,许帅,徐少春,等.中国温带海域新发现较大面积(大于 0.5 km²)海草床:Ⅱ声呐探测技术在渤海唐山沿海海域发现中国面积最大的鳗草海草床[J].海洋科学,2019,43(8):50-55.

[76]周毅,徐少春,许帅,等.中国温带海域新发现较大面积(大于 50 ha)海草床:Ⅲ渤海兴城-觉华岛海域大面积海草床鳗草种群动力学及补充机制[J].海洋与湖沼,2020,51(4):943-951.

[77]李政,李文涛,杨晓龙,等.威海双岛湾海域海草分布及其生态特征[J].渔业科学进展,2021,42(2):176-183.

[78]岳世栋,徐少春,张玉,等.中国温带海域新发现较大面积(大于 50 ha)海草床:Ⅳ烟台沿海海草分布现状及生态特征[J].海洋科学,2021,45(10):61-70.

[79]王道儒,吴钟解,陈春华,等.海南岛海草资源分布现状及存在威胁[J].海洋环境科学,2012,31(1):34-38.

[80]郭振仁,黄道建,黄正光,等.海南椰林湾海草床调查及其演变研究[J].海洋环境科学,2009,28(6):706-709.

[81]陈石泉,吴钟解,陈晓慧,等.海南岛南部海草资源分布现状调查分析[J].海洋学报,2015,37(6):106-113.

[82]DEN HARTOG C, YANG Z D. A catalogue of the seagrasses of China[J]. Chinese Journal of Oceanology and Limnology, 1990，8(1)：74-91.

[83]DAI C F, FAN T Y. Coral fauna of Taiping Island (Itu Aba Island) in the spratlys of the South China Sea[J]. Atoll Research Bulletin, 1996,436: 1-21.

[84]范航清,邱广龙,石雅君,等.中国亚热带海草生理生态学研究[M].北京:科学出版社,2011.

[85]黄小平,黄良民.中国南海海草研究[M].广州:广东经济出版社,2007.

[86] FONG T C W. Problems and prospects of seagrass conservation and management in Hong Kong and China [C]. Proceedings of the International Symposium on Protection and Management of Coastal Marine Ecosystems, Bangkok：Thailand, 2000：250-254.

[87]叶国梁,黎存志.喜盐草属在中国香港特别行政区的新记录及分类补注[J].植物分类学报,2006,44(4):457-463.

[88]余健平.濒临灭绝的海草——喜盐草惊现厦门大屿岛[E].东南网,2013-06-18.

[89]柯智仁.台湾海草分类与分布之研究[D].高雄:台湾中山大学,2004.

[90]LIN H J, HSIEH L Y, LIU P J. Seagrasses of Tongsha Island, with descriptions of four new records to Taiwan[J]. Botanical Bulletin of Taipei Academy, 2005, 46(2): 163-168.

[91]KUO Y M, LIN H J. Dynamic factor analysis of long-term growth trends of the intertidal seagrass *Thalassia hemprichii* in southern Taiwan[J]. Estuarine, Coastal and Shelf Science, 2010, 86(2): 225-236.

[92]YANG Y P, FONG S C, LIU H Y. Taxonomy and distribution of seagrasses in Taiwan[J]. Taiwania, 2002, 47(1): 54-61.

[93]刘炳舰.山东典型海湾大叶藻资源调查与生态恢复的基础研究[D].北京:中国科学院大学(中国科学院海洋研究所),2012.

[94]高亚平,方建光,张继红,等.桑沟湾大叶藻有性繁殖特性的观察研究[J].渔业科学进展,2010,31(4):53-58.

[95]郭栋,张沛东,张秀梅,等.山东近岸海域海草种类的初步调查研究[J].海洋湖沼通报,2010(2):17-21.

[96]江鑫,潘金华,韩厚伟,等.底质与水深对大叶藻和丛生大叶藻分布的影响[J].大连海洋大学学报,2012,27(2):101-104.

[97]徐宗军,张绪良,张朝晖,等.莱州湾南岸滨海湿地的生物多样性特征分析[J].生态环境学报,2010,19(2):367-372.

[98]杨贵福.獐子岛近海海草的群落特征和大叶藻营养动态分析[D].大连:大连海洋大学,2014.

[99]DUARTE C M, CHISCANO C L. Seagrass biomass and production: A reassessment[J]. Aquatic Botany, 1999, 65: 159-174.

[100]HEMMINGA M A, DUARTE C M. Seagrass Ecology[M]. Cambridge: Cambridge University Press, 2000.

[101]邱广龙,林幸助,李宗善,等.海草生态系统的固碳机理及贡献[J].应用生态学报,2014,25(6):1825-1832.

[102]刘松林,江志坚,吴云超,等.海草床育幼功能及其机理[J].生态学报,2015, 35(24):7931-7940.

[103]孟周,严润玄,韩庆喜.斑块状海草床对大型底栖动物群落的影响[J].海洋通报,2021,40(4):425-432.

[104]陈启明,刘松林,张弛,等.海南典型热带海草床4种代表性鱼类的生长特征及其对海草资源量变化的响应[J].热带海洋学报,2020,39(5):62-70.

[105]周毅,徐少春,张晓梅,等.海洋牧场海草床生境构建技术[J].科技促进发展,

2020,16(2):200-205.

[106]刘旭佳,周毅,杨红生,等.大叶藻碎屑作为刺参食物来源的实验研究[J].海洋科学,2013,37(10):32-38.

[107] FOURQUREAN J W, DUARTE C M, Kennedy H, et al. Seagrass ecosystems as a globally significant carbon stock[J]. Nature Geoscience, 2012, 5: 505-509.

[108]章守宇,孙宏超.海藻场生态系统及其工程学研究进展[J].应用生态学报,2007,18(7):1647-1653.

[109]LUNING K. Seaweeds: Their environment biogeography and ecophysiology [M]. New York: John Wiley and Sons, 1990.

[110]沈国英,施并章.海洋生态学[M].2版.北京:科学出版社,2002.

[111]BOLTON J J, ANDERSON R J. Temperature tolerances of two southern African *Ecklonia* species (Alariaceae: Laminariales) and of hybrids between them[J]. Marine Biology, 1987, 96(2): 293-297.

[112] STENECK R M, GRAHAM M H, BOURQUE B J, et al. Kelp forest ecosystems: Biodiversity, stability, resilience and future[J]. Environmental Conversation, 2002, 29(4): 436-459.

[113]DAYTON P K. Ecology of kelp communities[J]. Annual Review of Ecology and Systematics, 1985, 16(1): 215-245.

[114]丁兰平,黄冰心,谢艳齐.中国大型海藻的研究现状及其存在的问题[J].生物多样性,2011,19(6):798-804.

[115]阮积惠,项斯端.大陈岛潮间带底栖海藻的季节变化[J].杭州大学学报,1987,14(1):69-79.

[116]韩秋影,尹相博,刘东艳.烟台养马岛潮间带大型海藻分布特征及环境影响因素[J].应用生态学报,2014,25(12):3655-3663.

[117]王腾飞,蒋霞敏,王稼瑞,等.渔山列岛潮间带大型海藻的分布特征[J].海洋环境科学,2013,32(6):836-840.

[118]曾宴平,马家海,陈斌斌,等.浙江省枸杞岛潮间带大型底栖海藻群落的研究[J].浙江农业学报,2013,25(5):1096-1102.

[119]孙建璋,余海,陈万东,等.浙江底栖海藻记录[J].浙江海洋学院学报,2006,25(3):312-321.

[120]章守宇,梁君,汪振华,等.浙江马鞍列岛海域潮间带底栖海藻分布特征[J].应用生态学报,2008,19(10):2299-2307.

[121]章守宇,王凯,李训猛,等.中国沿海潮下带重点藻场调查报告[M].北京:中国农业出版社,2020.

[122]MANN K H. Seaweeds: Their productivity and strategy for growth[J]. Science, 1973, 182(4116): 975-981.

[123]吴程宏.枸杞岛海藻场沉积有机物的来源研究[D].上海:上海海洋大学,2016.

[124]MANN K H. Macrophyte production and detritus food chains in coastal waters[J]. Memorie Ist Italiana Idrobiology, 1972, 29(S1): 353-383.

[125]CHEMELLO R, MILAZZO M. Effect of algal architecture on associated fauna: Some evidence from phytal molluscs[J]. Marine Biology, 2002, 140(5): 981-990.

[126]章守宇,刘书荣,周曦杰,等.大型海藻生境的生态功能及其在海洋牧场应用中的探讨[J].水产学报,2019,43(9):2004-2014.

[127]CHRISTIE H, JØRGENSEN N M, NORDERHAUG K M, et al. Species distribution and habitat exploitation of fauna associated with kelp (*Laminaria hyperborea*) along the Norwegian coast[J]. Journal of the Marine Biological Association of the United Kingdom,2003, 83(4): 687-699.

[128]李赵嘉,曾昭春,贾佩峤,等.大型海藻对氮磷吸收能力的初步研究[J].河北渔业,2014(1):1-4,11.

[129]徐永健,钱鲁闽,焦念志.江蓠作为富营养化指示生物及修复生物的氮营养特性[J].中国水产科学,2004,11(3):276-280.

[130]周岩岩,李纯厚,陈丕茂,等.龙须菜海藻场构建及其对水环境因子的影响[J].生态科学,2011,30(6):590-595.

[131]何培民,刘媛媛,张建伟,等.大型海藻碳汇效应研究进展[J].中国水产科学,2015,22(3):588-595.

[132]EGAN D, HOWELL E A. The historical ecology handbook: A restorationist's guide to reference ecosystems[M]. Washington: Island Press, 2001.

[133]冯子慧,孟阳,陆巍,等.绿潮藻浒苔光合固碳与防治海水酸化的作用 I.光合固碳与海水 pH 值提高速率研究[J].海洋学报,2012,34(2):162-168.

[134]刘耀谦,张才学,孙省利,等.硇洲岛岩礁带大型海藻固碳潜能[J].广东海洋大学学报,2019,39(5):78-84.

[135]王丽荣,赵焕庭.珊瑚礁生态系的一般特点[J].生态学杂志,2001,20(6):41-45.

[136]陈国华,黄良民,王汉奎,等.珊瑚礁生态系统初级生产力研究进展[J].生态学报,2004,24(12):2863-2869.

[137]COPPER P. Ancient reef ecosystem expansion and collapse[J]. Coral Reefs, 1994, 13(1): 3-11.

[138]赵美霞,余克服,张乔民,等.珊瑚礁区的生物多样性及其生态功能[J].生态学报,2006,26(1):186-194.

[139]SPALDING M D, CORINNA R, GREEN E P. World atlas of coral reefs [M]. Berkeley: University of California Press, 2001.

[140]邹仁林.造礁石珊瑚[J].生物学通报,1998,33(6):8-11.

[141]马志华.世界各地的珊瑚礁[J].海洋信息,1994(10):28-30.

[142]邹仁林.中国动物志:造礁石珊瑚[M].北京:科学出版社,2021.

[143]VERON J E N, DEVANTIER L M, TURAK E, et al. The Coral Triangle [A]. DUBINSKY Z, STAMBLER N. Coral Reefs: An Ecosystem in Transition[C]. Dordrecht: Springer, 2011.

[144]张乔民,余克服,施祺,等.中国珊瑚礁分布和资源特点[C].提高全民科学素质 建设创新型国家——2006中国科协年会论文集(下册).北京:中国科学技术协会学会 学术部,2006:419-423.

[145]ZHENG Y Q, CHAO L Y, LIN R C. Coral reef conservation and restoration in mainland China[J]. Malaysian Journal of Science, 2013, 32 (SCS Sp Issue): 197-214.

[146]吴立金,温波,李荣.海南珊瑚礁贸易调查[J].环境,2007,21(12):22-27.

[147]安俊珍.风化型土质金矿尾矿植被恢复研究[D].武汉:华中农业大学,2010.

[148]李永祺,唐学玺.海洋恢复生态学[M].青岛:中国海洋大学出版社,2016.

[149]PENNINGS S C. Ecology: The big picture of marsh loss[J]. Nature, 2012, 490: 352-353.

[150]ZUO P, ZHAO S, LIU C A, et al. Distribution of *Spartina* spp. along China's coast[J]. Ecological Engineering, 2012, 40: 160-166.

[151]SPENCER T, SCHUERCH M, NICHOLIS R J. Global coastal wetland change under sea level rise and related stresses: The DIVA wetland change model[J]. Global and Planetary Change, 2016,139: 15-30.

[152]GANJU N K, DEFNE Z, KIRWAN M L, et al. Spatially integrative metrics reveal hidden vulnerability of microtidal salt marshes[J]. Nature Communications, 2017,8(1): 14156.

[153]DEEGAN L A, JOHNSON D S, WARREN R S, et al. Coastal eutrophication as a driver of salt marsh loss[J]. Nature, 2012, 490: 388-392.

[154]QIU J. Chinese survey reveals widespread coastal pollution: Massive declines in coral reefs, mangrove swamps and wetlands[J]. Nature, 2012, 6: 3.

[155]SUN Z, SUN W, TONG C, et al. China's coastal wetlands: Conservation history, implementation efforts, existing issues and strategies for future improvement [J]. Environment International, 2015, 79: 25-41.

[156]YNAG S, CHEN J. Coastal salt marshes and mangrove swamps in China[J]. Chinese Journal of Oceanology and Limnology, 2015, 13(4): 318-324.

[157]刘永学,李满春,张忍顺.江苏沿海互花米草盐沼动态变化及影响因素研究[J].湿地科学,2004,2(2):116-121.

[158]李建国,濮励杰,徐彩瑶,等.近五十年来江苏滨海围垦对盐沼湿地的影响[C].中国自然资源学会第七次全国会员代表大会暨 2014 年学术年会,2014.

[159]BOSIRE J O, DAHDOUH-GUEBAS F, WALTON M. Functionality of restored mangroves：A review[J]. Aquatic Botany, 2008, 89(2): 251-259.

[160]FRIESS D A, ROGERS K, LOVELOCK C E, et al. The state of the world's mangrove forests: Past, present, and future[J]. Annual Review of Environment and Resources, 2019, 44(1): 1-27.

[161]HAMILTON S E, CASEY D. Creation of a high spatio-temporal resolution global database of continuous mangrove forest cover for the 21st century (CGMFC-21)[J]. Global Ecology and Biogeography, 2016, 25(6): 729-738.

[162]兰竹虹,陈桂珠.南中国海地区红树林的利用和保护[J].海洋环境科学,2007,26(4):355-359.

[163]郑德璋,李玫,郑松发,等.中国红树林恢复和发展研究进展[J].广东林业科技,2003,19(1):10-14.

[164]李婷婷.从红树植物群落评估中国红树林退化状况[D].厦门:厦门大学,2011.

[165]WAYCOTT M, DUARTE C M, CARRUTHERS T J B, et al. Accelerating loss of seagrasses across the globe threatens coastal ecosystems[J]. Proceedings of the National Academy of Sciences, USA, 2009, 106(30): 12377-12381.

[166]SHORT F T, POLIDORO B, LIVINGSTONE S R, et al. Extinction risk assessment of the world's seagrass species[J]. Biological Conservation, 2011, 144(7): 1961-1971.

[167]叶春江,赵可夫.高等植物大叶藻研究进展及其对海洋沉水生活的适应[J].植物学通报,2002,19(2):184-193.

[168]黄小平,黄良民,李颖虹,等.华南沿海主要海草床及其生境威胁[J].科学通报,2006,51(增刊 3):114-119.

[169]钟超,孙凯峰,廖岩,等.广东流沙湾海草分布现状及其与不同养殖生境的关系[J].海洋环境科学,2019,38(4):521-527.

[170]YANG D T, YANG C Y. Detection of seagrass distribution changes from 1991 to 2006 in Xincun Bay, Hainan, with satellite remote sensing[J]. Sensors, 2009, 9(2): 830-844.

[171]邓超冰.北部湾儒艮及海洋生物多样性[M].南宁:广西科学技术出版社,2002.

[172]WERNBERG T, SMALEL D A, TUYA F, et al. An extreme climatic event alters marine ecosystem structure in a global biodiversity hotspot[J]. Nature Climate

Change，2013，3(1)：78-82.

[173]CONNELL S D，RUSSELL B D，TURNER D J，et al. Recovering a lost baseline：Missing kelp forests from a metropolitan coast[J]. Marine Ecology Progress，2008,360(1)：63-72.

[174] FILBEE-DEXTER K，FEEHAN C，SCHEIBLING R E. Large-scale degradation of a kelp ecosystem in an ocean warming hotspot[J]. Marine Ecological Progress Series，2008，543(3)：141-152.

[175]KRUMHANSL K A, OKAMOTO D K，RASSWEILER A，et al. Global patterns of kelp forest change over the past half century[J]. Proceedings of the National Academy of Sciences of the United States of America，2016，113(48)：13785-13790.

[176] LING S D，KEANE J P. Resurvey of the Longspined sea urchin (*Centrostephanus rodgersii*) and associated barren reef in Tasmania[R]. Hobart：Institute for Marine and Antarctic Studies Report，University of Tasmania，2018：52.

[177] ROGERS-BENNETT L，Catton C A. Marine heat wave and multiple stressors tip bull kelp forest to sea urchin barrens[J]. Scientific Reports，2019，9(1)：15050.

[178]刘东艳,王梓瑶,孙军,等.青岛市沿岸潮间带底栖海藻群落的初步研究[J].海洋湖沼通报,1999(3):35-40.

[179]李美真,詹冬梅,丁刚,等.人工藻场的生态作用、研究现状及可行性分析[J].渔业现代化,2007(1):20-22.

[180]安鑫龙,李亚宁.海洋生态修复学[M].天津:南开大学出版社,2019.

[181]任海军.报告称世界四分之三珊瑚礁陷入垂死危险[E].新华网,2011-2-24.

[182]SOUTER D，PLANES S，WICQUART J. The status of coral reef of the world：2020[R]. Global Coral Reef Monitoring Network，2021.

[183]MAYNARD J，VAN HOOIDONK R，HARVELL C D，et al. Improving marine disease surveillance through sea temperature monitoring，outlooks and projections[J]. Philosophical Transactions of the Royal Society B：Biological Sciences，2016，371(1689)：20150208.

[184] 张浴阳.全球5亿人生活依赖的珊瑚礁正在变成白色坟场[E].中国科普博览,2018-09-04.

[185]吴钟解,王道儒,涂志刚,等.西沙生态监控区造礁石珊瑚退化原因分析[J].海洋学报,2011,33(4):140-146.

[186]龙丽娟,杨芳芳,韦章良.珊瑚礁生态系统修复研究进展[J].热带海洋学报,2019,38(6):1-8.

[187]赵美霞,余克服,张乔民,等.近50年来三亚鹿回头岸礁活珊瑚覆盖率的动态变

化[J].海洋与湖沼,2010,43(1):440-447.

[188]涂志刚,陈晓慧,张剑利,等.海南岛海岸带滨海湿地资源现状与保护对策[J].湿地科学与管理,2014,10(3):49-52.

[189]黄晖.中国珊瑚礁状况报告(2010—2019)[M].北京:海洋出版社,2021.

[190] MARBA N,DUARTE C M. Mediterranean warming triggers seagrass (*Posidonia oceanica*) shoot mortality[J]. Global Change Biology,2010,16(8):2366-2375.

[191]MOORE K A,SHIELDS E C,PARRISH D B. Impacts of varying estuarine temperature and light conditions on *Zostera marina* (eelgrass) and its interactions with *Ruppia maritima* (widgeongrass)[J]. Estuaries and Coasts,2014,37(1):20-30.

[192]SEDDON S,CONNONLLY R M,EDYVANE K S. Large-scale seagrass dieback in northern Spencer Gulf,South Australia[J]. Aquatic Botany,2000,66(4):297-310.

[193]王晓杰,谢金玲,袁一鑫.鱼类对海洋升温与酸化的响应[J].生态学报,2022,42(2):433-441.

[194]徐雪梅,吴金浩,刘鹏飞.中国海洋酸化及生态效应的研究进展[J].水产科学,2016,35(6):735-740.

[195]李言达,易亮.全球变暖和海洋酸化背景下珊瑚礁生态响应的研究进展[J].海洋地质与第四纪地质,2021,41(1):33-41.

[196]GILMAN E L,ELLISON J,DUKE N C,et al. Threats to mangroves from climate change and adaptation options:A review[J]. Aquatic Botany,2008,89(2):237-250.

[197]张通,俞永强,效存德,等.IPCC AR6 解读:全球和区域海平面变化的监测和预估[J].气候变化研究进展,2022,18(1):12-18.

[198]RAW J L,RIDDIN T,WASSERMAN J. Salt marsh elevation and responses to future sea-level rise in the Knysna Estuary,South Africa[J]. African Journal of Aquatic Science,2020,45(1):1-16.

[199]HUMPHREYS A,GORSKY A L,BILKOVIC D M,et al. Changes in plant communities of low:Alinity tidal marshes in response to sea level rise[J]. Ecosphere,2021,12(7):1-14.

[200] CHEN L Z,WANG W Q,LIN P. Photosynthetic and physiological responses of *Kandelia candel* L. Druce seedlings to duration of tidal immersion in artificial seawater[J]. Environmental and Experimental Botany,2005,54(3):256-266.

[201]叶勇,卢昌义,郑逢中,等.模拟海平面上升对红树植物秋茄的影响[J].生态学报,2004,24(10):2238-2244.

[202]傅海峰,陶伊佳,王文卿.海平面上升对中国红树林影响的几个问题[J].生态学杂志,2014,33(10):2842-2848.

[203]ELLISON J C. Climate change and sea level rise impacts on mangrove ecosystem[M].// PERNETTA J, LEEMANS R, ELDER D, et al. Impacts of climate change on ecosystems and species：Marine and Costal Ecosystem. A Marine Conservation and Development Report. IUCN, Gland, Switzerland, 1994：11-30.

[204]KRAUSS K W, MCKEE K L, LOVELOCK C E, et al. How mangrove forests adjust to rising sea level[J]. New Phytologist, 2014, 202(1): 19-34.

[205]中国自然资源部海洋预警监测司.2019年中国海平面公报[R].北京:中国自然资源部,2020.

[206]周云轩,田波,黄颖,等.我国海岸带湿地生态系统退化成因及其对策[J].中国科学院院刊,2016,31(10):1157-1166.

[207]李仕涛,王诺,张源凌,等.30a来渤海填海造地对海洋生态环境的影响[J].海洋环境科学,2013,32(6):926-929.

[208]孙艳伟,廖宝文,管伟,等.海南东寨港红树林急速退化的空间分布特征及影响因素分析[J].华南农业大学学报,2015,36(6):111-118.

[209]陆琴燕,刘永,李纯厚,等.海洋外来物种入侵对南海生态系统的影响及防控对策[J].生态学杂志,2013,32(8):2186-2193.

[210]王虹扬,黄沈发,何春光,等.中国湿地生态系统的外来入侵种研究[J].湿地科学,2006,4(1):7-12.

[211]王卿.互花米草在上海崇明东滩的入侵历史、分布现状和扩张趋势的预测[J].长江流域资源与环境,2011,20(6):690-696.

[212]史博臻.崇明东滩:智斗互花米草,守护候鸟迁徙路上的"加油站"[N].文汇报,2021-3-18.

[213]陈中义.互花米草入侵国际重要湿地崇明东滩的生态后果[D].上海:复旦大学,2004.

[214]张俪文,赵亚杰,王安东,等.黄河三角洲互花米草的遗传变异和扩散[J].湿地科学,2018,16(1):1-8.

[215]国家海洋局.2017年中国海洋生态环境状况公报[R].北京:国家海洋局,2017.

[216]江锦花,江正玲,陈希方,等.椒江口海域重金属含量分布及在沉积物和生物体中的富集[J].海洋环境科学,2007,26(1):58-62.

[217]丰玉,蒋湘丽,林海英,等.黄河口日本鳗草(*Zostera japonica*)在环境胁迫下的光合响应研究[J].北京师范大学学报,2018,54(1):25-31.

[218]罗娅.Hg、Cd胁迫对卵叶喜盐草(*Halophila ovalis*)生理生化的影响[D].湛江:广东海洋大学,2017.

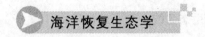

［219］GAO Y，FANG J，DU M，et al. Response of the eelgrass (*Zostera marina* L.) to the combined effects of high temperatures and the herbicide，atrazine[J]. Aquatic Botany，2017，142：41-47.

［220］熊飞,黄庆辰,何玉虹,等.微塑料污染现状及其毒性效应和机制研究进展[J].生态毒理学报,2021,16(5):211-220.

［221］孙聪惠.渤海湾滨海潮间带微塑料和重金属污染及生态风险[D].天津:天津师范大学,2018.

第三章　6 m 以浅海域的植物群落演替

低潮时水深低于 6 m 的水域属于广义的湿地[1]，这些海湾或海峡、周期性被淹没的潮间带和高潮带，广泛分布有海草床、海藻床、红树林、盐沼等，并会遭受互花米草等的入侵。这些区域的人类活动极为频繁、活动强度也非常大。由于生态系统服务功能与人类福利之间的关系极为密切，且这些区域承受的生态压力最大，因此这些区域是需要优先修复的区域。本章以 6 m 以浅水域及海岸带这个广义的湿地生态系统中的植物群落演替为例，介绍近海不同生境下的植物群落演替及其内在机制。

湿地作为一类特殊的生态系统，包含初级生产者、次级生产者和分解者等生命组分，水分、生源要素等非生命组分，在物质循环和能量流动中发挥着重要的作用。其处于水陆交错带，有更为丰富的微生境，为生物多样性的孕育提供了便利。此外，湿地往往有较高的生产力，如盘锦市东郭、羊圈子和赵圈河苇场的芦苇在 2009 年和 2010 年的平均产量都在 5000 kg・hm^{-2}左右，年产量都超过 3×10^5 t[2]，在长江口东滩湿地芦苇和海三棱藨草覆盖区域的大鳍弹涂鱼（*Periophthalmus magnuspinnatus*）的密度为 26.5 ind・m^{-2}，虾虎鱼科（*Tridentiger* sp.）的密度为 3.5 ind・m^{-2}[3]。较高的物质生产既为多种生物提供了庇护所，又为其提供了丰富的食物[4]。湿地生物在其初级、次级生产过程中，还会吸收利用大量的营养盐[5]、重金属[6]、抗生素[7]和各种类型的激素等[8]，但湿地内生物残体（如凋落物等）在腐解过程中会产生物质归还行为，如芦苇和狭叶香蒲（*Typha angustifolia*）的腐烂分解会提高水体总氮（total nitrogen，TN）和总磷（total phosphorus，TP）含量[9]，如太湖蓝藻水华期间的藻源性氮和磷分别占水体 TN 和 TP 的 94.60% 和 97.47%[10]。此外，湿地还能固定 CO_2 等温室气体甚至能封存碳，如海带等大型藻类能以类植硅体的形式封存碳[11]。湿地同样也可释放 CO_2、CH_4、NO_2 等温室气体，如黄河三角洲芦苇湿地在 2009 年的生长季节，生态系统白天固定的 CO_2 通量为 354.63 g・m^{-2}，而同期夜间 CO_2 的释放通量为 159.24 g・m^{-2}[12]，华东地区水稻田 8 月份 CH_4 的释放通量可达到 0.37 g・m^{-2}・d^{-1}（以碳计算）[13]，北京罗马湖人工湿地 NO_2 的释放通量为 $0.022 \sim 0.025$ mg・m^{-2}・h^{-1}[14]。

作为生态系统的初级生产者,植物是生态系统物质循环和能量流动的起点。因此,生态系统的服务功能的维持和生态系统的更替、生态系统的安全等在很大程度上依赖于植物群落的维持与演替[15,16]。湿地是水域和陆地生态系统的交错带,兼具水域和陆地生态系统的特点,其生态系统的稳定性一般较差[17,18],尤其是受人类活动干扰严重的滨海湿地[19]。因此,研究滨海湿地植物群落的演替特征,掌握其植物群落演替的规律,探寻驱动其演替的机制,预测植物群落演替的方向和程度,有利于滨海湿地生态系统的管理、生态恢复,从而更好地发挥湿地生态系统的服务功能。驱动植物群落演替的机制多样,利用植物群落的演替规律可以进行生态调控或生态修复,其中,改变营养盐供应是一种较为容易控制的方法。因此,本章主要从与营养盐供应相关的生态化学计量学的角度介绍6 m 以浅海域的植物群落演替。

第一节 植物群落演替的生态化学计量学驱动机制

生态化学计量学是研究生物与环境间多种元素的平衡以及该平衡对生态过程影响的理论,它提供了从营养计量角度研究群落演替过程的方法[20]。在陆地生态系统中(植物一般以维管束植物为优势种),土壤的生态化学计量特征影响植被动态,植物体的生态化学计量学特征体现生源要素的供应状况及相对有效性[21];在水域生态系统中(藻类通常是植物优势种),水体的氮磷比(N/P)影响水生植物的生长及群落组成[22]。此外,植物群落的生态化学计量学特征不仅与植物的生理调节能力有关[23],也与不同植物利用土壤(包括水体)中营养的能力有关[24]。

一、不同类型植物的群落演替机制

维管束植物和藻类具有不同的生活型和营养盐(或矿物质)利用策略,维管束植物群落和大型藻类群落演替的驱动机制之间也存在差异。

(一)维管束植物群落演替的生态化学计量学驱动机制

生态化学计量学特征对植物群落演替具有重要的指示意义[25]。例如,吉林省姜家甸草地植物群落呈现羊草(*Leymus chinensis*)群落→羊草＋虎尾草(*Chloris virgata*)群落→羊草＋碱茅(*Puccinellia distans*)群落→灰绿碱蓬群落的演化规律,植物叶片氮、磷含量和 N/P 在退化极严重的草地中最高;在未退化草地中,羊草受氮和磷限制,在退化草地中则受磷限制[26]。此外,生态化学计量学特征研究所选用的植物器官因植物不同而有所争议,实际上不同生长阶段和不同功能的植物器官的生态化学计量学特征往往并不相同[27]。例如,对福建长汀严重退化红壤区芒萁(*Dicranopteris dichotoma*)而言,干枯的芒萁器官可能是比新鲜的芒萁器官更好的土壤养分指示器[28]。

内稳性是生态化学计量学特征驱动植物群落演替学说的重要理论之一[29]，同种植物具有相对稳定的N/P，这体现了植物对环境的适应性[30]。植物的内稳性与其在群落中的生态策略密切相关[31]，在植物群落演替过程中，群落相似度高则其整体化学计量学特征差异就小[32]。例如，草原杜鹃（*Rhododendron telmateium*）、绣线菊（*Spiraea salicifolia*）、马桑（*Coriaria nepalensis*）叶片氮含量无显著差异，不受土壤氮含量的影响；然而，土壤磷含量影响植物叶片磷含量，草原杜鹃叶片磷含量和绣线菊相近，显著大于马桑。此外，三种植物的叶片N/P之间没有差异，这意味着草原杜鹃、绣线菊和马桑三种灌丛具有较高的内稳性，进而能维持其群落的现状[33]。内稳性高的植物在种间竞争中往往会处于优势，例如互花米草的内稳性显著高于短叶茳芏（*Cyperus malaccensis*）的，这促使互花米草以较高的可能入侵并定居于短叶茳芏群落[34]。然而，内稳性对群落演替的作用，并不是一个普适的规律。例如，在施加肥料时，内稳性并不是驱动高寒草甸植物群落演替的主要作用力[35]。

生长学说则是生态化学计量学特征驱动植物群落演替的另一个重要理论。水域或土壤富营养时，具备特殊营养利用策略的生物有可能成为优势种，这种所谓的特殊策略一般是指生物体消耗、吸收和存储超过自身代谢和结构需要的营养，以满足后期生长的需要等[36]。因植物的生活型、系统发育及生长阶段不同，叶片氮、磷含量及化学计量学特征存在差异，其中草本植物有较高的氮、磷含量和较低的N/P，这反映了草本植物的养分利用策略且这种策略符合生长速率理论[37]。植物体内营养元素的周转率也会影响植物群落的构成及演替，如放牧强度和草地载畜量之间的关系决定了草原植物群落演替的方向，其原因是通过放牧改变氮、磷的周转而影响植物的生长，进而改变植物群落的优势种[38]。

在贫营养区域，体内组织营养含量较少的物种往往具有较快的生长速度，进而有望成为优势种[39]。在氮限制区域的高寒嵩草（*Kobresia* sp.）草甸施用尿素，可以促进植被对氮的吸收，同时抑制植物对磷的吸收[40]；氮添加（以氮沉降的形式体现）提高了植物的相对生长速度[41]，进而改变了贫营养区域植物群落的结构及演替方向[42]，这意味着植物和土壤的N/P均可以指示营养元素对植物生长的限制[43]。

此外，有研究显示，土壤的营养物质含量并不能影响植物的营养含量。这种说法实际上是存疑的，因为营养盐的赋存形态不同，其生态效应尤其是植物的可利用性不同[44]。营养盐的供应情况不同，土壤和植物所受的营养盐限制状态也会不同[45]。事实上，土壤的营养供应水平影响植物群落的演替程度和方向，这在青藏公路筑路取土迹地植物自然恢复[46]、喀纳斯景区山地草甸植被恢复[47]、中国西南季风带常绿阔叶林演替[48]中都得到了很好的诠释。此外，土壤的生态化学计量学特征对植物群落演替的调控能力可能高于植物自身的生理调整能力[49]。因此，在研究土壤和植物之间的相互作用时，关注土壤活性态氮、磷(对植物有效的氮、磷)的含量或许更有意义。

(二)藻类群落演替的生态化学计量学驱动机制

1.单胞藻类群落演替的生态化学计量学驱动机制

初级生产是水生态系统物质循环、能量流动的起点和基础。这里的初级生产主要指单胞藻(包括浮游植物和底栖单胞藻)的初级生产,水华、赤潮等被归于现代典型生态灾害被人类认识已久[50,51]。因此,单胞藻类的群落演替得到了越来越多的关注。营养盐浓度及其结构(主要体现于营养盐的比例)能影响不同单胞藻的生长特性,进而改变单胞藻的竞争力,从而改变其群落结构[52]。

就判断单胞藻类群落演替的生态化学计量学机制的研究方法而言,一般是对水域的单胞藻的种类、生物量、营养盐(主要是不同赋存形态的氮、磷)浓度等展开现场调查,通过简单相关分析、主成分分析、对应典范分析、通径分析、冗余分析等统计分析[53-63],或是直接利用N/P,氮、磷的浓度等确定浮游植物所受的营养盐限制等[64,65]。对柘林湾进行的浮游植物周年调查表明,浮游植物的优势种为硅藻,浮游植物的生物量分布具有空间异质性,季节分布则属于典型的生物单峰型,大规模增、养殖和高强度陆源排污引起的富营养化是柘林湾浮游植物的群落结构及时空分布的主要驱动要素,也是浮游植物生物多样性与均匀度明显下降的原因[66]。在胶州湾,暖水性浮游植物种类占优势,在湾的中央浮游植物的种类最多而在湾边缘最少,这种空间分布特性和氨氮(NH_4-N)、活性磷酸盐(PO_4-P)的分布规律相吻合[67]。北部湾北部春季浮游植物的优势种有细弱海链藻(*Thalassiosira subtilis*)、丹麦细柱藻(*Leptocylindrus danicus*)、奇异棍形藻(*Bacillaria paradoxa*)和尖刺拟菱形藻(*Pseudonitzschia pungens*);海链藻(*Thalassiosira* sp.)是该海域唯一的优势浮游植物;硅藻的大量增生,使该海域海水有较高的N/P,形成对浮游植物的磷限制;春季浮游植物群落优势种柔弱角毛藻(*Chaetoceros debilis*)与营养盐(氨氮除外)的浓度呈显著正相关关系,而奇异棍形藻与营养盐的浓度水平无关;夏季浮游植物群落优势种奇异棍形藻的生物量则与磷酸盐呈正相关关系[68]。2010年夏季,雷州半岛海域广温、广盐沿岸性浮游植物和温带沿岸性浮游植物是浮游植物的优势种,依据海水N/P判断该海域浮游植物的生产受氮限制[69]。采用通径分析,分析2001—2003年对东海中北部海域春夏季浮游植物等环境因素的现场调查数据,认为硅藻和甲藻对各种氮的利用能力不同是硅藻成为优势种的原因;硅藻和甲藻利用不同深度水层的氮,从而减少了两者在相同季节对营养盐的竞争;高硝酸盐(NO_3-N)/总有机磷(total inorganic phosphorus, TIP)抑制某些种类尤其是甲藻的增殖;浮游植物在NO_3-N/TIP处于10～20的水平、NH_4-N/TIP或亚硝酸盐(NO_2-N)/TIP＜1时,其多样性最为丰富;而NO_2-N/TIP不影响硅藻的种类变化[70]。对南海北部海域的3类超微型浮游植物的研究则表明,聚球藻(*Synechococcus* sp.)、原绿球藻(*Prochlorococcus* sp.)和超微型真核藻类

(*Pico-eukaryotes*)的生物量(以碳计算)均与硝酸盐、硅酸盐浓度和水层深度呈负相关关系,原绿球藻的生物量与磷酸盐浓度呈正相关关系[71]。

现场或半现场施肥实验也是确定单胞藻类群落演替中的氮、磷生态化学计量学驱动机制的研究手段。在北黄海,添加硝酸盐和磷酸盐都能促进浮游植物的生长,因而可推断这一海域可能同时存在对浮游植物的氮、磷限制[72]。长江口的现场实验表明,在100%自然光照条件下,0.60 μmol·L^{-1}的高磷(高浓度的磷)培养水体中的磷酸盐浓度的下降速率快于 0.41 μmol·L^{-1}的中磷(中等浓度的磷)和 0.25 μmol·L^{-1}的低磷(低浓度的磷)水体中的,磷是限制浮游植物生长的因子,高磷可促进微型浮游植物的生长,如聚球藻的生物量在培养初期有所增加,而微微型真核浮游植物在低磷下生长较快;在50%自然光照条件下,磷酸盐浓度在高磷培养水体中的下降受抑制,高磷抑制微微型真核浮游植物的生长,而中磷则会促进微型浮游植物的生长,且浮游植物的生长周期也因磷的充足而延长;在无光条件下,磷酸盐对浮游植物增殖的作用不明显[73]。此外,外源磷促进浮游植物生长的作用存在阈值,如在太湖梅梁湾,春季影响藻类生长的活性磷酸盐的浓度阈值为0.02 mg·L^{-1}。当低于该值时,随磷酸盐浓度的增加,藻类的生长加快;当高于该值时,磷酸盐浓度的增加不会显著促进浮游植物的生长,这可能与藻类的自遮效应有关[74]。此外,浮游植物群落优势种可因水体内营养盐的浓度变化而发生转化[75]。

浮游植物对营养盐竞争能力的差异促进了浮游植物群落的演替[76],例如过量的溶解无机氮(dissolved inorganic nitrogen,DIN)和持续升高的 DIN/P 驱动长江口从 20 世纪80 年代后赤潮优势种从硅藻演变为甲藻[77],且低营养盐更适宜超微型藻的生长[78]。不同的 N/P 对甲藻赤潮的发生时间和优势种都有明显影响[79,80],有关的海上围隔实验证实,间歇性的无机氮供给不会影响浮游植物演替的顺序,只会产生甲藻大量爆发持续的时间长短和优势种的差异;不同种属甲藻的自身适应性的差异是决定其能否成为优势种的重要因素,甲藻的大量爆发并不完全由营养盐的浓度驱动[81]。事实上,每种藻类都有自身适应性的营养盐结构,新月菱形藻(*Nitzschia closterium*)、旋链角毛藻(*Chaetoceros curvisetus*)和中肋骨条藻(*Skeletonema costatum*)的最适 N/P 分别是 20、19 和 32[82]。在不同的营养盐结构比下,浮游植物群落的稳定性不同[83]。一般认为,浮游植物群落 N/P 为 30 时生物量最高,且具有最高的浮游植物生物多样性水平;其次是 N/P 为 16 和 8 时,生物量和浮游植物生物多样性水平较高;而 N/P 为 30 时,浮游植物优势种的时间变化最稳定[84]。

此外,浮游植物的生理生态学特性对营养盐浓度变化的响应也被应用于营养盐限制因子的判断。碱性磷酸酶活性的诱导-抑制机制控制着微藻增殖过程中的营养盐补充,而添加硝酸盐能显著促进藻体碱性磷酸酶的增长,提高浮游植物对磷的利用能力[85]。营养盐缺乏及解除营养盐缺乏对威氏海链藻(*Thalassiosira weissflogii*)的细胞形态、细胞增殖、胞内蛋白质、可溶性糖含量影响的研究表明,微藻的生化组成都可作为营养盐限制的生物指标,因为氮缺乏、磷缺乏、硅缺乏、"氮+磷"缺乏以及贫营养均会不同程度地抑制威氏海链藻的生长,使其细胞变异,细胞增殖速度显著降低;恢复营养能恢复受损的细胞形态,有限地恢复细胞的增殖能力,且氮、磷缺乏的恢复效应最明显;营养盐亏缺,各处理组的细胞生化组成显著低于正常培养状态;恢复营养,氮、磷亏缺组的藻细胞的生化组成不能有效恢复,生理活性也无法恢复[86]。

2.大型藻类群落演替的生态化学计量学驱动机制

绿潮已经成为世界性海洋生态灾难之一[87],但对大型藻类群落演替的研究远没有关于单胞藻类群落演替的研究多。一般而言,热带海域的大型藻类群落的季节演替不明显。例如,三亚潮间带的大型藻类群落演替的季节变化仅体现在群落结构和多样性的变化上,波利团扇藻(*Padina boryana*)、日本仙菜(*Ceramium japonicum*)、半叶马尾藻、海柏(*Polyopes polyideoides*)是春季的主要大型藻类;波状软凹藻(*Chondrophycus undulates*)、冠叶马尾藻(*Sargassum cristaefolium*)、宽扁叉节藻(*Amphiroa dilatata*)、石花菜(*Gelidium amansii*)是夏季的主要大型藻类;冠叶马尾藻、波状软凹藻、叶状铁钉菜(*Ishige foliacea*)是秋季的主要大型藻类;瓦氏马尾藻、苔状鸭毛藻(*Symphyocladia marchantioides*)、珊瑚藻、波利团扇藻、日本仙菜则是冬季的主要种类[88]。

亚热带和温带海域的大型藻类群落演替则有明显的季节特性。浙南海域有61种大型底栖藻类,包括8种绿藻、16种褐藻、36种红藻和1种蓝藻,因藻类自身的特性而使整个海域的大型藻类群落的季节演替明显,且大型藻类群落的稳定性加强了藻类空间分布的差异[89]。在浙江洞头大竹屿海域,鼠尾藻通常是大型藻类群落的优势种[90]。而在浙江嵊泗列岛海域,有75种红藻、21种褐藻、18种绿藻,大型海藻一般分布在低潮带,裙带菜、孔石莼、长石莼(*Ulva linza*)和厚膜藻(*Pachymenia carnosa*)等是春季的优势种,瓦氏马尾藻、粗枝软骨藻、鼠尾藻和麒麟菜(*Alga Eucheuma*)等为夏季的优势种,江蓠(*Gracilaria verrucosa*)、小杉藻(*Gigartina intermedia*)、鼠尾藻和石莼等为秋季的优势种,萱藻、圆紫菜(*Porphyra suborbiculata*)、鼠尾藻和日本多管藻(*Polysiphonia japonica*)等为冬季的优势种[91]。南麂列岛珊瑚藻科藻类有5种,珊瑚藻通过竞争占据了其他藻类的生存空间,在中、低潮海域成为优势种,降低了南麂列岛潮间带大型藻类的物种多样性和均匀度[92]。在烟台月亮湾潮间带,春季大型藻类有27种,秋季有26种,夏季有22种,冬季有21种,4个季节的共有种仅为7个,也显示出明显的季节变化特征[93]。这种季节变化,温度可能是主导因素,营养盐仅是次要因素[94]。

随着绿潮爆发的频度、绿潮持续时间和影响范围的增加,有关自然水域中大型藻类群落演替的研究得到了越来越多的关注,研究内容主要包括绿潮藻类的生活史、海流水团、地形因素、温度、环境激素和营养盐等对绿潮爆发的触发、绿潮藻类漂流过程的影响等[95-98]。然而,绿潮在复合污染下为何得以爆发?爆发后的绿潮藻类为何伴生其他大型藻类?这些大型伴生藻类是否也会爆发?目前,有关这些方面的研究相对还比较缺乏。

二、北方滨海湿地植物群落

秦岭—淮河一线以北是温带大陆性气候和温带季风气候,以南是亚热带季风气候和高原山地气候,以该气候分界线为基准划分南北方,辽宁、河北、天津、山东和江苏北部沿海湿地就属于北方滨海湿地。每一块滨海湿地按照海水淹没的周期性,可分为两部分:潮下带湿地部分(一直处于被水淹没状态)、高潮带和潮间带湿地部分(周期性淹没)。由于水、盐分布的不同,它们有着各自典型的植物群落。

(一)高潮带和潮间带植物群落

滨海湿地的高潮带和潮间带部分主要分布有维管束植物。因此,该区域的植物群落演替主要体现为维管束植物的群落演替。

辽东湾湿地自然保护区分布有球果白刺(*Nitraria sphaerocarpa*)、獐毛、盐地碱蓬、芦苇、紧穗三棱草(*Bolboschoenus compactus*)、香蒲等[99],自然植物群落则以芦苇群落为主[100],并在海岸带及浅海潮滩形成大片的盐地碱蓬群落[101]。此外,受人类活动、洪涝、干旱、风暴潮和油田污染等的胁迫,河流、地下水及近岸海域水质污染严重,土壤次生盐渍化、海岸侵蚀等衍生性问题显现,植物群落也因而发生演替。由于缺少必要的水、盐条件,且稻作农业不断推广,湿地景观呈现出破碎化的状态,芦苇群落衰退[102-104]。在水源充足且没有石油污染的区域,芦苇产量为 6.50×10^2 t·km^{-2},而在水源不足且石油污染严重区域,芦苇产量仅为 5.00×10^2 t·km^{-2}[105]。当然,在水、盐互作条件下,形成红海滩景观的盐地碱蓬群落也出现了严重的退化现象,特别是 2001 年以后,出现了大面积的盐地碱蓬死亡现象[106]。

植被盖度达到 20%～90% 的秦皇岛滨海湿地高潮带和潮间带主要分布有砂钻苔草(*Carex cobomugi*)、砂引草(*Messerschimidia sibilica*)、肾叶打碗花(*Calystegia soldanella*)、滨麦(*Leymus mollis* var. *coreensis*)、盐地碱蓬、芦苇、白茅、单叶蔓荆(*Vitex trifolia* var. *simplicifolia*)、藜属、沙苦荬菜(*Ixeris repens*)、沙蓬(*Agriophyllum arenarium*)和兴安天门冬(*Asparagus dauricus*)等,植物群落自然演替速度很慢,但水分供应不足、环境污染加剧等加速了滨海植物的衰退甚至是消失[107]。

河北南大港高潮带和潮间带植物以芦苇为优势种,盐生植被的主要组成植物为盐地碱蓬、柽柳、芦苇等[108]。在以水利工程、环境污染和滩涂围垦为主的人为因素和以气候变化和河流径流量减少为主的自然因素作用下,南大港天然湿地面积减少迅速,湿地植物群落不断退化[109]。

黄河三角洲新生湿地(主要包括高潮带和潮间带)的植被包括柽柳＋盐地碱蓬群落、獐毛＋白茅群落、芦苇＋荻(*Miscanthus sacchariflorus*)群落、天然杞柳(*Salix integra*)、旱柳(*Salix matsudana*)等,盐生植被的群落演替以黄河的河床为轴,受淡水资源分布的限制[110]。当然,盐地碱蓬群落和芦苇群落是黄河三角洲滨海湿地中高频度出现的植物群落。此外,土地利用格局变更、源于城市污水和农业径流的水质变化[以 pH、COD_{cr}(重铬酸盐指数)、BOD_5(五日生化需氧量)、TN、挥发性酚、镉、铅和油类等表征]也驱动着黄河三角洲湿地高潮带和潮间带植物群落的演替[111]。

莱州湾南岸潮间带湿地植被优势种为盐地碱蓬,植被盖度大于30%,高潮带湿地分布有芦苇、香蒲、柽柳、獐毛、白茅等[112],人类活动所带来的土地利用格局变化、环境污染驱动着莱州湾南岸滨海湿地植物群落的演替[113]。

长岛及附近岛屿滨海湿地高潮带和潮间带分布有盐地碱蓬群落及碱蓬群落,并可见多年生罗布麻和柽柳,盐地碱蓬一般伴生有二色补血草(Limonium bicolor),随土壤盐度降低,出现芦苇、中亚滨藜(Atriplex centralasiatica)、紫苑(Aster tataricus)、田旋花(Convolvulus arvensis)和狗尾草(Setaria viridis)等一年生植物[114]。

威海滨海湿地高潮带和潮间带植物主要有结缕草(Zoysia japonica)、黄背草(Themeda triandra)、羊胡子草(Carex rigescens)、獐毛、北沙参(Glehnia littoralis)、单叶蔓荆、砂钻苔草、盐地碱蓬、盐角草、角果碱蓬(Suaeda corniculata)、芦苇、菖蒲(Acorus calamus)等[115]。其中,荣成天鹅湖高潮带和潮间带湿地分布有芦苇、盐地碱蓬、盐角草、柽柳、獐毛、砂引草、北沙参、单叶蔓荆、滨麦以及鳗草等[116]。

胶州湾沿海湿地高潮带和潮间带的植物种类贫乏,植被空间结构简单,分布有盐地碱蓬群落、盐角草群落、盐地碱蓬+芦苇群落、白茅群落、结缕草群落、罗布麻群落、獐毛群落等,大米草已经成功入侵胶州湾滨海湿地的潮间带并形成群落[113]。虾蟹池、盐田、沿海工业园区、公路建设、河流断流等人为因素和风暴潮、海岸侵蚀等海洋灾害等自然因素影响并破坏了湿地植被[113]。此外,重金属也是驱动胶州湾滨海湿地植物群落演替的潜在影响因子[117]。

江苏滨海湿地高潮带和潮间带主要有大米草、獐毛、碱蓬、盐地碱蓬、盐角草、大穗结缕草(Zoysia mjacrostachys)等植物群落,覆盖率为70%～100%,而砂质海岸带以及前三岛地区高潮带和潮间带则分布有野菊(Chrysanthemum indicum)、野苦荬菜(Ixeris denticulata)、珊瑚菜、芦苇、单叶蔓荆等[118],高频度出现的有芦苇群落、大米草群落、盐地碱蓬群落等[119]。此外,互花米草已经成功定居江苏滨海湿地的高潮带和潮间带[120]。江苏滨海潮滩植物种类和生产量等生态组分与潮位变化之间均存在相关关系[121],土壤生态过程的改变[122]、入海口有机污染[123]和围垦[124]驱动着江苏滨海湿地植物群落的演替。

因此,北方滨海湿地高潮带和潮间带植物群落中,盐地碱蓬是典型的植物,这与其生态先锋种的地位相一致。围垦、城市与港口布局、污染、海岸侵蚀、油气资源开发、生物资源过度利用和海平面上升等人为或环境压力因素是造成湿地退化的主要原因,也驱动着滨海湿地高潮带和潮间带植物群落的演替。这些研究证实了污染对滨海湿地植被演替的作用,也说明了高潮带和潮间带处于复合污染的事实。然而,有关复合污染下滨海湿地高潮带和潮间带典型植物盐地碱蓬生理生态响应的报道少见,有关盐地碱蓬群落因杂草入侵并定居而呈现出片段化的报道也少见。这种缺乏制约了人们对滨海湿地植物群落演替的认识。

(二)潮下带植物群落

滨海湿地的潮下带部分一直被海水覆盖,其最为典型的植物种类为藻类,其植物群落的演替也以藻类群落演替为代表。

浮游植物作为海洋生态系统的初级生产者,是海洋生产的基础,因此,湿地潮下带浮游植物群落结构及其演替一直是海洋生态学研究的热点,而海洋往往是陆源污染的最终纳污场所,这意味着潮下带湿地普遍具有遭受复合污染的风险。浮游植物的生理生态学特征对复合污染的响应也因而得到了广泛的关注[125]。

除浮游植物外,大型藻类是湿地潮下带部分的重要植物种类,例如以潮流控制的口湾潮流湿地的代表性植物为附着藻类[126]。过去对大型藻类的研究主要是分类学层面的理论研究、水产养殖学领域的应用研究,其关注点主要集中在大型藻类初级生产特征与营养盐、光照、盐度、温度、水流速度等的关系上。随着绿潮爆发的加剧,大型藻类群落结构特征及其演替规律才得到关注,而这种关注也主要集中于营养盐、温度、盐度、水流速度等对绿潮藻类的生理生态学的影响,以及绿潮藻类的生活史等[98,127],有关大型藻类对复合污染的生理生态学响应以及大型藻类群落演替的研究则并不多。该类研究的缺乏制约了人们对大型藻类群落演替的认识,因而对大型藻类灾难性爆发的预警也存在困难。

第二节　盐地碱蓬种子萌发及幼苗对重金属-营养盐复合污染的响应

碱蓬属盐生植物是典型的滨海或盐碱湿地先锋植物[128]。碱蓬属的某些植物通常被用作野菜或饲料。由于生物量大、个体的生态耐受幅度大,一些碱蓬属盐生植物常被用于生态修复、环境监测及湿地退化的评价[129]。其中,个体存活率、群落初级生产力及群落演替是常用的评价指标。植物个体存活、植物群落的演替及分布均受种子萌发和幼苗活性的直接影响[130,131],因此,种子萌发和幼苗存活是植物生活史中的重要阶段。种子的二型性[132]、土壤沉积速度和深度[133]、土壤盐度[134]、温度和光照[135]等是影响碱蓬属盐生植物的种子萌发、根系活力及幼苗生长的重要因素。碱蓬属盐生植物的生境多为盐碱地,故关于其生理特性的研究多集中于碳酸钠(Na_2CO_3)或氯化钠(NaCl)等的生态效应[136-138]。随着农业生产规模的扩大化和生产模式的集约化而大量使用化肥、杀虫剂、除草剂等,工矿业的迅速发展和扩张等人类活动影响的增强,镉等重金属、氨氮等营养盐被排入湿地[139],这意味着复合污染将成为滨海湿地植物遭受的典型胁迫之一。作为滨海湿地的典型先锋植物,盐地碱蓬将最易遭受重金属-营养盐复合污染的作用。已有研究认为,镉对碱蓬属盐生植物的种子萌发、幼苗根系活力等的生态毒理效应和 NaCl 所致的效应类似[140,141];而低浓度 NaCl 能提高盐地碱蓬种子的发芽率和发芽势,高浓度 NaCl 则抑制其种子的发芽率和发芽势[137]。对于氨氮而言,低浓度氨氮能提升植物的根系活力[142],而高浓度的氨氮则会对植物产生一定的生理毒性[143]。然而,关于重金属-营养盐复合污染对盐地碱蓬个体的生理生态效应等的研究极为少见。正因如此,难以明确重金属-营养盐复合污染下的盐地碱蓬群落的演替规律。

盐地碱蓬是滨海或盐碱湿地的先锋植物,能够适应盐碱地的众多不良环境条件。在土壤盐度或碱度很高的区域,盐地碱蓬也能建立以其为优势种的群落并形成特殊的景观。在滨海湿地遭受重金属、石油等污染时,盐地碱蓬常被用作环境监测的生物指示种、退化湿地生态修复的生态修复种[144]。随着人类活动所带来的复合污染的污染程度的加剧,盐碱或滨海湿地的盐地碱蓬群落退化逐渐加重。盐地碱蓬群落的衰退可能由盐地碱蓬种子发芽率过低或是幼苗的生长受到抑制所致,而镉和氨氮所形成的复合污染可能导致盐地碱蓬种子萌发、幼苗生长等受到生理胁迫。据报道,施加氮肥可以降低污染物对碱蓬属藜科植物形成的生理毒害[145]。镉和氨氮对盐地碱蓬种子萌发、幼苗生长的效应如何?镉和氨氮对盐地碱蓬种子萌发及幼苗存活的效应是协同作用还是拮抗作用?施用氨氮能缓冲镉对盐地碱蓬的生理毒害吗?盐地碱蓬个体的哪些生态学指标可用于评价盐地碱蓬群落衰退或盐地碱蓬湿地退化?这些问题均与复合污染下的盐地碱蓬群落的演替以及滨海湿地的退化有关。

在胶州湾北部废弃的养虾塘的岸堤采集伴生有地肤(*Kochia scoparia*)、狗尾草的表型为红色的盐地碱蓬的种子,将以蒴果果皮包被的盐地碱蓬种子在室温下风干,并使其含水率为 6% 左右。将风干种子以纸袋包裹,置于 15 ℃下保存。采集半年后的 4 月,将盐地碱蓬种子做脱果皮处理,并选择黑色健康的种子进行镉和氨氮复合污染暴露实验。

依据其他碱蓬属盐生植物遭受镉或氨氮污染所致的生理生态变化的实验结果[146,147],本书设计了 4 个镉浓度水平和 4 个氨氮浓度水平。其中,镉的浓度分别为 0 mg·L⁻¹、10 mg·L⁻¹、100 mg·L⁻¹ 和 300 mg·L⁻¹,氨氮的浓度分别为 0 mg·L⁻¹、10 mg·L⁻¹、100 mg·L⁻¹ 和 300 mg·L⁻¹。按照正交试验表 $L_{16}(4^5)$,开展镉-氨氮复合污染对盐地碱蓬种子萌发、幼苗生长影响的实验。其中,每个培养皿中放入 30 粒盐地碱蓬种子。实验当天,将具备设计浓度的试剂加入培养皿中。从实验次日开始,以添加去离子水的方式保证试剂的浓度水平。预实验测定的结果显示,20 ℃下培养盐地碱蓬种子的第 4 天,就没有种子萌发了。因此,种子萌发实验持续 4 天,培养温度为 20 ℃。

一、复合污染对盐地碱蓬种子萌发及幼苗根系活力的影响

当镉的浓度为 0 mg・L⁻¹,而氨氮的浓度分别为 0 mg・L⁻¹、10 mg・L⁻¹、100 mg・L⁻¹ 和 300 mg・L⁻¹ 时,盐地碱蓬种子的发芽率分别为 88.89 %±6.94%、80.00 %±13.33%、87.78%±3.85% 和 91.11%±3.85%。当镉的浓度为 10 mg・L⁻¹,而氨氮的浓度分别为 0 mg・L⁻¹、10 mg・L⁻¹、100 mg・L⁻¹ 和 300 mg・L⁻¹ 时,盐地碱蓬种子的发芽率分别为 80.00%±8.82%、85.56%±1.93%、86.67%±3.34% 和 83.33%±12.02%。当镉的浓度为 100 mg・L⁻¹,而氨氮的浓度分别为 0 mg・L⁻¹、10 mg・L⁻¹、100 mg・L⁻¹ 和 300 mg・L⁻¹ 时,盐地碱蓬种子的发芽率分别为 92.35%±5.26%、90.00%±6.67%、84.44%±8.39% 和 83.34%±5.77%。当镉的浓度为 300 mg・L⁻¹,而氨氮的浓度分别为 0 mg・L⁻¹、10 mg・L⁻¹、100 mg・L⁻¹ 和 300 mg・L⁻¹ 时,盐地碱蓬种子的发芽率分别为 75.56 %±11.71%、78.34%±2.35%、86.67%±6.67% 和 76.67%±14.53%。对盐地碱蓬种子的发芽率而言,不存在镉、氨氮的主效应,也不存在两者的交互效应(见图 3-1)。

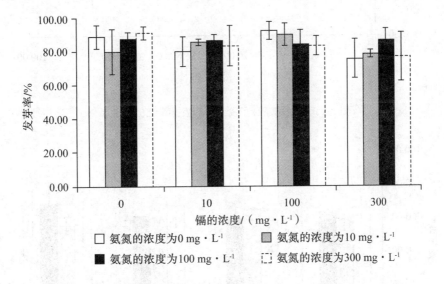

图 3-1　不同复合污染水平下的盐地碱蓬种子的发芽率

盐地碱蓬种子的发芽势和发芽率呈正相关关系($p < 0.05$),发芽势随着发芽率的增加而增加(见图 3-2)。若镉的浓度为 0 mg・L⁻¹,而氨氮的浓度分别为 0 mg・L⁻¹、10 mg・L⁻¹、100 mg・L⁻¹ 和 300 mg・L⁻¹,盐地碱蓬种子的发芽势分别为 66.67%±10.14%、59.91%±8.79%、64.07%±8.79% 和 71.94%±1.39%。若镉的浓度为 10 mg・L⁻¹,而氨氮的浓度分别为 0 mg・L⁻¹、10 mg・L⁻¹、100 mg・L⁻¹ 和 300 mg・L⁻¹,盐地碱蓬种子的发芽势分别为 58.89%±5.74%、65.28%±8.01%、60.56%±8.39% 和 71.39%±7.55%。若镉的浓度为 100 mg・L⁻¹,而氨氮的浓度分别为 0 mg・L⁻¹、10 mg・L⁻¹、100 mg・L⁻¹ 和 300 mg・L⁻¹,盐地碱蓬种子的发芽势分别为 67.78%±15.46%、72.87%±7.65%、

61.94％±10.44％和 63.80％±7.99％。若镉的浓度为 300 mg・L⁻¹,而氨氮的浓度分别为 0 mg・L⁻¹、10 mg・L⁻¹、100 mg・L⁻¹和 300 mg・L⁻¹,盐地碱蓬种子的发芽势分别为 56.94％±13.49％、56.53％±4.91％、69.35％±10.67％和 62.96％±10.53％。对发芽势而言,不存在镉、氨氮的主效应,也不存在交互效应(见图 3-3)。

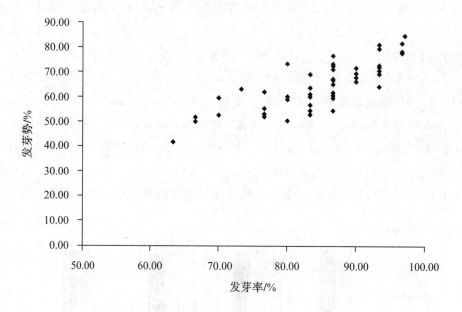

图 3-2　盐地碱蓬种子发芽势和发芽率之间的关系

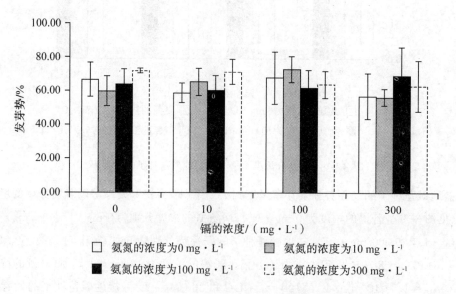

图 3-3　不同复合污染水平下盐地碱蓬种子的发芽势

若镉的浓度为 0 mg・L⁻¹,而氨氮的浓度分别为 0 mg・L⁻¹、10 mg・L⁻¹、100 mg・L⁻¹和 300 mg・L⁻¹,盐地碱蓬幼苗的长度分别为(3.23±0.13) cm、(3.20±0.26) cm、(3.09±0.11) cm

和(3.91±0.31) cm。若镉的浓度为 10 mg·L^{-1},而氨氮的浓度分别为 0 mg·L^{-1}、10 mg·L^{-1}、100 mg·L^{-1}和 300 mg·L^{-1},盐地碱蓬幼苗的长度分别为(2.57±0.38) cm、(2.72±0.34) cm、(2.35±0.15) cm 和(2.31±0.64) cm。若镉的浓度为 100 mg·L^{-1},而氨氮的浓度分别为 0 mg·L^{-1}、10 mg·L^{-1}、100 mg·L^{-1}和 300 mg·L^{-1},盐地碱蓬幼苗的长度分别为(1.14±0.28) cm、(1.24±0.20) cm、(1.28±0.29) cm 和 1.28±0.19 cm。若镉的浓度为 300 mg·L^{-1},而氨氮的浓度分别为 0 mg·L^{-1}、10 mg·L^{-1}、100 mg·L^{-1}和 300 mg·L^{-1},盐地碱蓬幼苗的长度分别为(1.22±0.13) cm、(1.51±0.20) cm、(1.09±0.24) cm 和(1.19±0.33) cm。由以上数据可看出,氨氮的浓度基本不影响盐地碱蓬幼苗的长度,而在镉的浓度为 0 mg·L^{-1}时,盐地碱蓬幼苗的长度长于其他镉浓度水平下的($p<0.05$)。此外,当镉的浓度为10 mg·L^{-1}时,盐地碱蓬幼苗的长度长于镉的浓度为 100 mg·L^{-1}或 300 mg·L^{-1}时的($p<0.05$)(见图 3-4)。

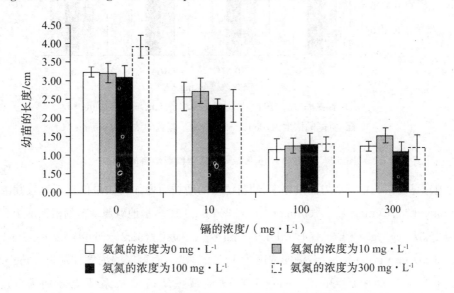

图 3-4 不同复合污染水平下盐地碱蓬幼苗的长度

若镉的浓度为 0 mg·L^{-1},而氨氮的浓度分别为 0 mg·L^{-1}、10 mg·L^{-1}、100 mg·L^{-1}和 300 mg·L^{-1},盐地碱蓬幼苗的湿重分别为(0.0054±0.0003) g、(0.0051±0.0005) g、(0.0048±0.0002) g 和(0.0060±0.0004) g。若镉的浓度为 10 mg·L^{-1},而氨氮的浓度分别为 0 mg·L^{-1}、10 mg·L^{-1}、100 mg·L^{-1}和 300 mg·L^{-1},盐地碱蓬幼苗的湿重分别为(0.0041±0.0004) g、(0.0040±0.0008) g、(0.0044±0.0002) g 和(0.0051±0.0004) g。若镉的浓度为 100 mg·L^{-1},而氨氮的浓度分别为 0 mg·L^{-1}、10 mg·L^{-1}、100 mg·L^{-1}和 300 mg·L^{-1},盐地碱蓬幼苗的湿重分别为(0.0024±0.0001) g、(0.0022±0.0002) g、(0.0023±0.0002) g 和(0.0029±0.0004) g。若镉的浓度为 300 mg·L^{-1},而氨氮的浓度分别为 0 mg·L^{-1}、10 mg·L^{-1}、100 mg·L^{-1}和 300 mg·L^{-1},盐地碱蓬幼苗的湿重分别为(0.0021±0.0001) g、(0.0020±0.0004) g、(0.0022±0.0002) g 和(0.0024±0.0004) g。由以

上数据可以看出,镉的浓度和氨氮的浓度均会影响盐地碱蓬幼苗的湿重,然而,两者的交互效应并不显著。当镉的浓度为 100 mg・L^{-1} 或300 mg・L^{-1}时,盐地碱蓬幼苗的湿重显著高于镉的浓度为 10 mg・L^{-1}时的($p < 0.05$),而后者又显著高于镉的浓度为 0 mg・L^{-1}时的($p < 0.05$)(见图 3-5)。此外,当氨氮的浓度为 300 mg・L^{-1}时,盐地碱蓬幼苗的湿重显著高于其余氨氮浓度时的($p < 0.05$)。

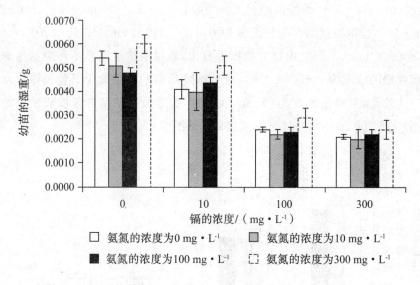

图 3-5　不同复合污染水平下盐地碱蓬幼苗的湿重

　　盐地碱蓬幼苗的根系活力随发芽率、幼苗湿重的增加而增加。如果仅有氨氮且其浓度分别为 0 mg・L^{-1}、10 mg・L^{-1}、100 mg・L^{-1} 和 300 mg・L^{-1},盐地碱蓬幼苗的根系活力分别为 (72.64 ± 19.37) $\mu g \cdot g^{-1} \cdot h^{-1}$、$(44.76 \pm 1.95)$ $\mu g \cdot g^{-1} \cdot h^{-1}$、$(52.21 \pm 6.48)$ $\mu g \cdot g^{-1} \cdot h^{-1}$ 和 (53.86 ± 5.29) $\mu g \cdot g^{-1} \cdot h^{-1}$。若镉的浓度为 10 mg・$L^{-1}$,而氨氮的浓度分别为 0 mg・$L^{-1}$、10 mg・$L^{-1}$、100 mg・$L^{-1}$ 和 300 mg・L^{-1},盐地碱蓬幼苗的根系活力分别为(67.43 ± 24.67) $\mu g \cdot g^{-1} \cdot h^{-1}$、$(57.24 \pm 3.39)$ $\mu g \cdot g^{-1} \cdot h^{-1}$、$(47.47 \pm 9.04)$ $\mu g \cdot g^{-1} \cdot h^{-1}$ 和(55.89 ± 5.84) $\mu g \cdot g^{-1} \cdot h^{-1}$。若镉的浓度为 100 mg・$L^{-1}$,而氨氮的浓度分别为 0 mg・$L^{-1}$、10 mg・$L^{-1}$、100 mg・$L^{-1}$ 和 300 mg・L^{-1},盐地碱蓬幼苗的根系活力分别为(58.94 ± 6.53) $\mu g \cdot g^{-1} \cdot h^{-1}$、$(46.42 \pm 21.69)$ $\mu g \cdot g^{-1} \cdot h^{-1}$、$(18.24 \pm 3.67)$ $\mu g \cdot g^{-1} \cdot h^{-1}$ 和(29.29 ± 7.34) $\mu g \cdot g^{-1} \cdot h^{-1}$。若镉的浓度为 300 mg・$L^{-1}$,而氨氮的浓度分别为 0 mg・$L^{-1}$、10 mg・$L^{-1}$、100 mg・$L^{-1}$ 和 300 mg・L^{-1},盐地碱蓬幼苗的根系活力分别为(31.03 ± 3.12) $\mu g \cdot g^{-1} \cdot h^{-1}$、$(23.26 \pm 1.41)$ $\mu g \cdot g^{-1} \cdot h^{-1}$、$(16.90 \pm 9.12)$ $\mu g \cdot g^{-1} \cdot h^{-1}$ 和(15.70 ± 1.43) $\mu g \cdot g^{-1} \cdot h^{-1}$。由以上数据可以看出,当镉的浓度为 300 mg・L^{-1}时,盐地碱蓬幼苗的根系活力显著低于镉的浓度为 10 mg・L^{-1} 或 0 mg・L^{-1}时的($p < 0.05$)。此外,当氨氮的浓度为 100 mg・L^{-1}时,盐地碱蓬幼苗的根系活力显著低于氨氮的浓度为 0 mg・L^{-1}时的($p < 0.05$)(见图 3-6)。

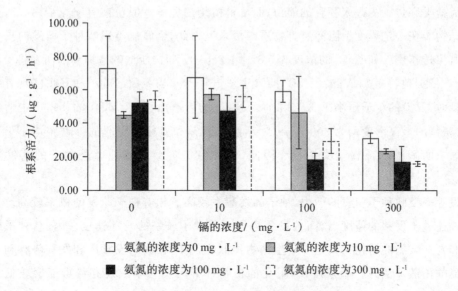

图 3-6 不同复合污染水平下盐地碱蓬幼苗的根系活力

主成分分析结果显示,第一主成分和第二主成分分别可以解释全部独立信息量的 58.85％和 28.02％,即可用第一、二主成分来解析镉-氨氮复合污染对盐地碱蓬种子萌发及幼苗生长等的影响(见表 3-1)。第一主成分可以表示为 0.39×发芽势＋0.31×发芽率＋0.49×幼苗长度＋0.52×湿重＋0.49×根系活力。第一主成分主要反映的是幼苗的生长,即盐地碱蓬的幼苗对镉-氨氮复合污染更敏感。当第一主成分得分为正值时,意味着幼苗的长度、湿重和根系活力均较好。第二主成分可以表示为 0.56×发芽势＋0.65×发芽率－0.39×幼苗的长度－0.12×根系活力,即第二主成分反映的是种子的萌发。当第二主成分得分为正值时,说明盐地碱蓬种子具有较高的发芽率和发芽势。

表 3-1　主成分的特征根及其贡献率

主成分	特征根	贡献率/%	累积贡献率/%
第一主成分	2.94	58.85	58.85
第二主成分	1.40	28.02	86.87
第三主成分	0.40	7.93	94.80
第四主成分	0.22	4.42	99.23
第五主成分	0.04	0.77	100.00

二、复合污染影响盐地碱蓬种子萌发的生态学机理

种子萌发是植物生活史中的关键一步,也是其生活史中最为敏感的生理阶段。种子的发芽率、发芽势是种子自身与环境相互作用的结果。重金属对种子萌发的影响力取决

于金属盐类穿过种皮进入胚乳的能力,而藜科植物的种皮一般包被有硬壳结构[148],这种硬壳结构能在一定程度上阻滞有害物质的侵入。因此,金属盐类影响种子萌发的重要机制是其渗透作用。如 NaCl 的浓度为 5.8～11.7 g·L^{-1} 时,盐地碱蓬种子的萌发将受其抑制[149]。依据范特霍夫(Van't Hoff)的渗透压方程[150],当氨氮、NaCl 和 CdCl$_2$ 具有相同的浓度时,氨氮的渗透压小于 NaCl 的,而 NaCl 的渗透压小于 CdCl$_2$ 的。本书中所设计的镉、氨氮的最高浓度均为 300 mg·L^{-1},意味着镉和氨氮所引起的渗透压均小于引起生态效应的阈值的金属盐类浓度。因此,镉和氨氮不会对盐地碱蓬种子的萌发造成影响。

发芽率反映种子萌发的能力,种子的发芽率较高意味着种子萌发的概率较高。发芽势则描述种子发芽的速度,较高的发芽势意味着种子较快的发芽速度。因此,种子的发芽率和发芽势影响植物尤其是一年生植物种群的扩张,较高的发芽率和发芽势有利于植物种群的扩散。从另一个角度讲,退化的植物种群的发芽率或发芽势可能会较低。受镉、氨氮污染的江苏盐城滨海湿地和山东黄河三角洲滨海湿地的盐地碱蓬种群都有所退化[151,152]。盐城滨海湿地土壤中的镉含量可达 6 mg·kg^{-1}[151],而其土壤中的水分含量为 17.10%～20.30%[153]。如果土壤中所有的镉都溶于土壤孔隙水,盐城滨海湿地土壤孔隙水的镉浓度可达到 29.56～35.09 mg·L^{-1}。黄河三角洲湿地土壤中的镉含量最高为 0.49 mg·kg^{-1}[140],而土壤中的水分含量则为 17.93%～36.14%[154]。在土壤中的镉全部溶于土壤孔隙水的假设下,其土壤孔隙水中镉的浓度为 0.37～2.73 mg·L^{-1}。此外,黄河三角洲滨海湿地土壤孔隙水的氨氮浓度为 1.68～2.52 mg·L^{-1}。由本书结果可知,黄河三角洲和盐城滨海湿地土壤中的镉和氨氮并不会影响盐地碱蓬种子的发芽率和发芽势。因此,从种子萌发的角度看,镉-氨氮复合污染并不是黄河三角洲滨海湿地和盐城滨海湿地盐地碱蓬群落衰退的主要原因。此外,盐地碱蓬种子的发芽率和发芽势对环境要素如镉和氨氮浓度的变化不敏感,故两者并不适合用于表征盐地碱蓬群落的衰退。

由于土壤对污染物生理毒性的缓冲效应[155],土壤污染物对生物产生毒害效应的阈值应当高于由水培法确定的对生物产生生理毒性的阈值。此外,重金属的生态效应往往依赖于其赋存形态[156],而重金属的生理毒性由具有生物活性的重金属的浓度确定[157]。目前,土壤环境监测中往往并不区分重金属的赋存形态,关于土壤孔隙水中重金属或者氨氮浓度的数据也很少。此外,几乎所有关于重金属生理毒性和植物适应性的实验都是水培实验的结果[136],也是基于这些水培实验确定重金属对植物产生毒性效应的阈值。因此,目前通用的做法并不能有效解决问题,在环境监测及其评价中,更建议采用土壤孔隙水中的重金属、营养盐的浓度作为评价的指标。

三、复合污染对盐地碱蓬幼苗的生态效应

依据主成分分析结果,相比种子的发芽率和发芽势,盐地碱蓬幼苗的长度、湿重和根

系活力等对镉和氨氮的暴露更敏感,因此,它们也更适合用于监测镉-氨氮复合污染对盐地碱蓬的影响。盐地碱蓬幼苗子叶中含有叶绿素,即盐地碱蓬幼苗能够有效进行光合作用。此外,水分和营养盐依靠根系传输。因此,影响光合作用和物质输送的因素均会影响盐地碱蓬幼苗的生长。渗透压是盐类对幼苗产生生态胁迫的主要机制[158]。此外,离子毒性是盐类对幼苗产生毒害的另外一条途径[159]。镉能抑制植物吸收和传输水分[160]、叶绿素的合成[161],并会导致植物体内自由氧的累积[162]。因此,当镉和氨氮具有相同的浓度时,镉更易对盐地碱蓬幼苗产生毒害效应。

随着镉浓度的升高,幼苗的长度、湿重和根系活力降低。若镉的浓度不小于 10 mg·L^{-1},盐地碱蓬幼苗的湿重会受升高的镉浓度的抑制。当镉的浓度不小于 100 mg·L^{-1}时,盐地碱蓬幼苗的长度会显著减小。当镉的浓度为 300 mg·L^{-1}时,幼苗的根系活力才显著降低。因此,幼苗的湿重对镉的浓度显著敏感,更适合用于评价或指示盐地碱蓬受重金属的胁迫程度。

氮能够诱导植物产生大量可溶性糖和脯氨酸[163],意味着氮能够调节植物的渗透压。此外,氮能够提升植物体内过氧化物酶的活性[164],并降低植物体内丙二醛的含量[165]。因此,氮常用于减缓高盐对植物产生的生理毒害[166]。氨氮除能使镉对盐地碱蓬幼苗湿重的影响降低外,并未发现具有降低镉对盐地碱蓬的其他生理毒性的作用。根系活力影响植物对营养盐的吸收,这意味着决定植物种群扩散、群落演替的植物生存和初级生产会因植物根系受胁迫而受到影响。因此,氨氮不能用作由镉诱发的盐地碱蓬群落衰退的生态修复。

第三节　杂草定居盐地碱蓬群落机理

盐地碱蓬能够耐受各种不利环境而得以在高盐碱土壤中生存。盐地碱蓬群落往往是盐碱区域、滨海湿地的典型植被,如在黄河三角洲滨海湿地和江苏盐城滨海湿地都有大片分布。由于具有独特的景观价值,这些盐地碱蓬群落被开发为盐碱地或滨海湿地重要的旅游资源。除作为鸟类和无脊椎动物的栖息地外,盐地碱蓬还具有调节土壤中营养盐和重金属迁移、转化的功能[167,168]。盐地碱蓬能有效降低土壤盐度且增加土壤有机质的含量、系统微生物的丰度等[83,169]。因此,盐地碱蓬群落的演替对盐碱地、滨海湿地的生态功能而言十分重要。盐地碱蓬群落中,经常会有杂草入侵[170]。这些入侵杂草定居后,盐地碱蓬群落破碎化,进而影响其演替和景观价值。为什么这些杂草能定居于盐地碱蓬群落? 杂草定居所致的破碎化会影响盐地碱蓬群落演替的方向吗? 人类能够阻滞杂草在盐地碱蓬群落的定居吗? 这些问题关系着盐碱地盐地碱蓬群落的演替。

一、杂草对盐地碱蓬群落的入侵

10月,在山东省青岛市胶州湾北部的东风盐场盐沼盐地碱蓬群落采集有关植物和土壤样品。在该盐沼,盐地碱蓬的主要表型为红色,高度为20～40 cm的盐地碱蓬在8—10月进入花果期。群落中定居有禾本科的狗尾草、稗草($Echinochloa\ crusgalli$),莎草科的莎草($Cyperus\ glomeratus$),菊科的钻叶紫菀($Aster\ subulatus$),蓼科的萹蓄($Polygonum\ aviculare$)以及藜科的灰绿碱蓬等。在整个盐沼内,盐地碱蓬群落呈现片段化。在盐沼随机设置11个采样点,相邻两个采样点之间的距离约为100 m。在每个站位采集盐地碱蓬和入侵并定居的植物,并采集植被下0～20 cm的土壤,将0～10 cm的土壤视为表层土壤;以土壤平面为标准,将植物分为地上部分和地下部分。

盐地碱蓬地上部分的氮含量为11.12±0.33 mg・g^{-1},显著高于钻叶紫菀、莎草和稗草的($p<0.05$);而盐地碱蓬地下部分的氮含量为(9.35±0.26) mg・g^{-1},显著高于钻叶紫菀、莎草、稗草和萹蓄的($p<0.05$)(见图3-7)。

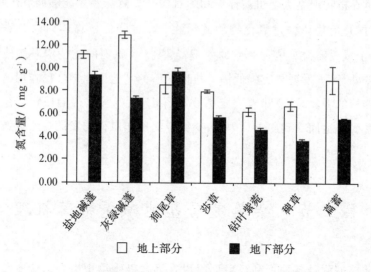

图 3-7　东风盐场盐沼植物体内的氮含量

狗尾草地上部分的磷含量为(4.90±0.07) mg・g^{-1},高于该盐沼其余植物地上部分的($p<0.05$)。萹蓄地上部分的磷含量为(2.51±0.06) mg・g^{-1},低于该盐沼其余植物地上部分的($p<0.05$)。莎草地下部分的磷含量为(2.87±0.05) mg・g^{-1},低于该盐沼其余植物地下部分的($p<0.05$)(见图3-8)。

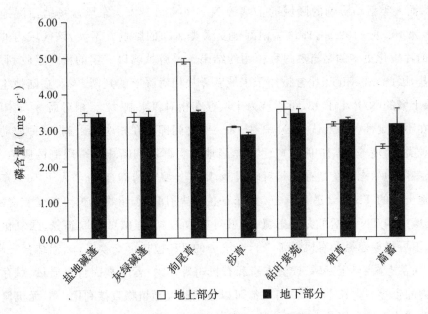

图 3-8　东风盐场盐沼植物体内的磷含量

　　盐地碱蓬地上部分的 N/P 为 3.29±0.23,萹蓄地上部分的 N/P 为 3.60±1.13,两者间无显著差异。盐地碱蓬地上部分的 N/P 大于稗草、莎草、狗尾草、钻叶紫菀和灰绿碱蓬的($p<0.05$);就地下部分的 N/P 而言,稗草、莎草、钻叶紫菀、萹蓄和灰绿碱蓬的低于盐地碱蓬和狗尾草的($p<0.05$)(见图 3-9)。

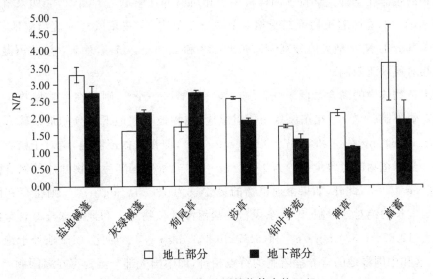

图 3-9　东风盐场盐沼植物体内的 N/P

二、入侵杂草在盐地碱蓬群落定居的非偶然性

　　人类活动能够降低生境的 N/P,在不受人类活动影响的自然演替中的土壤的 N/P

约为 43,而人类活动影响的区域的土壤的 N/P 小于 12[171]。东风盐场盐沼湿地土壤的 TN/TP 为 40.38~102.80,即该盐沼湿地受人类活动的影响并不大,该区域内的盐地碱蓬群落的片段化更多的是自然过程作用的结果。浮游植物以一定的比例吸收利用氮、磷等营养盐,因此,Sheffield 比常被用于水域营养盐相对匮乏的判断[172]。在陆地生态系统中,如果土壤的 N/P 小于 13,可以认为土壤存在相对氮限制[173]。相对而言,磷限制的判断则存在不确定性。一般认为,N/P 在 16~20 之间即存在相对磷限制,这种波动依赖于植物的种类、生境等,但 16 仍被广泛用作湿地植物群落判断相对磷限制的阈值[174]。例如,如果某陆地生态系统中存在相对磷限制,则其土壤中的 N/P 应当大于 16。东风盐场盐沼湿地土壤的 TN/TP 远大于 16,意味着在该盐沼湿地,植物生长可能受相对磷限制。然而,土壤中的 TN 包括可交换态氮、弱酸可提取态氮、强碱可提取态氮、强氧化剂可提取态氮、不可提取态氮和有机氮等[175],土壤中的 TP 包括可交换态磷、铝结合态磷、铁结合态磷、闭蓄态磷、自生钙磷、残渣态磷和有机磷等[176]。营养盐因自身质量、赋存形态等影响植物的生存与生长[177,178]。有机氮可以被某些湿地植物直接利用[179],无机氮和无机磷是能被植物直接利用的主要营养盐。可交换态氮(磷)具有最高的生物活性,而诸如残渣态的氮(磷)几乎不能被植物直接有效利用。因此,利用土壤的 TN/TP 判断营养盐限制时需谨慎。营养盐的活性决定了植物对营养盐的利用[180],这意味着更适合利用土壤的可交换氮/可交换磷(Ex-N/Ex-P)判断可能的相对营养盐限制。东风盐场盐沼湿地土壤的 Ex-N/Ex-P 小于 13,从生态化学计量学的视角看,该区域存在相对氮限制。

植物的生态化学计量学特征同样可用于相对营养盐限制的判断[181]。如果植物体内的 N/P 小于 14,意味着植物可能受相对氮缺乏限制[182]。在东风盐场盐沼湿地,植物地上和地下部分的 N/P 最大值分别为 3.60±1.13 和 2.76±0.05,这意味着该盐沼湿地植物可能受相对氮缺乏限制。

如果植物体内的磷含量低于 0.7 mg·g^{-1} 或 1 mg·g^{-1},则存在影响植物生存与生长的绝对磷限制[174,183]。在东风盐场盐沼湿地,植物地上和地下部分的最低磷含量分别为 (2.51±0.06) mg·g^{-1} 和 (2.87±0.05) mg·g^{-1},即在该盐沼湿地,磷对于植物而言是充足的。全球植物的氮含量值约为 17.7 mg·g^{-1}[184],中国陆生植物叶片的氮含量约为 18.6 mg·g^{-1}[185]。此外,如果湿地植物的氮含量为 13~14 mg·g^{-1},则将存在限制植物生存与生长的绝对氮限制[183]。东风盐场盐沼湿地植物地上和地下部分氮含量的最高值分别为 (12.87±0.32) mg·g^{-1} 和 (9.67±0.30) mg·g^{-1}。因此,该湿地处于绝对氮限制状态,这和中国湿地的营养盐限制的特点相符,即中国大部分湿地存在氮限制[186]。

滨海是陆地径流的归宿,且滨海湿地往往是鸟类的栖息地。此外,大风也是滨海气候的特色[187]。这些原因使滨海湿地成为植物种类丰富的种子库。由于盐地碱蓬的种子能在恶劣环境条件下萌芽,且其幼苗能生存下来,因此滨海裸地发育有盐地碱蓬群落。盐地碱蓬的降盐碱能力使最初的裸地成为其他物种相对优良的生境,入侵盐地碱蓬群落的植物种子因此得以高概率萌发。莎草、稗草和钻叶紫菀的氮含量相对较低,而该盐沼处于绝对氮限制状态,即这些杂草的竞争力将大于盐地碱蓬,并有在盐地碱蓬群落定居的高度可能性。狗尾草、萹蓄和灰绿碱蓬在盐地碱蓬群落中的定居则是偶然的。

三、杂草高概率定居盐地碱蓬群落的指示意义

植物成功入侵并定居某群落是群落演替的动力基础。莎草、稗草和钻叶紫菀成功入侵并定居盐地碱蓬群落,导致盐地碱蓬群落出现片段化。从本质上来说,这并不是盐地碱蓬群落的衰退而是盐地碱蓬群落的正向演替。在黄河三角洲,盐地碱蓬群落正向演替的方向通常是盐地碱蓬→禾本科植物[188],演替过程中盐地碱蓬被禾本科植物代替。在东风盐场盐沼湿地,植物生长受氮限制。盐地碱蓬的氮含量显著高于莎草、稗草和钻叶紫菀的,和狗尾草、灰绿碱蓬的氮含量相近。因此,东风盐场盐沼湿地盐地碱蓬可能被莎草、稗草和钻叶紫菀等替代。而灰绿碱蓬和狗尾草是盐地碱蓬的伴生种,取代盐地碱蓬的可能性不大。萹蓄地下部分的氮含量小于盐地碱蓬的,其地上部分的氮含量则和盐地碱蓬的相差不大,因此,萹蓄应当有其他利用氮的途径,这意味着萹蓄取代盐地碱蓬也是有可能的。

然而,禾本科、菊科植物在盐地碱蓬群落的定居,必将降低其作为旅游资源的景观价值。在氮限制区域,添加氮能降低生物多样性[189]。氮供应不足时,盐地碱蓬的竞争力弱于莎草、稗草、钻叶紫菀和萹蓄等,施用氮肥能促进盐地碱蓬的生长,从而抑制其他杂草的竞争,以维持盐地碱蓬单一的群落特征。

第四节 石莼属绿潮爆发的生物学耐受机制

随着人类活动的增强,排入海洋的污染物的种类和数量都有所增加。除高浓度营养盐导致海洋富营养化外[190],海洋也会遭受重金属的污染[191],即当今的海洋环境普遍遭受重金属-营养盐复合污染。氨氮和活性磷酸盐等营养盐对水生植物具有双重阈值作用,即水生植物无法脱离这些营养盐而生存,而高浓度营养盐又对水生植物具有生理抑制甚至是毒害作用[192]。镉等非必需重金属对水生生物具有直接毒害作用[193],生物虽然需要锌,但高浓度锌对水生植物具有毒害作用[194]。随着重金属-营养盐复合污染的加剧,作为全球性海洋生态灾难之一的石莼属绿潮几乎与重金属-营养盐复合污染相伴生。这是为什么呢?自 2008 年以来,石莼属绿潮几乎年年在包括山东沿海、江苏沿海的黄海爆发。在黄海自然水域中,常见的大型藻类有松节藻(*Rhodomela confervoides*)、冈村凹顶藻(*Laurencia okamurai*)、三叉仙菜(*Ceramium kondoi*)、多管藻、细枝软骨藻(*Chondria tenuissima*)、亮管藻(*losiphonia caespitosa*)、小粘膜藻(*Leathesia difformes*)、萱藻、酸

藻（*Desmarestia viridis*）、单条髓藻（*Myelophycus simplex*）、厚叶点藻（*Punctaria plantaginea*）、海萝藻（*Gloiopeltis furcata*）、海膜（*Halymenia sinensis*）、蜈蚣藻（*Grateloupia licina*）、黏管藻（*Gloiosiphonia capillaris*）、小珊瑚藻（*Corallina pilulifera*）、石花菜、扇形叉枝藻（*Gymnogongrus flabelliformis*）、江蓠、海头红（*Plocamium telfairiae*）、裙带菜、海带、鼠尾藻、海蒿子、长浒苔（*Enteromorpha intestinalis*）、浒苔（*Entermorpha linza*）、扁浒苔（*Enteromorpha compressa*）、石莼（*Ulva lactuca*）、孔石莼、鲜羽藻（*Bryopsis hypnoides*）和刺松藻（*Codium fragile*）等[195]。在该水域，为什么其他属的大型藻类没有大规模爆发？石莼属绿潮的爆发有什么特殊的生物学机制吗？或许是石莼属绿藻能够适应重金属-营养盐复合污染，而这种对复合污染的适应性就是石莼属绿潮爆发的生物学机制。

一、孔石莼对复合污染的耐受性

将采自威海金海湾的孔石莼在室内暂养 5 d 以适应实验环境条件。其中，水温为 20 ℃，光照强度为 4500～6000 Lux，光照周期为 12 D∶12 L（黑夜∶白天）。含有痕量 Cd^{2+} 和 Zn^{2+} 的实验海水同样采自金海湾，并在使用前用脱脂棉加以过滤。基于重金属和营养盐的生态效应[196-198]，本书以 Cd^{2+}（$CdCl_2$）、Zn^{2+}（$ZnCl_2$）、NH_4-N（$(NH_4)_2SO_4$）和 PO_4-P（KH_2PO_4）模拟重金属-营养盐复合污染，并按照均匀实验设计原则，设计孔石莼暴露于重金属-营养盐复合污染的实验（见表 3-2）。其中，孔石莼的生物量为 $1.0\ g \cdot L^{-1}$（以藻体湿重计算）。实验持续 7 d，实验期间的水温、光照和光照周期分别为 20 ℃、4500～6000 Lux 和 12 D∶12 L。

表 3-2　孔石莼暴露于复合污染的实验设计　　　　单位：$\mu mol \cdot L^{-1}$

处理序号	pH 初值	Cd^{2+} 的浓度	Zn^{2+} 的浓度	NH_4-N 的浓度	PO_4-P 的浓度
1	8.12±0.03	5	20	40	35
2	8.17±0.00	10	45	60	60
3	8.15±0.03	20	65	80	85
4	8.15±0.00	30	80	100	20
5	8.12±0.01	40	95	30	50
6	8.19±0.02	50	15	55	75
7	8.16±0.00	55	30	75	5
8	8.15±0.00	60	50	95	40
9	8.15±0.01	65	70	20	65
10	8.20±0.07	70	85	50	90
11	8.21±0.07	75	100	70	30

续表

处理序号	pH 初值	Cd²⁺ 的浓度	Zn²⁺ 的浓度	NH₄-N 的浓度	PO₄-P 的浓度
12	8.32±0.06	80	10	90	55
13	8.29±0.07	85	40	10	80
14	8.25±0.08	90	60	45	10
15	8.24±0.07	95	75	65	45
16	8.19±0.08	100	90	85	70

在实验的第 7 天，实验水体的 pH 初值和终值分别为 8.26±0.02 和 8.46±0.02。水体 pH 的变动仅与氨氮的浓度有关（$p < 0.05$）。暴露于重金属-营养盐复合污染 7 天，孔石莼的叶绿素 a(Chl a)含量为(0.56±0.05) mg·g⁻¹（见图 3-10）。1 号处理下的孔石莼 Chl a 的含量最大，为(1.23±0.36) mg·g⁻¹。孔石莼在 9 号处理下的 Chl a 含量最低，仅为(0.28±0.02) mg·g⁻¹。孔石莼的 Chl a 含量仅与 Cd²⁺ 的浓度有关（$p < 0.05$）。

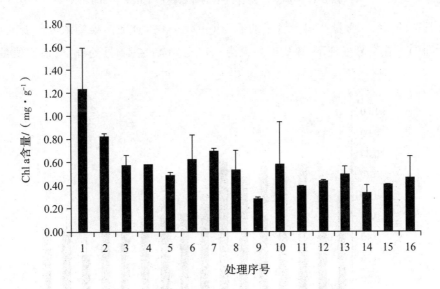

图 3-10 暴露于复合污染的孔石莼 Chl a 含量

孔石莼的叶绿素 b(Chl b)含量因重金属、营养盐浓度的变动而变动（见图 3-11）。经过 7 天的重金属-营养盐复合污染暴露，孔石莼的 Chl b 含量为(1.03±0.09) mg·g⁻¹。在 1 号处理下，孔石莼的 Chl b 含量达到最大，为(2.03±0.53) mg·g⁻¹；而在 9 号处理下，孔石莼的 Chl b 含量最低，仅为(0.54±0.03) mg·g⁻¹。

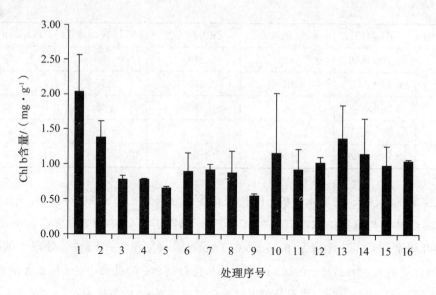

图 3-11　暴露于复合污染的孔石莼的 Chl b 含量

　　孔石莼的 Chl a 含量/Chl b 含量的值为 0.57±0.03,且随污染物浓度的变动而变动 (见图 3-12)。在 7 号处理下,该比值最大为 0.76±0.04;在 14 号处理下,该比值最小,仅为 0.32±0.08。该比值仅与 Cd^{2+} 的浓度相关($p < 0.05$)。

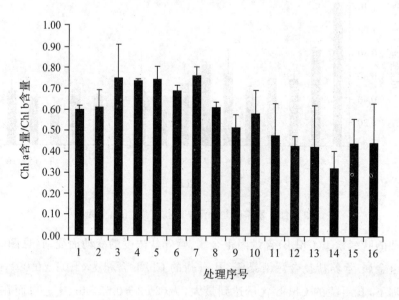

图 3-12　暴露于复合污染的孔石莼的 Chl a 含量/Chl b 含量

　　孔石莼的超氧化物歧化酶(SOD)活性因污染物的浓度变化而变化,其暴露于重金属-营养盐复合污染 7 天后的 SOD 活性为(39.63±1.06) U・g^{-1}(见图 3-13)。在 8 号处理下,孔石莼的 SOD 活性达到最大,为(44.41±1.00) U・g^{-1};而在 14 号处理下,孔石莼的 SOD 活性最小,仅为(21.40±5.54) U・g^{-1}。孔石莼的 SOD 活性仅与水体中的 Zn^{2+} 浓度有关($p<0.05$)。如果 Zn^{2+} 的浓度低于 66 $\mu mol \cdot L^{-1}$,孔石莼的 SOD 活性随 Zn^{2+} 浓度的增加而增加;相反,则随 Zn^{2+} 浓度的升高而降低。

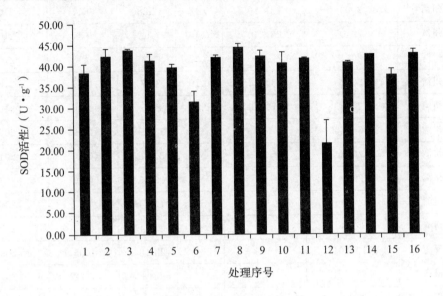

图 3-13　暴露于复合污染的孔石莼的 SOD 活性

二、孔石莼对复合污染耐受性的生态学指示意义

水生植物对水体 pH 的调节功能是提升 pH 值的光合作用和降低 pH 值的呼吸作用相互作用的结果[199]。因此,培养水体中的 pH 变动值可间接反映水生植物光合作用的强弱。高浓度污染物抑制水生植物的光合作用[200]。本书中的 pH 值变动与 Cd^{2+}、Zn^{2+} 和 PO_4-P 的浓度无关,且 NH_4-N 能提升水体的 pH 值,即重金属-营养盐复合污染不能抑制孔石莼的光合作用。自 2008 年以来,在石莼属绿潮几乎年年爆发的黄海海域,海水的 Cd^{2+}、Zn^{2+}、NH_4-N 和 PO_4-P 的浓度均远小于本实验所设计的浓度[201-215](见表 3-3)。因此,从植物光合作用的角度看,孔石莼能够适应黄海水域的重金属-营养盐复合污染。

表 3-3　黄海海域绿潮爆发区海水污染物的浓度　　　　　　单位:$\mu mol \cdot L^{-1}$

采样地点	采样年份	Cd^{2+}	Zn^{2+}	N	PO_4-P	数据来源
大沽河河口	2009	—	—	22.69*	0.54	[202]
海泊河河口	2009	—	—	17.38*	1.11	[202]
海州湾	2008	0.27×10^{-2}	0.08	23.99*	0.26	[210]
海州湾	2008	—	—	5.57#	0.42	[212]
海州湾	2009	—	0.28	6.54#	0.32	[204]
海州湾	2009	—	—	37.46*	0.64	[214]

续表

采样地点	采样年份	Cd^{2+}	Zn^{2+}	N	PO_4-P	数据来源
海州湾	2009	0.22×10^{-2}	0.13	12.88*	0.17	[210]
海州湾	2010	0.28×10^{-2}	0.16	7.12*	0.17	[210]
海州湾	2011	0.22×10^{-2}	0.22	9.34*	0.18	[210]
海州湾	2012	0.56×10^{-2}	0.19	8.47*	0.51	[210]
海州湾	2013	0.47×10^{-2}	0.19	8.85*	0.36	[210]
胶州湾	2000—2008	—		13.49#	0.79	[207]
胶州湾	2008	—		32.83*	0.66	[201]
胶州湾	2009	—		23.93*	0.90	[202]
胶州湾	2009	—		19.64*	0.77	[208]
胶州湾	2009	—		27.51*	0.90	[215]
胶州湾	2010、2011	—	—	20.18*	0.36	[209]
胶州湾	2012、2013	—	—	6.13#	0.22	[205]
胶州湾	2014	—		22.14*	0.29	[203]
李村河河口	2009	—		30.79*	1.78	[202]
娄山河河口	2009	—		34.29*	2.00	[202]
娄山河河口	2009	—		—	2.58	[208]
墨水河河口	2009	—		82.88*	0.90	[202]
墨水河河口	2009	—		50.93*		[208]
双岛湾	2012	0.58×10^{-2}	0.08			[213]
四十里湾	2003	—		6.31*	0.29	[211]
四十里湾	2004	—		3.93*	0.26	[211]
四十里湾	2005	—		8.14*	0.15	[211]
四十里湾	2006	—		12.71#	0.43	[211]
四十里湾	2007	—		15.14#	0.29	[211]
四十里湾	2008	—		18.14#	0.26	[211]
四十里湾	2009	—		18.07#	0.21	[211]
四十里湾	2010	—		18.21#	0.30	[211]
套子湾	2009	—	—	21.79*	0.66	[206]

注：* 表示溶解无机氮（包括氨氮、硝酸盐和亚硝酸盐）的浓度，# 表示氨氮的浓度。

Chl a 和 Chl b 是光合作用的物质基础，高浓度的 Cd^{2+}、Zn^{2+}、NH_4-N 和 PO_4-P 会抑制多种植物的光合作用[216-219]。然而，本书中孔石莼的 Chl a 含量仅受 Cd^{2+} 的抑制，孔石莼对水体 pH 的调节作用并不受 Cd^{2+} 的抑制,而 NH_4-N 具有提升 pH 值的作用。此外,植物的光合作用还受生物量的影响。因此,孔石莼的 Chl a 含量受高浓度 Cd^{2+} 的抑制,孔石莼通过提升生长速度的方式来保持或提高光合作用速度。孔石莼的 Chl b 含量与污染物的浓度无关,因此,孔石莼的 Chl a 含量/Chl b 含量受 Cd^{2+} 抑制。比较本书所设计的污染物浓度和绿潮爆发区(江苏沿海和山东沿海)的污染物浓度水平[201-215](见表 3-3),孔石莼的初级生产并不受复合污染的显著影响。

SOD 活性是生物体自身抗氧化系统的第一道防线。植物的 SOD 活性对 Cd^{2+}、Zn^{2+}、NH_4-N 和 PO_4-P 等的环境胁迫非常敏感[220-222]。Zn 是生物体的必要元素,然而,高浓度的 Zn^{2+} 会产生毒害作用[220],即本书中孔石莼的 SOD 活性和其余生物的 SOD 活性对环境胁迫的反应相一致。但本书中孔石莼的 SOD 活性不受 Cd^{2+}、NH_4-N 和 PO_4-P 的影响。比较本书所设置的污染物浓度和绿潮爆发区(江苏沿海和山东沿海)的污染物浓度水平[201-215](见表 3-3),在黄海海域,孔石莼的 SOD 活性并不受 Cd^{2+}、NH_4-N 和 PO_4-P 的抑制,即孔石莼的抗氧化系统不会受黄海水域复合污染的抑制。

从孔石莼的光合作用(以其对培养水体 pH 的调节功能加以间接反映)、色素含量和 SOD 活性的角度看,孔石莼适应绿潮爆发海域的复合污染现状,且可能通过快速生长来抵御重金属对光合作用色素含量的抑制作用,这种适应性可能是石莼属藻类形成绿潮的一种机制。

第五节　鼠尾藻金潮爆发的潜在性

藻类爆发的负面效应显著,因此,无论是淡水水域还是海水水域,藻类爆发都受到了密切关注。据研究,40 多年来,绿潮在富营养化海域的爆发越发得频繁和严重[223]。形成绿潮的一般是石莼属的大型藻类[224],在其爆发过程中,鼠尾藻通常会和石莼属大型藻类伴生[225]。另外,2013—2016 年,在黄海南部和中部水域,年年都能监测到大量漂浮的马尾藻属海藻[226]。这是必然现象还是巧合? 如果这是一种必然现象,鼠尾藻金潮的潜在性爆发就值得关注,因为鼠尾藻金潮一旦爆发就难以防控。然而,虽然有关于鼠尾藻和绿潮藻类伴生且大量马尾藻在黄海漂浮的报道,但是对它们的内在机理的研究是极其缺乏的。

除水温[227]和外源生长素[228]外,营养盐是绿潮爆发的物质基础[229]。在富营养化海域,石莼属藻类的营养盐利用策略是绿潮爆发的主要生物学机制之一[230]。植物的营养盐利用策略可以由其生态化学计量学特征来体现[231],这意味着鼠尾藻与绿潮藻类伴生的偶然性或必然性可以从生态化学计量学的角度来解析。然而,关于这两类大型藻生态化学计量学特征的研究很少见。这种研究的缺乏,不仅使科研人员难以辨析鼠尾藻与绿潮藻类伴生的必然性或偶然性，更难以对可能爆发的马尾藻类金潮的爆发构建预警机制。

青岛汇泉湾是浒苔绿潮的爆发地之一。2017 年 6 月，在浒苔绿潮爆发期间，于汇泉湾采集健康的孔石莼和鼠尾藻。藻体经去离子水冲洗干净后，在 65 ℃ 下烘至恒重。干燥藻体经中药粉碎机粉碎成粒径小于 0.15 mm 的藻粉。

以微波消解仪（Multiwave ECO）对藻粉进行消解，氧化剂为 H_2SO_4 和 H_2O_2。设计消解温度为 180 ℃，升温时间为 20 min，温度保持时间为 10 min，降温时间为 15 min。定容后的消解液在 115 ℃ 下以碱性过硫酸钾法氧化[232]。消解液的总氮以硝酸盐反映，并用锌镉还原法测定。消解液的总磷以活性磷酸盐体现，并用磷钼蓝法测定。

鼠尾藻、孔石莼的氮含量间并无差异，分别为（846.82±56.92）$\mu g \cdot g^{-1}$ 和（771.39±48.74）$\mu g \cdot g^{-1}$。鼠尾藻、孔石莼磷含量之间的差异不显著，分别为（25.87±0.39）$\mu g \cdot g^{-1}$ 和（26.52±0.65）$\mu g \cdot g^{-1}$。鼠尾藻和孔石莼体内氮、磷的物质的量的比分别是 72.59±5.28 和 64.45±4.07，即两种藻的 N/P 之间并没有显著差异。

生物体内不仅含有碳等结构性物质，也含有氮、磷等功能性物质[233]。处于不同的外部营养盐条件时，生物体有自动调节体内氮、磷含量以适应环境的能力[234,235]。此外，大型藻类能储备大量氮以备外源氮不足时使用[236,237]。因此，植物体内的氮、磷含量可以反映其营养盐利用策略等代谢能力。对藻类等水生植物而言，氮是极其重要的生源要素。氮含量显著影响植物的光合作用，植物的生长等过程也受氮供应的显著影响。本书中，孔石莼和鼠尾藻的氮含量相近，意味着外界条件类似时，两种藻对氮的需求相近。作为植物重要的营养盐，磷在植物体内的含量仅次于氮和钾[238-240]。构成植物体的大部分有机物都含磷，而且光合作用、呼吸作用、能量储存和转化、细胞分裂、细胞增大和生长等关键生命过程都离不开磷[241-244]。此外，磷能提升植物的抗逆性而提高其适应不良环境的能力[245]。本书中，鼠尾藻和孔石莼的磷含量相差不大，意味着两种藻在相近的外界环境中，对磷的需求相近。植物体内的 N/P 可以反映植物对氮、磷利用的策略[246]，天然水体中，孔石莼和鼠尾藻的生长速度近似，而且 N/P 相近，意味着两种藻的氮、磷利用策略相近。

孔石莼和鼠尾藻均能够营漂浮生活，都为广温性种类，都能在有性生殖外营无性生殖，而实现种群的扩增。此外，两种大型藻的营养盐同化速率相近[247,248]，且生活型相同[96,249]。

已有证据显示，石莼属绿潮的爆发有其自身因素和外在因素：外在因素主要是绿潮藻类所处海域的富营养化，而内在因素主要是绿潮藻类的生活型、利用氮和磷等营养盐的策略[97,224,250,251]。鼠尾藻和孔石莼的生活型相同、利用氮和磷的策略相近，鼠尾藻伴生石莼属绿潮生物极可能是必然的。由于石莼属绿潮爆发的高频度性，鼠尾藻也具有爆发的潜在性，对这种潜在性爆发应当足够重视。

思考题

1.潮间带大型藻类群落演替的基本特点有哪些？

2.基于生态化学计量学机制的植物群落演替对生态恢复工程实施的启发是什么？

参考文献

[1]殷书柏,李冰,沈方.湿地定义研究进展[J].湿地科学,2014,12(4):504-514.

[2]王立中.盘锦市芦苇湿地存在的问题及发展对策[J].现代农业科技,2017(10):226-227.

[3]张衡,陈渊戈,叶锦玉,等.长江口东滩湿地芦苇和海三棱藨草生境下的鱼类种类组成和数量的月变化[J].海洋渔业,2017,39(5):500-507.

[4]向泓宇,梁婕,袁玉洁,等.东洞庭湖湿地越冬候鸟与环境因子的关系研究[J].中南林业科技大学学报,2017,37(11):154-160.

[5]张子清,王鹏,陈威名,等.芦苇对氮磷营养盐的吸收特征[J].化学工程与装备,2017(1):8-10.

[6]严莉,李龙山,倪细炉,等.5种湿地植物对土壤重金属的富集转运特征[J].西北植物学报,2016,36(10):2078-2085.

[7]黄翔峰,王坤,陈国鑫,等.人工湿地对水产养殖废水典型污染物的去除[J].环境工程学报,2016,10(1):12-20.

[8]王东,李亚鹤,徐年军,等.24-表油菜素内酯和盐度对浒苔生长和生理活性的影响[J].应用生态学报,2016,27(3):946-952.

[9]戚美侠,王红萍,陈杰.冬、春季芦苇(*Phragmites australis*)和狭叶香蒲(*Typha angustifolia*)的腐解过程及其对水质的影响[J].湖泊科学,2107,29(2):420-429.

[10]何东,张毅敏,杨飞,等.太湖藻源性颗粒物降解过程中营养盐转化及其生态效应[J].中国环境科学,2016,36(3):899-907.

[11]GE C Z, YU X R, KAN M M, et al. Adaption of *Ulva pertusa* to multiple-contamination of heavy metals and nutrients: Biological mechanism of outbreak of *Ulva* sp. green tide[J]. Marine Pollution Bulletin, 2017, 125(1-2): 250-253.

[12]李玉,康晓明,郝彦宾,等.黄河三角洲芦苇湿地生态系统碳、水热通量特征[J].生态学报,2014,34(15):4400-4411.

[13]GE H X, ZHANG H S, ZHANG H, et al. The characteristics of methane flux from an irrigated rice farm in East China measured using the eddy covariance

method[J]. Agricultural and Forest Meteorology，2018，249：228-238.

[14]王朝旭,祝贵兵,冯晓娟,等.罗马湖旁路/离线人工湿地系统 CO_2、CH_4 和 N_2O 排放通量动态研究[J].湿地科学,2014,12(2):127-133.

[15]JIANG J, DEANGELIS D L, TEH S Y, et al. Defining the next generation modeling of coastal ecotone dynamics in response to global change[J]. Ecological Modelling，2016，326：168-176.

[16]ZHU H H, HE X Y, WANG K L, et al. Interactions of vegetation succession，soil bio-chemical properties and microbial communities in a Karst ecosystem[J]. European Journal of Soil Biology，2012，51：1-7.

[17]XIE Y C, GONG J, SUN P, et al. Oasis dynamics change and its influence on landscape pattern on Jinta oasis in arid China from 1963a to 2010a：Integration of multi-source satellite images[J]. International Journal of Applied Earth Observation and Geoinformation，2014，33：181-191.

[18]邓伟,袁兴中,孙荣,等.基于遥感的北方农牧交错带生态脆弱性评价[J].环境科学与技术,2016,39(11):174-181.

[19]SEMINARA G, LANZONI S, CECCON G. Coastal wetlands at risk：Learning from Venice and New Orleans[J]. Ecohydrology & Hydrobiology，2011，11(3-4)：183-202.

[20]YANG Y, LIU B R, AN S S. Ecological stoichiometry in leaves，roots，litters and soil among different plant communities in a desertified region of Northern China[J]. Catena，2018，166：328-338.

[21]NIU S Q, REN L N, SONG L J, et al. Plant stoichiometry characteristics and relationships with soil nutrients in *Robinia pseudoacacia* communities of different planting ages[J]. Acta Ecologica Sinica，2017，37：355-362.

[22]FRANZ J, KRAHMANN G, LAVIK G, et al. Dynamics and stoichiometry of nutrients and phytoplankton in waters influenced by the oxygen minimum zone in the eastern tropical Pacific[J]. Deep-Sea Research I，2012，62：20-31.

[23]刘建国,林喆,刘卫国,等.短命植物叶片生源要素的化学计量特征及异速关系[J].西北植物学报,2016,36(11):2291-2299.

[24]SHARMA B, SARKAT A, SINGH P, et al. Agricultural utilization of biosolids：A review on potential effects on soil and plant grown[J]. Waste Management，2017，64：117-132.

[25]HU C, LI F, XIE Y H, et al. Soil carbon，nitrogen，and phosphorus stoichiometry of three dominant plant communities distributed along a small-scale elevation gradient in the East Dongting Lake[J]. Physics and Chemistry of the Earth，

2018，103：28-34.

[26]赵一嬴,李月芬,王月娇,等.草地退化演替阶段羊草叶片碳氮磷化学计量学研究[J].中国农学通报,2016,32(11):73-77.

[27]潘复静,张伟,王克林,等.典型喀斯特峰丛洼地植被群落凋落物 C：N：P 生态化学计量特征[J].生态学报,2011,31(2):335-343.

[28]陈奶寿,张秋芳,陈坦,等.退化红壤恢复过程中芒萁的 N、P 化学计量特征[J].林业科学研究,2016,29(5):735-742.

[29]GIORDANA M. Homeostasis：An underestimated focal point of ecology and evolution[J]. Plant Science, 2013, 211：92-101.

[30]曾昭霞,王克林,刘孝利,等.桂西北喀斯特区原生林与次生林鲜叶和凋落叶化学计量特征[J].生态学报,2016,36(7):1907-1914.

[31]WU W, YAN S Q, FENG R Y, et al. Development of an environmental performance indicator framework to evaluate management effectiveness for Jiaozhou Bay coastal wetland special marine protected area, Qingdao, China[J]. Ocean & Coastal Management, 2017, 142：71-89.

[32]方瑛,安韶山,马任甜.云雾山不同恢复方式下草地植物与土壤的化学计量学特征[J].应用生态学报,2017,28(1):80-88.

[33]贺合亮,阳小成.四川省三种主要灌丛植物叶片及土壤碳氮磷化学计量特征[J].三峡生态环境监测,2017,2(1):28-34.

[34]蒋利玲,曾从盛,邵钧炯,等.闽江河口入侵种互花米草和本地种短叶茳芏的养分动态及植物化学计量内稳性特征[J].植物生态学报,2017,41(4):450-460.

[35]张仁懿,史小明,李文金,等.亚高寒草甸物种内稳性与生物量变化模式[J].草业科学,2015,32(10):1539-1547.

[36]沈斐,王丽红,周青.生态化学计量学在水生植物系统研究中的应用及进展[J].安全与环境学报,2017,17(6):2426-2431.

[37]吴鹏.茂兰喀斯特森林自然恢复过程中植物叶片—凋落物—土壤生态化学计量特征研究[D].北京:中国林业科学研究院,2017.

[38]李红琴,毛绍娟,祝景彬,等.放牧强度对高寒草甸群落碳氮磷化学计量特征的影响[J].草业科学,2017,34(3):449-455.

[39]米玮洁,邹怡,李明,等.三峡水库消落区典型草本植物氮、磷养分计量特征[J].湖泊科学,2016,28(4):802-811.

[40]张东杰.添加氮肥对高寒嵩草(*Kobresia*)草甸群落植物 N、P 生态化学计量特征的影响[J].黑龙江畜牧兽医,2016(1):119-122.

[41]GAO Y H, COOPER D J, ZENG X Y. Nitrogen, not phosphorus, enrichment

controls biomass production in alpine wetlands on the Tibetan Plateau, China[J]. Ecological Engineering, 2018, 116: 31-34.

[42] TEMMINK R J M, FRITZ C, DIJK G V, et al. Sphagnum farming in a eutrophic world: The importance of optimal nutrient stoichiometry[J]. Ecological Engineering, 2017, 98: 196-205.

[43] 黄菊莹, 余海龙. 四种荒漠草原植物的生长对不同氮添加水平的响应[J]. 植物生态学报, 2016, 40(2): 165-176.

[44] 胡培雷, 王克林, 曾昭霞, 等. 喀斯特石漠化地区不同退耕年限下桂牧 1 号杂交象草植物-土壤-微生物生态化学计量特征[J]. 生态学报, 2017, 37(3): 896-905.

[45] KOU L, CHEN W W, JIANG L, et al. Simulated nitrogen deposition affects stoichiometry of multiple elements in resource-acquiring plant organs in a seasonally dry subtropical forest[J]. Science of the Total Environment, 2018, 624: 611-620.

[46] 雒明伟, 毛亮, 李倩倩, 等. 青藏高原筑路取土迹地恢复植物群落与土壤的碳氮磷化学计量特征[J]. 生态学报, 2015, 35(23): 7832-7841.

[47] 唐高溶, 郑伟, 王祥, 等. 喀纳斯景区山地草甸不同退化阶段群落共有种的生态化学计量特征研究[J]. 草业学报, 2016, 25(12): 63-75.

[48] 刘万德, 苏建荣, 李帅锋, 等. 云南普洱季风常绿阔叶林演替系列植物和土壤 C、N、P 化学计量特征[J]. 生态学报, 2010, 30(23): 6581-6590.

[49] 赵晓单, 曾全超, 安韶山, 等. 黄土高原不同封育年限草地土壤与植物根系的生态化学计量特征[J]. 土壤学报, 2016, 53(6): 1541-1551.

[50] HUANG J S, LIU H, YIN K D. Effects of meteorological factors on the temporal distribution of red tides in Tolo Harbour, Hong Kong[J]. Marine Pollution Bulletin, 2018, 126: 419-427.

[51] QIN M J, LI Z H, DU Z H. Red tide time series forecasting by combining ARIMA and deep belief network[J]. Knowledge-Based Systems, 2017, 125: 39-52.

[52] 张伟, 孙健, 聂红涛, 等. 珠江口及毗邻海域营养盐对浮游植物生长的影响[J]. 生态学报, 2015, 35(12): 4034-4044.

[53] LETERME S C, JENDYK J, ELLIS A V, et al. Annual phytoplankton dynamics in the Gulf Saint Vincent, South Australia, in 2011[J]. Oceanologia, 2014, 56(4): 757-778.

[54] NUCCIO C, MELILLO C, MASSI L, et al. Phytoplankton abundance, community structure and diversity in the eutrophicated Orbetello lagoon (Tuscany) from 1995 to 2001[J]. Oceanologica Acta, 2003, 26: 15-25.

[55] SU M, YU J W, PAN S L, et al. Spatial and temporal variations of two

cyanobacteria in the mesotrophic Miyun reservoir, China[J]. Journal of Environmental Sciences, 2014, 26: 289-298.

[56]傅明珠,孙萍,孙霞,等.锦州湾浮游植物群落结构特征及其对环境变化的响应[J].生态学报,2014,34(13):3650-3660.

[57]郭术津,李彦翘,张翠霞,等.渤海浮游植物群落结构及与环境因子的相关性分析[J].海洋通报,2014,33(1):95-105.

[58]李然然,章光新,张蕾.查干湖湿地浮游植物与环境因子关系的多元分析[J].生态学报,2014,34(10):2663-2673.

[59]孙军,刘东艳,杨世民,等.渤海中部和渤海海峡及邻近海域浮游植物群落结构的初步研究[J].海洋与湖沼,2002,33(5):461-471.

[60]王宇飞,赵秀兰,何丙辉,等.汉丰湖夏季浮游植物群落与环境因子的典范对应分析[J].环境科学,2015,36(3):922-927.

[61]武安泉,郭宁,覃雪波.寒区典型湿地浮游植物功能群季节变化及其与环境因子关系[J].环境科学学报,2015,35(5):1341-1349.

[62]谢琳萍,孙霞,王保栋,等.渤黄海营养盐结构及其潜在限制作用的时空分布[J].海洋科学,2012,36(9):45-53.

[63]周然,彭士涛,覃雪波,等.渤海湾浮游植物与环境因子关系的多元分析[J].环境科学,2013,34(3):864-873.

[64]AKTAN Y, TÜFEKCI I V, TÜFEKCI H, et al. Distribution patterns, biomass estimates and diversity of phytoplankton in Izmit Bay (Turkey)[J]. Estuarine, Coastal and Shelf Science, 2005, 64: 372-384.

[65]张辉,石晓勇,张传松,等.北黄海营养盐结构及限制作用时空分布特征分析[J].中国海洋大学学报,2009,39(4):773-780.

[66]周凯,黄长江,姜胜,等.2000—2001年柘林湾浮游植物群落结构及数量变动的周年调查[J].生态学报,2002,22(5):688-698.

[67]刘东艳,孙军,陈洪涛,等.2001年夏季胶州湾浮游植物群落结构的特征[J].青岛海洋大学学报,2003,33(3):366-374.

[68]王符菁,林元烧,曹文清,等.北部湾北部浮游植物群落结构及其与营养盐的关系[J].热带海洋学报,2015,34(6):73-85.

[69]龚玉艳,张才学,孙省利,等.2010年夏季雷州半岛海岸带浮游植物群落结构特征及其与主要环境因子的关系[J].生态学报,2012,32(19):5972-5985.

[70]袁骐,王云龙,沈新强.N和P对东海中北部浮游植物的影响研究[J].海洋环境科学,2005,24(4):5-8.

[71]魏玉秋,孙军,丁昌玲.2014年夏季南海北部超微型浮游植物分布及环境因子影

响[J].海洋学报,2015,37(12):56-65.

[72]王勇,焦念志.北黄海浮游植物营养盐限制的初步研究[J].海洋与湖沼,1999,30(5):512-518.

[73]方涛,李道季,余立华,等.光照和营养盐磷对微型及微微型浮游植物生长的影响[J].生态学报,2006,26(9):2783-2790.

[74]吴雅丽,许海,杨桂军,等.太湖春季藻类生长的磷营养盐阈值研究[J].中国环境科学,2013,33(9):1622-1629.

[75]李佳俊,沈萍萍,谭烨辉,等.南海东北部浮游植物对氮、磷加富的响应及与不同水团的关系[J].海洋学报,2015,37(10):88-99.

[76]梁英,刘春强,田传远,等.不同营养盐浓度对6种海洋微藻群落演替的影响[J].水产科学,2013,32(11):627-635.

[77]王江涛,曹婧.长江口海域近50a来营养盐的变化及其对浮游植物群落演替的影响[J].海洋环境科学,2012,31(3):310-315.

[78]张霞,黄小平,施震,等.珠江口超微型浮游植物时空分布及其与环境因子的关系[J].生态学报,2013,33(7):2200-2211.

[79]ZHOU Y P, ZHANG Y M, LI F F, et al. Nutrients structure changes impact the competition and succession between diatom and dinoflagellate in the East China Sea[J]. Science of the Total Environment, 2017, 574: 499-508.

[80]黄伟,朱旭宇,曾江宁,等.氮磷比对东海浮游植物群落生长影响的微宇宙实验[J].环境科学,2012,33(6):1832-1838.

[81]林昱,唐森铭,庄栋法,等.海洋围隔生态系中无机氮对浮游植物演替的影响[J].生态学报,1994,14(3):323-326.

[82]王修林,邓宁宁,祝陈坚,等.磷酸盐、硝酸盐组成对海洋赤潮藻生长的影响[J].中国海洋大学学报,2004,34(3):453-460.

[83]HUANG L B, BAI J H, CHEN B, et al. Two-decade wetland cultivation and its effects on soil properties in salt marshes in the Yellow River Delta, China[J]. Ecological Informatics, 2012, 10: 49-55.

[84]宋星宇,黄良民,张建林,等.大鹏澳浮游植物现存量和初级生产力及N:P值对其生长的影响[J].热带海洋学报,2004,23(5):34-41.

[85]王睿喆,王沛芳,任凌霄,等.营养盐输入对太湖水体中磷形态转化及藻类生长的影响[J].环境科学,2015,36(4):1301-1308.

[86]王雨,林茂,卢昌义,等.营养盐亏缺与恢复对威氏海链藻(*Thalassiosira weissflogii*)生长和生化组成的影响[J].海洋通报,2009,28(4):47-53.

[87]LIU X Q, WANG Z L, ZHANG X L. A review of the green tides in the Yellow

Sea，China[J]. Marine Environmental Research，2016，119：189-196.

[88]陈自强,寿鹿,廖一波,等.三亚岩相潮间带底栖海藻群落结构及其季节变化[J].生态学报,2013,33(11):3370-3382.

[89]彭欣,谢起浪,李尚鲁,等.浙南潮间带大型底栖藻类时空分布及多样性研究[J].热带海洋学报,2010,29(3):135-140.

[90]吕永林,张永普,李凯,等.浙江洞头大竹屿岛潮间带大型底栖生物多样性[J].生态学杂志,2011,30(4):707-716.

[91]林清菁,蒋霞敏,徐镇,等.嵊泗列岛潮间带大型海藻群落结构的季节变化[J].生态学杂志,2012,31(9):2350-2355.

[92]汤雁滨,廖一波,寿鹿,等.珊瑚藻类对南麂列岛潮间带底栖生物群落多样性的影响[J].生物多样性,2014,22(5):640-648.

[93]庄树宏,陈礼学.烟台月亮湾岩岸潮间带底栖海藻群落结构的季节变化[J].青岛海洋大学学报,2003,33(5):719-726.

[94]张磊,张秀梅,吴忠鑫,等.荣成俚岛人工鱼礁区大型底栖藻类群落及其与环境因子的关系[J].中国水产科学,2012,19(1):116-125.

[95] ALSUFYANI T，ENGELEN A H，DIEKMANN O E，et al. Prevalence and mechanism of polyunsaturated aldehydes production in the green tide forming macroalgal genus *Ulva* （Ulvales，Chlorophyta）[J]. Chemistry and Physics of Lipids，2014，183：100-109.

[96]CUI J J，ZHANG J H，HUO Y Z，et al. Adaptability of free-floating green tide algae in the Yellow Sea to variable temperature and light intensity[J]. Marine Pollution Bulletin，2015，101：660-666.

[97]KEESING J K，LIU D Y，SHI Y J，et al. Abiotic factors influencing biomass accumulation of green tide causing *Ulva* spp. on Pyropia culture rafts in the Yellow Sea，China[J]. Marine Pollution Bulletin，2016，105：88-97.

[98]MIAO X X，XIAO J，PANG M，et al. Effect of the large-scale green tide on the species succession of green macroalgal micro-propagules in the coastal waters of Qingdao，China[J]. Marine Pollution Bulletin，2018，126：549-556.

[99]黄桂林,张建军,李玉祥.辽河三角洲湿地分类及现状分析——辽河三角洲湿地资源及其生物多样性的遥感监测系列论文之一[J].林业资源管理,2000(4):51-56.

[100]蒋明康,张更生,薛达元,等.我国自然保护区建设现状与发展设想[J].农村生态环境,1992(2):18-22.

[101]唐小平,黄桂林.中国湿地分类系统的研究[J].林业科学研究,2003,16(5):531-539.

[102]王宪礼,布仁仓,胡远满,等.辽河三角洲湿地的景观破碎化分析[J].应用生态学报,1996,7(3):299-304.

[103]王宪礼,胡远满,布仁仓.辽河三角洲湿地的景观变化分析[J].地理科学,1996,16(3):260-265.

[104]王宪礼,肖笃宁,布仁仓,等.辽河三角洲湿地的景观格局分析[J].生态学报,1997,17(3):317-323.

[105]刘红玉,吕宪国,刘振乾.环渤海三角洲湿地资源研究[J].自然资源学报,2001,16(2):101-106.

[106]李建国.辽河三角洲景观格局变化特征及影响分析[D].长春:吉林大学,2003.

[107]谷东起,付军,夏东兴.秦皇岛地区滨海湿地类型及其生态脆弱性[J].海岸工程,2005,24(4):35-41.

[108]王立宝.河北省南大港湿地生态系统植被生态及芦苇生物量的研究[D].石家庄:河北师范大学,2003.

[109]赵志楠,张月明,梁晓林,等.河北省南大港滨海湿地退化评价[J].水土保持通报,2014,34(4):339-344.

[110]叶庆华,田国良,刘高焕,等.黄河三角洲新生湿地土地覆被演替图谱[J].地理研究,2004,23(2):257-265.

[111]崔保山,刘兴土.黄河三角洲湿地生态特征变化及可持续性管理对策[J].地理科学,2001,21(3):250-256.

[112]杨鸣.莱州湾南岸海岸带环境退化及治理对策研究[D].青岛:中国海洋大学,2005.

[113]张绪良,谷东起,丰爱平,等.黄河三角洲和莱州湾南岸湿地植被特征及演化的对比研究[J].水土保持通报,2006,26(3):127-131.

[114]马成亮.山东长岛列岛植物区系及群落结构研究[D].南京:南京林业大学,2007.

[115]孙松龄,梁国恩,鞠传龙,等.威海市湿地资源浅析[J].山东林业科技,2000(4):17-18.

[116]张绪良,谷东起,叶思源,等.荣成大天鹅自然保护区泻湖湿地植物区系[J].生态学杂志,2009,28(6):1073-1080.

[117]肖玉雪,刘晓梦,崔良,等.胶州湾不同类型湿地总汞含量与赋存形态的初步研究[J].环境化学,2017,36(9):1968-1976.

[118]汤庚国,李湘萍,谢继步,等.江苏湿地植物的区系特征及其保护与利用[J].南京林业大学学报,1997,21(4):47-52.

[119]朱莹.盐城滩涂湿地维管植物群落类型及植物资源调查与分析[D].南京:南京

林业大学,2014.

[120]王聪,刘红玉.江苏淤泥质潮滩湿地互花米草扩张对湿地景观的影响[J].资源科学,2014,36(11):2413-2422.

[121]杨桂山,施雅风,张琛.江苏滨海潮滩湿地对潮位变化的生态响应[J].地理学报,2002,57(3):325-332.

[122]张华兵,刘红玉,李玉凤,等.自然条件下海滨湿地土壤生态过程与景观演变的耦合关系[J].自然资源学报,2013,28(1):63-72.

[123]戴科伟.江苏盐城湿地珍禽国家级自然保护区生态安全研究[D].南京:南京师范大学,2007.

[124]张濛,濮励杰.近30年来江苏省滨海湿地变化过程及其受围垦活动的影响[J].湿地科学与管理,2017,13(3):56-60.

[125]LARSEN D K, WAGNER I, GUSTAVSON K, et al. Long-term effect of Sea-Nine on natural coastal phytoplankton communities assessed by pollution induced community tolerance[J]. Aquatic Toxicology, 2003, 62(1): 35-44.

[126]倪晋仁,殷康前,赵智杰.湿地综合分类研究:I.分类[J].自然资源学报,1998,13(3):214-221.

[127]ZHANG C, LU J, WU J, et al. Removal of phenanthrene from coastal waters by green tide algae *Ulva prolifera*[J]. Science of the Total Environment, 2017, 609: 1322-1328.

[128]管博,于君宝,陆兆华,等.黄河三角洲滨海湿地水盐胁迫对盐地碱蓬幼苗生长和抗氧化酶活性的影响[J].环境科学,2011,32(8):2422-2429.

[129]WOLDEWAHID G, WERF W V D, SYKORA K, et al. Description of plant communities on the Red Sea coastal plain of Sudan[J]. Journal of Arid Environments, 2007, 68(1):113-131.

[130]AIELLO N, CARLINI A, FUSANI P, et al. Seed yield and germination characteristics of wild accessions of *Arnica montana* L. from Trentino (Italy)[J]. Journal of Applied Research on Medicinal and Aromatic Plants, 2014, 1(1): 30-33.

[131]BULLIED W J, BULLOCK P R, FLERCHINGER G N, et al. Process-based modeling of temperature and water profiles in the seedling recruitment zone: Part II. Seedling emergence timing[J]. Agricultural and Forest Meteorology, 2014, 188: 104-120.

[132]WANG H L, WANG L, TIAN C Y, et al. Germination dimorphism in Suaeda acuminate: A new combination of dormancy types for heteromorphic seeds[J]. South African Journal of Botany, 2012, 78: 270-275.

[133]MOU X J, SUN Z G. Effects of sediment burial disturbance on seedling emergence and growth of *Suaeda salsa* in the tidal wetlands of the Yellow River estuary[J]. Journal of Experimental Marine Biology and Ecology, 2011, 409(1-2): 99-106.

[134] HAMEED A, RASHEED A, GUL B, et al. Salinity inhibits seed germination of perennial halophytes *Limonium stocksii* and *Suaeda fruticosa* by reducing water take and ascorbate dependent antioxidant system[J]. Environmental and Experimental Botany, 2014, 107: 32-38.

[135]王雷,田长彦,张道远,等.光照、温度和盐分对囊果碱蓬种子萌发的影响[J].干旱区地理,2005,28(5):670-674.

[136]PUJOL J A, CALVO J F, RAMÍREZ-DÍAZ L. Seed germination, growth, and osmotic adjustment in response to NaCl in a rare succulent halophyte from Southeastern Spain[J]. Wetlands, 2001, 21(2): 256-264.

[137]代莉慧,蔡禄,周耀龙,等.NaCl 和 Na_2CO_3 胁迫对内蒙古河套灌区盐地碱蓬种子萌发生理指标的影响[J].种子,2013,32(7):14-17.

[138]曲元刚,赵可夫,2003.NaCl 和 Na_2CO_3 对盐地碱蓬胁迫效应的比较[J].植物生理与分子生物学学报,2003,29(5):387-394.

[139]张鹏,邹立,姚晓,等.黄河三角洲潮间带营养盐的输送通量研究[J].海洋环境科学,2011,30(1):76-80,104.

[140] LIU S J, YANG C Y, XIE W J, et al. The effects of cadmium on germination and seedling growth of *Suaeda salsa*[J]. Procedia Environmental Sciences, 2012, 16: 293-298.

[141]何洁,贺鑫,高钰婷,等.石油对翅碱蓬生长及生理特性的影响[J].农业环境科学学报,2011,30(4):650-655.

[142]朱伟,张俊,赵联芳.底质中氨氮对沉水植物生长的影响[J].生态环境,2006,15(5):914-920.

[143]TIQUIA S M, TAM N F Y, HODGKISS I J. Effects of composting on phytotoxicity of spent pig-manure sawdust litter[J]. Environmental Pollution, 1996, 93(3): 249-256.

[144]ZHU L H, CHEN Z X, WANG J J, et al. Monitoring plant response to phenanthrene using the red edge of canopy hyperspectral reflectance[J]. Marine Pollution Bulletin, 2014, 86(1-2): 332-341.

[145]YUAN J F, FENG G, MA H Y, et al. Effect of nitrate on root development and nitrogen uptake of *Suaeda physophora* under NaCl salinity[J]. Pedosphere, 2010, 20(4): 536-544.

[146]王新新,吴亮,朱生凤,等.镉胁迫对碱蓬种子萌发及幼苗生长的影响[J].农业环境科学学报,2013,32(2):238-243.

[147]尹海龙,田长彦,陈春秀,等.不同盐度施氮水平下盐地碱蓬幼苗生长及光合色素含量分析[J].干旱区研究,2013,30(5):887-893.

[148]陈明忠,孙坤,张明理,等.国产藜科14种植物种皮微形态特征比较研究[J].植物资源与环境学报,2011,20(1):1-9.

[149]段德玉,刘小京,冯凤莲,等.不同盐分胁迫对盐地碱蓬种子萌发的效应[J].中国农学通报,2003,19(6):168-172.

[150]BRUGGEN B V D, VANDECASTEELE C, GESTEL T V, et al. A review of pressure-driven membrane processes in wastewater treatment and drinking water production[J]. Environmental Progress, 2003, 22(1): 46-56.

[151]方淑波,贾晓波,安树青,等.盐城海岸带土壤重金属潜在生态风险控制优先格局[J].地理学报,2012,67(1):27-35.

[152]刘志杰,李培英,张晓龙,等.黄河三角洲滨海湿地表层沉积物重金属区域分布及生态风险评价[J].环境科学,2012,33(4):1182-1188.

[153]张华兵,刘红玉,李玉凤,等.盐城海滨湿地景观演变关键土壤生态因子与阈值研究[J].生态学报,2013,33(21):6975-6983.

[154]吴向东,陈小兵,郭建青,等.黄河三角洲农田土壤含水率空间变异特征研究[J].灌溉排水学报,2013,32(2):48-51.

[155]BURAUEL P, BAßMANN F. Soils as filter and buffer for pesticides—experimental concepts to understand soil functions[J]. Environmental Pollution, 2005, 133(1): 11-16.

[156]GE C Z, ZHANG F, XU B D, et al. Accumulation flux of nitrogen in mudflats and its implications for benthic shellfish culture[J]. Aquaculture International, 2013, 21: 311-326.

[157]SHAHID M, PINELLI E, DUMAT C. Review of Pb availability and toxicity to plants in relation with metal speciation: Role of synthetic and natural organic ligands[J]. Journal of Hazardous Materials, 2012, 219-220: 1-12.

[158]AL-QURAAN N A, SARTAWE F A, QARYOUTI M M. Characterization of γ-aminobutyric acid metabolism and oxidative damage in wheat (*Triticum aestivum* L.) seedling under salt and osmotic stress[J]. Journal of Plant Physiology, 2013, 170(11): 1003-1009.

[159]VANNINI C, DOMINGGO G, ONELLI E, et al. Phytotoxic and genotoxic effects of silver nanoparticles exposure on germination wheat seedlings[J]. Journal of Plant Physiology, 2014, 171: 1142-1148.

[160]GE C L, DING Y, WANG Z G, et al. Responses of wheat seedlings to cadmium, mercury and trichlorobenzene stresses[J]. Journal of Environmental Sciences, 2009, 21(6): 806-813.

[161] LÓPEZ-MILLÁN A, SAGARDOY R, SOLANAS M, et al. Cadmium toxicity in tomato (Lycopersicon esculentum) plants grown in hydroponics [J]. Environmental and Experimental Botany, 2009, 65: 376-385.

[162]GE C L, WANG Z G, WAN D Z, et al. Proteomic study for responses to cadmium stress in rice seedlings[J]. Rice Science, 2009, 16(1): 33-44.

[163]ZHOU X B, ZHANG Y M, JI X H, et al. Combined effects of nitrogen deposition and water stress on growth and physiological responses of two annual desert plants in northwestern China[J]. Environmental and Experimental Botany, 2011, 74: 1-8.

[164]肖强,陈娟,吴飞华,等.外源NO供体硝普钠(SNP)对盐胁迫下水稻幼苗中叶绿素和游离脯氨酸含量以及抗氧化酶的影响[J].作物学报,2008,34(10):1849-1853.

[165]赵宝泉,万宇,杨世湖,等.外源NO供体硝普钠(SNP)对重金属Cd胁迫下水稻幼苗膜脂过氧化及抗氧化酶的影响[J].江苏农业学报,2010,26(3):468-475.

[166]段德玉,刘小京,李存帧,等.N素营养对NaCl胁迫下盐地碱蓬幼苗生长及渗透调节物质变化的影响[J].草业学报,2005,14(1):63-68.

[167]李洪山,申玉香.土壤盐胁迫与盖土深度耦合对盐地碱蓬发芽、出苗的影响[J].河南农业科学,2018,47(3):59-62.

[168]SUN Z G, MOU X J, TONG C, et al. Spatial variations and bioaccumulation of heavy metals in intertidal zone of the Yellow River estuary, China[J]. Catena, 2015, 126: 43-52.

[169]YANG W, ZHAO H, CHEN X L, et al. Consequences of short-term C4 plant Spartina alterniflora invasions for soil organic carbon dynamics in a coastal wetland of Eastern China[J]. Ecological Engineering, 2013, 61: 50-57.

[170]ZHANG Y H, DING W X, CAI Z C, et al. Response of methane emission to invasion of Spartina alterniflora and exogenous N deposition in the coastal salt marsh [J]. Atmospheric Environment, 2010, 44(36): 4588-4594.

[171]FALKOWSKI P, SCHOLES R J, BOYLE E, et al. The global carbon cycle: A test of our knowledge of earth as a system[J]. Science, 2000, 290(5490): 291-296.

[172]BAEK S H, KIM D, SON M, et al. Seasonal distribution of phytoplankton assemblages and nutrient-enriched bioassays as indicators of nutrient limitation of phytoplankton growth in Gwangyang Bay, Korea[J]. Estuarine, Coastal and Shelf

Science，2015，163：265-278.

[173]GÜSEWELL S，KOERSELMAN W. Variation in nitrogen and phosphorus concentrations of wetland plants[J]. Perspectives in Plant Ecology，Evolution and Systematics，2002，5(1)：37-61.

[174]GÜSEWELL S，BOLLENS U，RYSER P，et al. Contrasting effects of nitrogen，phosphorus and water regime on first-and second-year growth of 16 wetland plant species[J]. Functional Ecology，2003，17：754-765.

[175]王梅,刘琰,郑炳辉,等.城市内河表层沉积物氮形态及影响因素——以许昌清潩河为例[J].中国环境科学,2014,34(3):720-726.

[176]周帆琦,沙茜,张维昊,等.武汉东湖和南湖沉积物中磷形态分布特征与相关分析[J].湖泊科学,2014,26(3):401-409.

[177]GLASBY T M，TAYLOR S L，HOUSEFIELD G P. Factors influencing the growth of seagrass seedlings：A case study of *Posidonia australis*[J]. Aquatic Botany，2014，120：251-259.

[178]XI N X，CARRÈRE P，BLOOR J M G. Nitrogen form and spatial pattern promote asynchrony in plant and soil responses to nitrogen inputs in a temperate grassland[J]. Soil Biology & Biochemistry，2014，71：40-47.

[179]莫良玉,吴良欢,陶勤南.高等植物对有机氮吸收与利用研究进展[J].生态学报,2002,22(1):118-124.

[180]KOERSELMAN W，MEULEMAN A F. The vegetation N：P ratio：A new tool to detect the nature of nutrient limitation[J]. Journal of Applied Ecology，1996，33：1441-1450.

[181]WU T G，YU M K，WANG G G，et al. Leaf nitrogen and phosphorus stoichiometry across forty-two woody species in Southeast China[J]. Biochemical Systematics and Ecology，2012，44：255-263.

[182]BOTT T，MEYER G A，YOUNG E B. Nutrient limitation and morphological plasticity of the carnivorous pitcher plant *Sarracenia purpurea* in contrasting wetland environments[J]. New Phytologist,2008，180：631-641.

[183]WASSEN M J，OLDE VENTERINK H G M O，DE SWART E O A M. Nutrient concentrations in mire vegetation as a measure of nutrient limitation in mire ecosystems[J]. Journal of Vegetation Science，1995，6：5-16.

[184]ELSER J J，FAGAN W F，DENNO R F，et al. Nutritional constraints in terrestrial and freshwater food webs[J]. Nature，2000，408：578-580.

[185]HAN W，FANG J Y，GUO D，et al. Leaf nitrogen and phosphorus stoichiometry

across 753 terrestrial plant species in China[J]. New Phytologist, 2005, 168: 377-385.

[186]胡伟芳,章文龙,张林海,等.中国主要湿地植被氮和磷生态化学计量学特征[J].植物生态学报,2014,38(10):1041-1052.

[187]FIGUEROA-ESPINOZA B, SALLES P, ZAVALA-HIDALGO J. On the wind power potential in the northwest of the Yucatan Peninsula in Mexico [J]. Atmósfera, 2014, 27: 77-89.

[188]房用,王淑军,刘月良,等.现代黄河三角洲的植被群落演替阶段[J].东北林业大学学报,2008,36(9):89-93.

[189]ROTH T, KOHLI L, RIHM B, et al. Nitrogen deposition is negatively related to species richness and species composition of vascular plants and bryophytes in Swiss mountain grassland[J]. Agriculture Ecosystems and Environment, 2013, 178: 121-126.

[190]RODRÍGUEZ-GALLEGO L, ACHKAR M, DEFEO O, et al. Effects of land use changes on eutrophication indicators in five coastal lagoons of the Southwestern Atlantic Ocean[J]. Estuarine, Coastal and Shelf Science, 2017, 188: 116-126.

[191] MISSAOUI A, SAID I, LAFHAJ Z, et al. Influence of enhancing electrolytes on the removal efficiency of heavy metals from Gabes marine sediments (Tunisia)[J]. Marine Pollution Bulletin, 2016, 113: 44-54.

[192]APUDO A A, CAO Y, WAKIBIA J, et al. Physiological plastic responses to acute NH_4^+-N toxicity in *Myriophyllum spicatum* L. cultured in high and low nutrient conditions[J]. Environmental and Experimental Botany, 2016, 130:79-85.

[193]JAMERS A, BLUST R, COEN W D, et al. An omics based assessment of cadmium toxicity in the green alga *Chlamydomonas reinhardtii* [J]. Aquatic Toxicology, 2013, 126: 355-364.

[194]MATEOS-NARANJO E, CASTELLANOS E M, PEREZ-MARTIN A. Zinc tolerance and accumulation in the halophytic species *Juncus acutus*[J]. Environmental and Experimental Botany, 2014, 100: 114-121.

[195]李宪璀,范晓,韩丽君,等.中国黄、渤海常见大型海藻的脂肪酸组成[J].海洋与湖沼,2002,33(2):215-224.

[196]PAPAZOGLOU E G. Responses of *Cynara cardunculus* L. to single and combined cadmium and nickel treatment conditions[J]. Ecotoxicology and Environmental Safety, 2011, 74: 195-202.

[197]REN Q, LI M, YUAN L, et al. Acute ammonia toxicity in crucian carp *Carassius auratus* and effects of taurine on hyperammonemia [J]. Comparative

Biochemistry and Physiology, Part C, 2016, 190: 9-14.

[198]PISTOCCHI C, TAMBURINI F, GRUAU G, et al. Tracing the sources and cycling of phosphorus in river sediments using oxygen isotopes: Methodological adaptations and first results from a case study in France[J]. Water Research, 2017, 111: 346-356.

[199] PEDERSEN O, SHORT J A, KENDRICK G A. Turf algal epiphytes metabolically induce local pH increase, with implications for underlying coralline algae under ocean acidification[J]. Estuarine, Coastal and Shelf Science, 2015, 164: 463-470.

[200]FENG J, SHI Q, WANG X, et al. Silicon supplementation ameliorated the inhibition of photosynthesis and nitrate metabolism by cadmium（Cd）toxicity in *Cucumis sativus* L.[J]. Scientia Horticulturae, 2010, 123: 521-530.

[201]丁东生,石晓勇,曲克明,等.2008 年秋季胶州湾两航次生源要素的分布特征及其来源初步探讨[J].海洋科学,2013,37(1):35-41.

[202]董兆选,娄安刚,崔文连.胶州湾海水营养盐的分布及潜在性富营养化研究[J].海洋湖沼通报,2010(3):149-156.

[203]高磊,曹婧,张蒙蒙,等.2014 年胶州湾营养盐结构特征变化及富营养化评价[J].海洋技术学报,2016,35(4):66-73.

[204]李飞,徐敏,丁言者,等.海州湾水质污染空间分布及来源[J].生态学杂志,2014,33(7):1888-1894.

[205]李欣钰,康美华,侯鹏飞,等.2013 年胶州湾溶解营养盐时空分布特征[J].海洋环境科学,2016,35(3):334-342.

[206]宋秀凯,孙国华,张秀珍,等.烟台套子湾缘管浒苔绿潮成因及其对环境的影响[J].安全与环境学报,2011,11(3):151-156.

[207]孙晓霞,孙松,赵增霞,等.胶州湾营养盐浓度与结构的长期变化[J].海洋与湖沼,2011,42(5):662-669.

[208]王艳玲,安文超,徐颖.胶州湾海域水质现状评价[J].环境科学与管理,2011,36(9):164-167.

[209]王玉珏,刘哲,张永,等.2010—2011 年胶州湾叶绿素 a 与环境因子的时空变化特征[J].海洋学报,2015,37(4):103-116.

[210]夏斌,马菲菲,陈碧鹃,等.海州湾大竹蛏资源保护区海水环境质量评价[J].渔业科学进展,2014,35(6):16-22.

[211]邢红艳,孙珊,马元庆,等.四十里湾海域营养盐年际变化及影响因素研究[J].海洋通报,2013,32(1):53-57.

[212]杨志远,徐虹.海州湾海域一次赤潮异弯藻赤潮与环境因子的关系[J].水产养

殖,2012,33(4):17-19.

[213]张学超,刘营,宋吉德,等.威海双岛湾海域重金属的分布特征及生态风险评价[J].海洋学研究,2014,32(2):85-90.

[214]赵建华,李飞.海州湾营养盐空间分布特征及影响因素分析[J].环境科学与技术,2015,38(增刊2):32-35,127.

[215]赵俊,过锋,张艳,等.胶州湾湿地海水中营养盐的时空分布与富营养化[J].渔业科学进展,2011,32(6):107-114.

[216]陈书秀,王伟伟,孙娟,等.氮磷浓度对筒柱藻生长及理化成分的影响[J].水产养殖,2015,36(1):27-31.

[217]尹传宝,张翠英,张敏,等.三种营养物质急性胁迫下菹草的生理生化特性[J].湿地科学,2015,13(1):129-134.

[218]CHERIF J, DERBEL N, NAKKACH M, et al. Spectroscopic studies of photosynthetic responses of tomato plants to the interaction of zinc and cadmium toxicity[J]. Journal of Photochemistry and Photobiology B: Biology, 2012, 111: 9-16.

[219]SINGH S, PRASAD S M. Growth, photosynthesis and oxidative responses of *Solanum melongena* L. seedlings to cadmium stress: Mechanism of toxicity amelioration by kinetin[J]. Scientia Horticulturae, 2014, 176: 1-10.

[220]GOMES M P, DUARTE D M, CARNEIRO M M L C, et al. Zinc tolerance modulation in Myracrodruon urundeuva plants[J]. Plant Physiology and Biochemistry, 2013, 67: 1-6.

[221]ZONG H, LI K, LIU S, et al. Improvement in cadmium tolerance of edible rape (*Brassica rapa* L.) with exogenous application of chitooligosaccharide[J]. Chemosphere, 2017, 181: 92-100.

[222]范媛媛,袁妙森,邓梅峰,等.高浓度氮、磷胁迫对伊乐藻SOD、POD和CAT活性的影响[J].氨基酸和生物资源,2007,29(3):38-41.

[223]LUHERNE E L, REVEILLAC E, PONSERO A, et al. Fish community responses to green tides in shallow estuarine and coastal areas[J]. Estuarine, Coastal and Shelf Science, 2016, 175: 79-92.

[224]ALSTYNE K L V. Seasonal changes in nutrient limitation and nitrate sources in the green macroalga *Ulva lactuca* at sites with and without green tides in a northeastern Pacific embayment[J]. Marine Pollution Bulletin, 2106, 103: 186-194.

[225]张新鑫,肖健雄,高燕琦.青岛太平角岩相潮间带大型海藻群落初步调查[J].河北渔业,2016(8):32-36.

[226]金松,韩震,刘瑜.一种区分浒苔和马尾藻的遥感方法[J].遥感信息,2016,

31(2):44-48.

[227]SONG W, PENG K Q, XIAO J, et al. Effects of temperature on the germination of green algae micropropagules in coastal waters of the Subei Shoal, China[J]. Estuarine, Coastal and Shelf Science, 2015, 163: 63-68.

[228]LIU F, PANG S J, CHOPIN T, et al. Understanding the recurrent large-scale green tide in the Yellow Sea: Temporal and spatial correlations between multiple geographical, aquacultural and biological factors[J]. Marine Environmental Research, 2013, 83: 38-47.

[229]SHI X Y, QI M Y, TANG H J, et al. Spatial and temporal nutrient variations in the Yellow Sea and their effects on *Ulva prolifera* blooms[J]. Estuarine, Coastal and Shelf Science, 2015, 163: 36-43.

[230]LI H M, ZHANG Y Y, TANG H J, et al. Spatiotemporal variations of inorganic nutrients along the Jiangsu coast, China, and the occurrence of macroalgal blooms (green tides) in the southern Yellow Sea[J]. Harmful Algae, 2017, 63: 164-172.

[231]SHANG B, FENG Z Z, LI P, et al. Elevated ozone affects C, N and P ecological stoichiometry and nutrient resorption of two poplar clones[J]. Environmental Pollution, 2018, 234: 136-144.

[232]李学刚,宋金明,牛丽凤,等.近海沉积物中氮磷的同时测定及其在胶州湾沉积物中的应用[J].岩矿测试,2007,26(2):87-92.

[233]徐沙,龚吉蕊,张梓榆,等.不同利用方式下草地优势植物的生态化学计量特征[J].草业学报,2014,23(6):45-53.

[234]PLETT D C, HOLTHAM L R, OKAMOTO M, et al. Nitrate uptake and its regulation in relation to improving nitrogen use efficiency in cereals[J].Seminars in Cell & Developmental Biology, 2018, 74: 97-104.

[235]ZHANG Q F, TANG D D, LIU M Y, et al. Integrated analyses of the transcriptome and metabolism of the leaves of albino tea cultivars reveal coordinated regulation of the carbon and nitrogen metabolism[J].Scientia Horticulturae, 2018, 231: 272-281.

[236]邵魁双,巩宁,李珂,等.缘管浒苔和羽藻氮、磷营养生理学研究[J].海洋学报,2011,33(3):131-139.

[237]FONG P, FONG J J, FONG C R. Growth, nutrient storage, and release of dissolved organic nitrogen by *Enteronmorpha intestinalis* in response to pulses of nitrogen and phosphorus[J]. Aquatic Botany, 2004, 78: 83-95.

[238]戴丰瑞.构树各器官及不同部位氮、磷、钾含量和干物质积累动态研究[J].河南农业大学学报,1995,29(3):211-216.

[239]龙岳林,王奎武,许春英,等.水仙生长期氮、磷、钾含量的动态变化[J].湖南农业大学学报,1997,23(3):234-237.

[240]孙其宝,孙俊,俞飞飞.果梅不同物候期氮、磷、钾含量变化规律及特征[J].中国农学通报,2004,20(4):232-235.

[241]BULGARELLI G B, MARCOS F C C, RIBEIRO R V, et al. Mycorrhizae enhance nitrogen fixation and photosynthesis in phosphorus starved soybean (*Glycine max* L. Merrill)[J]. Environmental and Experimental Botany, 2017, 140: 26-33.

[242]CÏÂŌZÏKOVA H, BAUER V. Rhizome respiration of *Phragmites australis*: Effetcs of rhizome age, temperature, and nutrient status of the habitat[J]. Aquatic Botany, 1998, 61: 239-253.

[243]LI M Z, LI L, SHI X G, et al. Effects of phosphorus deficiency and adenosine 5'-triphosphate (ATP) on growth and cell cycle of the dinoflagellate *Prorocentrum donghaiiense*[J]. Harmful Algae, 2015, 47: 35-41.

[244]刘寒寒,钟文,张可炜.低磷胁迫对玉米自交系齐319和其突变体齐319-96叶片光合作用、叶绿素荧光特性的影响[J].中国农学通报,2014,30(27):21-28.

[245]卢闯,逄焕成,赵长海,等.水分胁迫下施磷对潮土玉米苗期叶片光合速率、保护酶及植株养分含量的影响[J].中国生态农业学报,2017,25(2):239-246.

[246]HU Z Q, WANG P J, LI J. Ecological restoration of abandoned mine land in China[J]. Journal of Resources and Ecology, 2012, 3(4):289-296.

[247]李恒,李美真,曹婧,等.温度对几种大型海藻硝氮吸收及其生长的影响[J].渔业科学进展,2013,34(1):159-165.

[248]王翔宇,吴海一.浒苔的营养盐吸收及生长特性研究[J].广西科学院学报,2015,31(4):243-246,252.

[249]LIN Q, HU C M, XING Q G, et al. Long-term trend of *Ulva prolifera* blooms in the western Yellow Sea[J]. Harmful Algae, 2016, 58: 35-44.

[250]HUO Y Z, HUA L, WU H L, et al. Abundance and distribution of *Ulva* microscopic propagules associated with a green tide in the southern coast of the Yellow Sea[J]. Harmful Algae, 2014, 39: 357-364.

[251]LIU Q, YU R C, YAN T, et al. Laboratory study on the life history of bloom-forming *Ulva prolifera* in the Yellow Sea[J]. Estuarine, Coastal and Shelf Science, 2015, 163(Part A): 82-88.

第四章　海洋生态系统服务功能评价

无论是海洋生态系统的保护,还是其恢复,都涉及以下几个基本的问题:①为什么要保护与恢复?一般情况下,生态系统的服务功能下降了,或者其应有的功能得不到有效发挥时,才需要对原有的生态系统进行恢复。②如何评估保护或恢复的效果?一般情况下,看生态系统的服务功能是否得以恢复或提升。③如何维持生态系统保护或恢复的效果?一般情况下,是对生态系统进行适应性管理,并采取生态补偿的模式,解决代际、区域间等的利益分配问题。这些都需要对生态系统的服务功能进行评估。本章将对相应的问题进行讲解。

第一节　海洋生态系统服务功能的内涵

生态系统的服务功能因研究者的关注点不同而有不同的划分,但从本质上看,生态系统的供给、调节、文化和支持功能是生态服务功能的主体。从广义上讲,人类从生态系统中所获得的所有服务都属于生态系统的服务功能,但生态系统的服务概念更强调生态系统对人类的正向作用[1]。当这种作用的正向性降低时,人类对生态系统的作用就逐渐演变为对生态系统的服务功能的损害[2]。普遍的观点认为,海洋生态系统及其生态过程所提供的、人类赖以生存的自然环境条件及其效用可称为海洋生态系统服务功能[3],它包括海洋供给服务、海洋调节服务、海洋文化服务、海洋支持服务四个部分(见表 4-1),各个部分所包含的服务内容,因研究者或评价者的出发点不同而有差异,进而归属到不同的服务功能类型[4,5]。

表 4-1　海洋生态系统服务功能

功能类型	服务内容
供给服务	食品供给、原材料(工、农、医药等行业)供给、基因供给、空间供给(物流航运空间等)等
调节服务	气候调节(热能调节、碳汇功能等)、空气质量调节(大气干湿沉降、水-气界面的交换等)等
文化服务	休闲娱乐、健身与探索、教育等
支持服务	初级生产力、次级生产力、新生产力、物质循环、生物多样性的生境等

第二节　海洋生态系统服务功能价值评估方法

尽管海洋生态系统服务功能的类别多样,且有直接利用价值、间接利用价值、选择价值和存在价值之分[6],但其本质都是人类对这些所谓价值的支付意愿,因而其评估必须具有科学依据,既要掌握生态系统的结构及生态过程,又要具有代际、区域间的可比性,尤其是在生态恢复工程实施的评估中,因为生态恢复工程的另一个社会学内涵涉及资源的再分配。目前,常用的评估方法有以下几种:

一、市场价值法

通过实际市场价格度量其服务功能价值[7],这种方法主要用于生态系统直接利用价值的度量,如生物产出的价值等的评估等。随着间接利用价值的市场化,如碳交易的提出,生态系统的气候调节功能具有了市场化的性质,其评估也可以用市场价值法[8]。

二、机会成本法

当面临众多选择时,做出一个抉择,就意味着放弃了其他可以选择的,在放弃的选择项中,价值最大项的价值就是做出这个选择的机会成本。通过机会成本来估算某项生态服务价值的方法叫机会成本法。这种方法在本质上是一种间接的替代方法,即如果这个生态系统用作他途,其所能产生的最大价值就是该生态系统以机会成本法估算的服务价值[9]。例如,一个滨海的鳗草海草床如果不加以维持,而是将其改造为仿刺参养殖塘、围填海而使其成为商品房用地等,且其中围填海而改造为商品房用地的价值最大,那么该海草床的服务功能的价值就可以估算为因放弃围填海而改造为商品房用地所损失的价值。

三、费用分析法

这种方法常用于生态系统间接利用价值的评估,又包括影子工程法(或影子价格法）、恢复费用法、防护费用法、替代花费法、旅行费用法等。

（一）影子工程法

影子工程法是一种间接评估生态系统服务功能价值的方法，原指某个区域的环境遭到破坏或污染以后，可以人工建造另一个环境来替代原来环境的作用，从而用建造这个人工环境所需的费用来估算环境遭到破坏或污染造成的经济损失的方法[10]。影子工程法多用于评估不可以用实物产品的形式体现其价值的服务功能，如生态系统的水质净化、大气调节等间接利用价值[11,12]。

（二）恢复费用法

恢复费用法是指通过计算恢复被破坏的土壤、森林、植被等自然资源所必需的花费[13]，也就是环境等遭到了破坏以后，将其恢复到原有的水平需要花费的费用，来评估这个待评估的生境的服务功能价值的方法。一般直接将该方法应用于生态补偿标准及额度的制定[14]、环境污染的损失评估[15]，以及生态系统的修复费用估算等[16]。从本质上来讲，这种评估方法是从生态服务功能损失的角度间接评估其价值。

（三）防护费用法

生态系统往往具有净化的功能，与其相反的则是人类活动对环境的污染，这些功能在大多数情况下也不能直接进行市场交易，但预防环境受到破坏、遭受污染需要防护费，利用防护费评价服务功能价值的方法称为防护费用法[17,18]。这种方法简单易行，是评价生态系统服务功能的重要方法。

（四）替代花费法

某些生态系统的环境效益或服务功能不能直接进行市场交易，但具有相同环境效益或服务功能的替代品有市场价格，通过估算替代品的花费而代替这些环境效益和服务功能的价值，这种方法就是替代花费法[19]。例如，湿地涵养水分功能的价值可以用修建同等蓄水功能的水库的价值估算[20]，但遗憾的是，很多生态功能并没有恰当的工程技术可以实施或找到恰当的替代品。

（五）旅行费用法

生态系统的游憩价值也不可以直接进行市场交易，因此，难以直接估算这类服务功能的价值。目前，多采用所谓的"旅行费用法"或"旅行成本法"来对其加以评价，这在滨海湿地、海洋牧场的游憩价值评估中得到了广泛的应用[21,22]。这种评估方法的基本构想是游客选择一个游憩景区，虽不用支付或只需支付很低的门票，但前往景区需支付一定的费用,如交通费、食宿费、娱乐费等,且需要付出时间,这些货币支出和时间成本即被视为自然旅游资源的隐含价格[23]。该方法主要的技术问题是如何设计问卷,以实现人们对拟评估区域旅游意愿的调查。

（六）条件价值法

条件价值法以一个假想市场为基础,通过问卷调查等手段,获得调查对象对评估对象的支付意愿或者受偿意愿,进而评估具有非使用价值,且无法按照市场价格评价其价值的服务功能,如生态系统多样性及物种多样性等支持服务功能的价值[24]。其中的问卷调查多采用分层抽样和非概率抽样相结合的抽样方法,在获得调查数据以后,需要按照一定的统计学规则对数据进行删减,并多采用克隆巴赫系数等表征调查的可信度[25]。

当然,所有的服务功能价值评估的基础都是资源核算评估体系的构建,并以可持续思想为基本的指导思想。在评估中,多以货币的形式体现价值,但货币的多元化,汇率、利率等问题,使以货币结算的服务功能评估具有自身的局限性,为此人们提出了基于能值理论的价值评估,并在多种生态系统的服务功能评价中加以应用[26]。

在科学研究层面,生态系统服务功能的评价方法众多,但在实际的工程评估中,需要按照相关的规范进行评估,如《建设项目对海洋生物资源影响评价技术规程》《海洋生态资本评估技术导则》等。

🔍 思考题

1.简要叙述环境资源核算和生态服务功能评价的异同。
2.能值法的基本理论依据是什么?
3.简要叙述绿色会计和生态服务功能评价的异同。

参考文献

[1]张朝晖,周骏,吕吉斌,等.海洋生态系统服务的内涵与特点[J].海洋环境科学,2007,26(3):259-263.

[2]蔡宣琨,郝丽虹.生态系统服务功能损害调查与价值量化方法研究[J].能源与节能,2021(1):76-77,82.

[3]李铁军.海洋生态系统服务功能价值评估研究[D].青岛:中国海洋大学,2007.

[4]陈美田.上海海洋生态系统服务功能及价值的时空变化和影响因素研究[D].上海:华东师范大学,2019.

[5]康旭,张华.近海海洋生态系统服务功能及其价值评价研究进展[J].海洋开发与管理,2010,27(5):60-64.

[6]欧阳志云,王如松,赵景柱.生态系统服务功能及其生态经济价值评价[J].应用生态学报,1999,10(5):635-640.

[7]马元,王江萍,任亚鹏.河流价值综合认知与评价——以武汉市为例[J].绿色科技,2020(10):269-273,287.

[8]张娟,陈钦.森林碳汇经济价值评估研究——以福建省为例[J].西南大学学报,2021,43(5):121-128.

[9]唐蓉,刘金福,旷开金,等.自然保护区生态系统服务价值构成及价值评估方法[J].武夷科学,2014,30:135-140.

[10]陈嫚莉.陕西省水环境污染经济损失分析与预测[J].环境保护与循环经济,2018,38(11):49-53.

[11]侯思琰,徐鹤,刘德文.七里海湿地生态服务功能价值评估[J].海河水利,2021(3):24-27.

[12]汪金梅,吴松钦,崔鹏,等.五马河流域森林生态系统服务价值评估[J].贵州师范大学学报,2019,37(4):49-55.

[13]周信君,罗阳,张蓝澜.基于生态环境损害的环境成本核算研究[J].商业会计,2019(19):87-90.

[14]钟华.渭河流域水资源保护的生态补偿标准研究[D].咸阳:西北农林科技大学,2009.

[15]罗婷,郑明贵.基于恢复费用法的离子型稀土矿山土壤环境成本量化研究[J].稀土,2019,40(6):133-143.

[16]李媛媛.矿山生态恢复与补偿费计算方法研究[D].长春:吉林大学,2009.

[17]鲍秋萍.农业非点源污染氮、磷负荷估算及经济损失评估——以福建省2010年农业非点源污染为例[J].福建工程学院学报,2012,10(6):621-624.

[18]张瑞娟.铁路选线环境影响量化分析计算方法及应用研究[J].兰州工业学院学报,2014,21(5):64-67.

[19]关鹏.辽宁省湿地生态系统服务价值评价[D].兰州:甘肃农业大学,2008.

[20]赵润,董云仙,谭志卫.程海流域生态系统服务功能价值评估[J].环境科学导刊,2014,33(4):19-23.

[21]宋婷,吕田田,冯朝阳,等.辽河保护区典型湿地红海滩国家风景廊道景观游憩服务价值评估[J].环境工程技术学报,2020,10(4):572-578.

[22]于亚群,田涛,尹增强,等.獐子岛人工鱼礁区游憩价值的初步评估[J].中国渔业经济,2017,35(1):74-81.

[23]刘鸿铭,韩莉,杜潇.采用个人旅行费用法的计数模型评估农地的游憩价值[J].国土资源科技管理,2019,36(4):66-78.

[24]郝林华,陈尚,王二涛,等.基于条件价值法评估三亚海域生态系统多样性及物种多样性的维持服务价值[J].生态学报,2018,38(18):6432-6441.

[25]林丽莉,许克祥,廖军,等.传统康复手法教学中"实训过程评价量表"的信度研究[J].康复学报,2017,27(6):50-53.

[26]NADALINI A C V, KALID R D A, TORRES E A. Emergy as a tool to evaluate ecosystem services: A systematic review of the literature[J]. Sustainability, 2021,13(13):1-14.

第五章 海洋生态系统健康评价

生态系统是否需要恢复,在很大程度上取决于其健康水平。健康的生态系统不需要恢复。此外,恢复后的生态系统应当处于健康的状态。因此,生态系统健康评价既是生态恢复工程必要的决策依据,也是对生态恢复工程的效果进行评价的依据,它体现了生态系统服务功能利用、生态恢复工程效果维持等层面的可持续性的思想。

第一节 生态系统健康评价的内涵

研究者对生态系统进行了拟人化,提出了生态系统健康的概念。有研究者认为生态系统健康是指生态系统没有病痛反应、相对稳定且可持续发展,具有活力并能维持其组织及自主性,在外界胁迫下能够恢复[1-5],主要涵盖生态系统自我平衡、没有病征、多样性、有恢复力、有活力和能够保持系统组分间的平衡等几个层面[6,7]。依据这些表述,可以认为健康生态系统是生物群落与其所处的无机环境之间相互作用的良性循环。诚如本书第一章所述,到目前为止,尚未有一个公认的生态系统健康概念,所谓"生态系统健康"更为确切的说法应当是生态系统健康的思想或是理念。尽管对生态系统健康的表述不尽相同,但研究者都强调了生态系统的恢复能力,而恢复力本身是一种生态系统对干扰的反馈。也如本书的第一章所述,尽管生态系统健康的概念并未得到统一,但是生态系统健康的思想得到了国际社会、社会各阶层的广泛关注。此外,人们普遍认为健康的生态系统具有可持续发展的能力,因此,生态系统健康的概念和可持续发展的理念紧密相连。可持续发展的内涵使得生态系统健康和人类利益、生态系统内部价值(或非使用价值)的可持续性紧密相关。

不同的生态伦理学思想对生态健康的认知存在巨大差异。一方面,这导致生态系统健康状态评价体系的构成有差异;另一方面,这导致设定的生态系统恢复目标存在巨大差异。其中,人类中心主义者认为只有人类才有内在价值,人类以外的生物等仅有外在价值,人与自然界之间不存在伦理关系,自然物的价值是人与人之间关系的体现,生态系统健康是人类福利的最大化状态；感觉主义者主张有知觉、有意识、能够感受痛苦或快乐的所有动物都具有内在价值，生态系统健康是所有具有感知能力的生物体或者所有生命体作为整体的福利最大化状态，人类的利益只是其中的一部分；生物中心个体主义者则主张所有生命体都具有内在价值，这些生命体在伦理道德上是具有同等重要性的实体，人类没有权力为了自己的利益而损害其他物种的利益；整体论者主张将一个系统，例如生态系统的整体，作为具有内在价值的实体，生态系统健康是生态系统本身（包括生命与非生命组分）福利的最大化，他们认为为了实现生态系统整体的福利最大化，可以牺牲其组分（包括人类）的利益[8]。因此，生态伦理的出发点不一致，生态系统健康的内涵也不一致。

海洋生态系统健康是生态系统健康理念在海洋生态系统中的体现，它和"生态系统健康"这一概念一样，目前并没有一个确切、统一的定义。一般认为健康的海洋生态系统具有保持其自然属性、维持生物多样性和关键生态过程稳定并持续发挥其服务功能的能力[9]。可见，海洋生态系统的生态健康强调的是海洋生态系统的稳定性、自我平衡能力和服务功能的正常发挥。

第二节　海洋生态系统健康评价

生态系统的健康评价方法一般包括指示物种评价法和指标体系评价法。这两种方法同样适用于海洋生态系统的健康评价。在我国，进行生态系统的健康评价或者生态系统的恢复效果评价等时，如果评价工作具有强制性的要求，就需要按照国家或地区、行业健康评价指南进行，如国家海洋环境监测中心颁布的《近岸海洋生态健康评价指南》就是规范近岸海洋生态系统健康评价的法规。但对于海洋生态系统健康的定义并未形成定论，对于海洋生态健康的内涵等仍然存在分歧。进行生态系统健康评价需要构建合理参照系，而在海洋生态系统中构建评价参照系比在陆地生态系统中更为困难，因为海洋生态系统的边界更难以确定，其内部生态过程的复杂性更甚。例如，海洋既可以通过地下水和陆地联系，也可以由地表径流和陆地相关联，这意味着难以利用一些简单易测的指标来反映其健康状态。此外，海洋生态系统的自净、生态或环境承载力等判断方法、定义等也存在很大争议。海洋生态系统的复杂性进一步导致构建海洋生态系统健康综合评价指标体系相当困难。因此，需要进一步加强对海洋生态系统健康评价的研究，不断完善相应的评价体系。事实上，我国适用的《近岸海洋生态健康评价指南》就在不断更新，目前有 2005 年版、2018 年版和 2021 年征求意见稿等。

一、指示物种评价法

该方法是生态系统健康监测与评价的常用方法，如大花金鸡菊（*Coreopsis*

grandiflora)可以指征生态系统被生物入侵或处于退化状态[10],狼毒花(*Stellera chamaejasme*)指示草原生态系统的退化[11]。在海洋生态系统中通常也采用生物监测法来监测生态系统健康,如多毛类常用于有机污染作用下的生态系统的健康监测,被认为是有机污染的指示种[12]。在海洋生物群落结构演替规律的基础上发展出了基于丰度生物量曲线(abundance biomass curves,ABC 曲线)的生态系统健康评价[13]。这些方法存在一些共性问题,如生物对环境的污染做出的响应往往是非线性的[14],甚至这些响应会出现混沌现象[15],即生物个体或生物群落对外界胁迫的响应类型或程度有很大的不确定性[16]。因此,很难筛选出具有普适意义的生物指示种。此外,即便可以筛选出相应的生物指示种,建立其生理生态特征变化参数和生态系统健康之间的关系也非常困难。

二、指标体系评价法

这类方法所依据的评价指标体系既包括基于生态系统自身特点的指标体系,如生产力、初级生产力和次级生产力之间的比值、生物多样性指数、恢复时间、生态系统所能承受的最大胁迫、生态缓冲量、生态承载力等;也包括含有人类活动的指标体系,如河道的治理、保护区的建立、法律法规的制定等。在研究人类活动对生态系统的影响时,人类活动可以是直接指标,如压力-状态-响应模型中响应部分指标体系中的人类活动就是直接指标[17];也可以作为间接指标,如在河北曹妃甸海洋生态系统健康评价中[18],湿地面积的减少在很大程度上反映的是人类活动,本质上它是将人类活动视为一个间接指标。

生态系统健康评价的方法多样,所采用的指标体系也多种多样。尽管指标体系间存在差异,指标体系的选择都要遵从以下基本原则:①科学性原则,即筛选的评价指标要具有科学依据,这个科学依据可以是生物生态毒理学依据,也可以是生态系统的生物种群的种群动力学、群落或系统演替的基本科学规律等;②整体性原则,即海洋生态系统的各个过程之间、各个要素之间相互关联,单一指标或生态过程难以描述系统的状态或演替趋势,在选择生态系统健康评价指标体系时要基于生态学的视角,以系统的观点选择指标体系;③代表性原则,即生态系统健康评价的目的是掌握生态系统的现状,了解生态系统的发展趋势,评价生态系统恢复的效果,这就需要评价指标具有可操作性,而要满足可操作性的要求就需要在复杂的生态系统的组织、生态过程中筛选出关键性的指标;④规范性原则,即选择的指标要具有可比性、可行性,也即需要具有一定的规范性。

三、海洋生态系统健康评价的实践

(一)基于压力-状态-响应模型的海洋生态系统健康评价

该评价方法充分考虑了人类的主观能动性,被广泛用于生态系统脆弱性、生态承载力和可持续性评价等。压力-状态-响应模型一般可以将评价指标体系分为目标层、子系统、准则层和指标层等部分(见表 5-1),其中的指标层是具体的测定指标[19,20]。当然,这

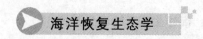

些指标体系所属的层级并不固定,其范畴和归属都可以根据需要进行相应的调整。

表 5-1　海洋牧场生态系统健康评价的指标体系

目标层	子系统	准则层	指标层
海洋牧场生态系统健康	压力指标	海岸带开发	捕捞强度
			养殖规模
			旅游开发
		陆源污染	COD 排放量
			TN 排放量
			TP 排放量
			污染综合指数
	状态指标	生物多样性	滩涂生物多样性
			游泳生物多样性
			底栖生物多样性
			浮游生物多样性
		群落结构	滩涂生物量
			游泳生物生物量
			底栖生物生物量
			浮游生物生物量
			优势种数量
			鱼卵及子稚鱼密度
		环境因素	温度
			pH
			溶解氧
			COD
			活性磷酸盐
			TN
			Chl a 浓度

续表

目标层	子系统	准则层	指标层
海洋牧场生态系统健康	响应指标	生态效益	环境改善和生态修复程度
		经济响应	人均 GDP
			GDP 增长率
			海洋经济比重
		政策措施	政策法规贯彻力度
			海洋牧场建设投入
			海洋牧场管理

构建了评价指标体系后,一般要进行如下计算,从而开展生态系统健康评价:

(1)数据的标准化处理。观测各个指标的量纲,如果量纲的差别不大,可以直接利用原始数据进行计算。但这种情形很少,例如表 5-1 所列出的各个指标的量纲的差别很大。量纲存在大的差别时,需要对原始数据进行标准化处理。标准化处理的方法很多,一般可以采用如下公式进行处理:$X_i = \dfrac{x_i - x_{\min}}{x_{\max} - x_{\min}}$。其中,$X_i$、$x_i$、$x_{\max}$ 和 $x_{\min}$ 分别为相应指标 i 下的观测值的标准化数值、观测值、最大观测值及最小观测值。

(2)指标等级划分。依据评价的需求,可以将各个指标划分为 2～5 个等级。这里以划分为病态、不健康、亚健康、健康和很健康 5 个等级为例进行说明,每个等级的取值范围为:对于有相关国家标准的指标,参考国家一类、二类、三类和四类以及劣四类海水或沉积物的极限值,并划分对应的等级,这些指标有无机氮、无机磷、溶解氧、COD 等;对于没有国家详细参考标准的指标,参考其临界标准或者相关文献。这些等级划分的基本原则是中庸思想,平均的是状态良好的。当然,在等级划分的过程中需要区分正向指标和负向指标:正向指标即指标值越大越好的指标,如养殖产值的年增长率、初级生产力、多样性指数等;负向指标即指标值越小越好的指标,如人口密度、养殖面积所占比例、无机氮、无机磷等。

(3)指标权重的确定。采用层次分析法、熵值法等,确定各个指标的权重。

(4)综合健康指数的计算。按照 $I_H = \sum_{i=1}^{n} w_i \times R_i$,计算综合健康指数。其中,$I_H$ 和 w_i 分别是综合健康指数、指标 X_i 的权重,而 R_i 为相应的等级。

(5)生态健康水平的判断。根据计算的得分和对应的健康划分标准,得到相应的评价结论[21]。为防止临界值对评价结论产生影响,可以采用模糊隶属度的方法获得评价结论。

（二）综合指标的直接计算评价方法

我国现行的《近岸海洋生态健康评价指南》就使用了这一方法[22]。该方法的基本思想是：认为健康的生态系统有能力供养并维持一个平衡、完整、与环境相适应的生物群落。在选择好评价指标体系后，按照公式 $I_H = \sum_{i=1}^{n} w_i \times R_i$ 进行计算和评价。正是利用这种方法，海南西瑁洲岛周边海域造礁石珊瑚生态系统健康[23]、莱州湾西部海域海洋生态系统健康[24]才得以评价。在利用这种方法进行评价时，其计算过程和上述基于压力-状态-响应模型进行生态系统健康评价的过程基本一致。

思考题

1.压力-状态-响应模型的优缺点有哪些？
2.从生态系统健康内涵的视角，谈一谈海洋生态恢复工程目标的确定。

参考文献

[1] RAPPORT D J. What constitute ecosystem health? [J]. Perspectives in Biology and Medicine, 1989, 33: 120-132.

[2] CECH J J, WILSON B W, CROSBY D G, et al. Multiple stresses in ecosystems [M]. Boston: Lewis Publishers, 1998.

[3] RAPPORT D J, GAUDET C L, CALOW P. Evaluating and monitoring the health of large-scale ecosystems [C]. Berlin: Springer-Verlag, 1995.

[4] KRISTIN S. Ecosystem health: A new paradigm for ecological assessment? [J]. Trends in Ecology & Evolution, 1994, 9(12): 456-457.

[5] RAPPORT D J, COSTANZA R, MCMICHAEL A J. Assessing ecosystem health[J]. Trends in Ecology & Evolution, 1998, 13(10): 397-402.

[6] COSTANZA R, NORTON B G, HASKELL B D. Ecosystem health: New goal for environmental management [C]. Washington: Isalnd Press, 1992.

[7] JRGENSEN S E. A systems approach to the environmental analysis of pollution minimization [M]. New York: Lewis Publishers, 1999.

[8] 张志诚, 牛海山, 欧阳华. "生态系统健康"内涵探讨[J]. 资源科学, 2005, 27(1): 136-145.

[9] 张朝晖, 周骏, 吕吉斌, 等. 海洋生态系统服务的内涵与特点[J]. 海洋环境科学,

2007,26(3):259-263.

[10]毕巍巍,徐萌,韩东洋,等.大花金鸡菊入侵对植物多样性的影响[J].草业科学,2013,30(5):687-693.

[11]李文华.狼毒花[J].中学地理教学参考,2018(11):44.

[12]ABU H M K, KOHINOOR S M S, SIDDIQUE M A M, et al. Composition of macrobenthos in the Bakkhali channel system, Cox's Bazar with notes on soil parameter [J]. Pakistan Journal of Biological Sciences, 2012, 15(13): 641-646.

[13]李晴新.天津及附近海域海岸带生态系统健康评价研究[D].天津:南开大学,2010.

[14]葛长字,刘云松,柴延超,等.双齿围沙蚕过氧化歧化酶活性对复合污染的不确定性响应[J].渔业现代化,2016,43(1):7-12.

[15]王洪礼,沈宇航,葛根.海洋浮游生态系统模型的稳态非线性动力学研究[J].海洋通报,2009,28(5):97-101.

[16]KALANTZI I, KARAKASSIS I. Benthic impacts of fish farming: Meta-analysis of community and geochemical data[J]. Marine Pollution Bulletin, 2006, 52(5): 484-493.

[17]赵莉莉,范勋承,何东进.海岸带生态系统健康评价——以宁德市海洋生态特别保护区为例[J].安徽农业科学,2020,48(24):71-74.

[18]梁淼,孙艳丽,鞠茂伟,等.曹妃甸近岸海域海洋生态系统健康评价[J].海洋开发与管理,2018,35(8):44-50.

[19]王森,李九奇,侯艳伟,等.基于PSR模型的海洋牧场生态系统健康评价指标体系构建[J].河北渔业,2020(4):28-31,60.

[20]谢玲,李海燕,徐华兵,等.深澳湾海水养殖生态系统健康评价[J].生态学杂志,2014,33(5):1233-1242.

[21]徐晓甫,王群山,郑德斌,等.天津牡蛎礁特别保护区生态系统健康研究[J].水力发电学报,2018,37(3):69-77.

[22]国家海洋局.近岸海洋生态健康评价指南:HY/T 087—2005[S].北京:中国标准出版社,2005.

[23]吴钟解,张光星,陈石泉,等.海南西瑁洲岛周边海域造礁石珊瑚空间分布及其生态系统健康评价[J].应用海洋学学报,2015,34(1):133-140.

[24]杨建强,崔文林,张洪亮,等.莱州湾西部海域海洋生态系统健康评价的结构功能指标法[J].海洋通报,2003,22(5):58-63.

第六章　海洋生态恢复的决策

经济、技术、文化以及社会制度的差异,使得人类对生态系统的健康现状和发展趋势有不同的保护、治理预期,即有不同的规划目标。生态恢复中的规划目标的制定要适应上述影响要素。由生态系统自身的演替规律可知生态系统本身有一定的恢复能力,这种恢复能力可以用生态系统弹力、恢复力等表征。盖娅假说(Gaia hypothesis)本质上就是对生态系统自我恢复能力的表述[1],比如不断爆发的石莼属大型藻类大量增殖而形成的绿潮被认为是海洋生态系统针对不断增加的营养盐负荷及其不合理的营养盐结构的自我修复行为。

因此,生态系统的恢复存在两种方法:①以自然之力恢复自然[2];②人工修复或重建生态系统。其中,以自然之力恢复自然强调并依靠生态系统自我演替的能力,但并非放任生态系统自我更新而不进行人类干预。

第一节　以自然之力恢复自然

在很长的一段时间内,城市河道治理都采用硬化河床的方式。随着对污染物进入河道后的自净过程的认识的加深,人们不再使用硬化河床的方式,而是利用自然河床进行污染物的治理。这主要就是通过以自然之力恢复自然的方式进行河道的治理。以自然之力恢复自然的理念的关键在于构建系统整体恢复力,其理论基础是生态演替螺旋式上升理论[3]:所有生态系统均处于演替状态,无外力破坏或生态系统内在生理机制的反作用超过外力的破坏作用时,生态系统发生进展演替,否则进行逆行演替。其中,植被所在的空间生态位、时间生态位和信息生态位的内在生理机制决定系统演替的方向和趋势。一个气候区内只有一个气候顶极,但顶极并非终极,当群落演替达到顶极后,由于顶极群落内生理机制的局限,群落最终要回到原来的某一演替阶段,重新产生新的生物群落。这种往复不是简单的回归,随群落对环境的改造作用更加强烈,群落继续向气候顶极演替,也可能产生新的气候顶极,这样循环往复以至无穷,使生物多样性不断提高,群落生产力不断提高,群落对环境的改造作用越来越强,这是一个螺旋式上升的过程。当进行逆行演替时,在外力破坏作用停止或群落内生理机制的反作用超过外力破坏作用时,群落就马上进行进展演替,进入上述的演替循环状态。这种生态系统的恢复力是以自然之力恢复自然的重要基础[4],过火后的森林恢复、撂荒地的植被恢复等都验证了这个基本理论。

一、陆地生态系统的以自然之力恢复自然

在陆地生态系统中,以自然之力恢复自然的生态修复主要有草原禁牧、封育禁牧、封山禁牧、禁牧休牧、围栏禁牧、围封禁牧、封山育林等。当然,为了实现以自然之力恢复自然的成效的可持续性,人类通常会改变拟修复区的土地利用格局或是生产模式,如改放牧为圈养、改大牲口养殖为禽类养殖,或是将放养的牛羊等大牲口的规模控制在区域的生态承载力(载畜量)之下。生态承载力的确定往往要充分考虑陆地生态系统初级生产力的维持、牲畜的生长性状、适口饵料供应之间的关系[5]。

二、水域生态系统的以自然之力恢复自然

对水域生态系统的关注点主要集中在渔业资源的开发、利用及管理,因此,水域生态系统的自然恢复主要体现为渔业资源的恢复。渔业资源衰竭的主要原因包含过度捕捞、气候变迁、环境污染以及栖息地丧失四类。其中,过度捕捞造成的捕捞死亡被普遍认为是渔业资源衰竭的主要原因,因此,控制捕捞努力量、降低捕捞死亡率是恢复渔业资源的普遍措施。普遍实行的渔业资源管理制度,无论是出口管理还是入口管理,其核心都是降低渔业资源的捕捞死亡量(率)。理论上,降低渔业资源的捕捞死亡可以增加渔业资源的现存量。二战期间,全球渔业资源的数量因捕捞努力量的降低而得以提升就是一个有力证据。

为修复渔业资源,休渔禁渔制度是《中华人民共和国渔业法》确定的保护水生生物资源的一项重要措施,包括禁渔期、禁渔区以及渔业资源保护区等,其本质都是控制一定时空范围内的渔业资源的捕捞死亡率。随着渔民社会机会成本的增长,渔民就业不再是渔业资源养护所考量的重点,自2021年1月1日起在长江干流和重要支流除水生生物自然保护区和水产种质资源保护区外的天然水域进行为期10年的禁渔,未经许可,任何组织和个人不得进入禁渔水域进行渔业资源的生产性捕捞,严禁在天然水域从事违规养殖等。这些禁渔制度本质上是以自然之力恢复渔业资源。当然,渔业资源的以自然之力恢复自然的成效至少还取决于渔业资源本身的现存量、依赖渔业生存的渔民的社会机会成本。在渔民的社会机会成本为零的情况下,渔民采用正的时间偏好开发利用渔业资源是无可厚非的。因此,在实施禁渔尤其是长时间的禁渔制度时,需要对生计渔民进行技能培训以提高其社会机会成本,并从国家制度层面进行转产转业等的引导,推行生态补偿制度等。

第二节　人工修复/自然恢复的决策

区域是否要进行生态恢复,取决于该区域的健康状态(往往以生态系统健康、生态系统脆弱性、生态系统完整性以及其他生物群落或是环境要素指标表示)。如果区域的健康状态良好,则不需要进行恢复;否则,需要运用技术经济学评价等手段,判断是需要进行以人工干预为主的人工修复还是以自然之力为主的自然恢复。如果生态系统具有足够的弹力,在受到生态胁迫后,能够很快恢复,则不需要进行人工干预。当然,这种恢复的快慢取决于系统自然恢复的时间和人们期望生态系统达到某种状态所需要的时间之间的对比。如果生态系统自然恢复的时间完全在预期的时间之内,就没有必要进行生态系统的人工修复,因为生态系统以及系统内的生物群落、理化因素等的变换都具有很大的时空差异性、不确定性[6]。因此,生态系统健康状态调查及其评价、影响评价等是生态恢复工程实施的基本前提。

一、理想参照系的确定

评估生态系统的生产服务能力、抗干扰能力、对人类生存和社会发展的承载能力等是生态修复的重要一环,所有的修复工作都必须建立在对生态系统正确评估的基础上。现有评估体系缺乏科学的评估标准,很多研究或是调查只能定量评估生态系统质量的相对变化,因为在评估过程中缺乏理想化的参照系,或是没有一个合适的空白对照点。例如,于 2019 年 4 月在数据库中国知网(China National Knowledge Infrastructure,CNKI)、科学指南(Science Direct)和科学网(Web of Science)检索文献;在 CNKI 数据库中以"网箱"为主题,全文检索"pH",获 2665 篇文献;于 Science Direct 数据库的"标题、摘要或作者指定的关键词"中检索"pH"和"网箱养殖",获 13 篇文献;在 Web of Science 数据库中全文检索"pH"和"网箱养殖",获 145 篇文献。以"研究包含网箱养殖区和对照区、文献有样本含量和标准偏差或 pH 范围等统计量"筛选文献,经简查符合上述要求的文献仅有 12 篇(含 31 组数据)。合理参照系的缺乏使人们难以量化区域的生产力与该区域最优状态下的生产力(即理想值或最优值)之间的差距,难以量化生态系统的恢复潜力。这种缺乏也导致同一区域、不同区域的评价指标体系复杂化、可比性差。因而,需要构建理想的评价指标体系的参照系。

早期的研究忽略了理想参照系,而更多关注生态系统质量的现状及相对变化情况。随着自然保护区、国家公园、生态系统野外台站,如中国生态系统研究网络(Chinese Ecosystem Research Network,CERN)、国家生态系统观测研究网络(Chinese National Ecosystem Research Network,CNERN)和中国森林生态系统定位研究网络(Chinese

Forest Ecosystem Research Network,CFERN)等的建设和发展以及相关生态保护项目的启动,人们逐步积累了大量的实地观测数据。这些数据为构建理想参照系、确定科学的评估标准、改进和完善生态系统质量评估体系奠定了坚实的数据基础,因为普遍认为自然保护区所受的人类活动干扰更少且可以获得长期监测的数据[7]。为获取描述参照系的合理的数值,一般需要进行长期的观测,因为无论是理化参数还是生物生态学参数的变化,都需要一定的时间。而理想参照系类似于环境监测领域的本底(值)或对照区域(点),是指在环境适宜、未受或极少受人类活动干扰的条件下,由反映生态系统质量的一系列关键指标的具体数值所构成的参照系。考虑到可比性,理想参照系的选择需要先确定拟修复区域的生态区类型和生态系统类型,只有在两者均类似或相同的情况下,才可以进行比较。生态系统的类型、生态区的分类受时间和空间的影响。生态系统可以大致划分为人工生态系统和自然生态系统,而自然生态系统又可以划分为陆地生态系统、湿地生态系统、水域生态系统等。从地貌、气候、人类活动等层面,可以将不同地域划分为不同的生态区,例如我国被划分为 3 个生态大区、13 个生态地区和 57 个生态区[8]。基于以上的可对比性原则以及理想参照系的概念,一般选择同一生态区的同一生态类型的自然保护区等较少受到人类活动干扰的区域作为拟修复区域的参照系,或是利用历史数据反演的未受干扰的同一地理位置的生态系统作为参照系。

参照系中的关键指标主要包括能直接或间接反映生态系统组成、结构和功能等的基本指标,也就是能够反映生态系统关键生态过程的指标体系。对于海洋生态系统(主要指近岸生态系统,包括红树林、海草床、盐沼、珊瑚礁、牡蛎礁、砂质海岸、河口和海湾等)而言,其关键生态过程就是其生产服务能力、抗干扰能力、对人类生存和社会发展的承载能力得以实现的过程,这些生态过程受初级生产力水平、营养盐水平、污染物水平、生物多样性以及生境破碎程度等的制约。因此,它们是反映海洋生态系统的关键指标。例如,海湾综合养殖系统对滤食性贝类的生态承载力取决于浮游植物的生物量,对投饵型鱼类养殖的生态承载力取决于区域的营养盐浓度水平。

这些关键指标的生态学意义并不一致,它们有成本型指标体系和效益型指标体系之分。一般而言,前者的取值较小则意味着生态系统处于良好的状态,包括生态系统脆弱性指数、人类干扰强度指数、土地利用程度指数等综合性指数,也包括营养盐浓度等单一指标,属于负向型指标;后者则包含生态系统生产力指数、植被覆盖度指数、生物多样性指数等综合指标,浮游植物生物量(叶绿素浓度)等单一指标,多为属性值越大越好的正向型指标。虽有不同类型之分,但各个指标体系的阈值的取值方法一般有参照法和频率分布法两种。

基于待评估生态系统所处生态区内同类型自然保护区和野外观测站的相关评价指标的监测值的参照法[7],主要利用自然保护地和野外观测台站的相关监测数据作为确定生态系统理想参照系中重要评估指标阈值的基础数据。基于历史数据的参照法,可以直接取一定历史时期内(该时期内拟修复区域未受或少受人类活动干扰)的相关关键指标的监测值作为相关指标的阈值,其数据可以依据公开发表的文献、地方志以及调查报告等获取。

频率分布法的基本思想是关键指标的分布一般服从或近似服从正态分布,处于中间部分的数值被认为处于正常状态。对于成本型的关键指标,一般以频率 0.1~0.5 对应的关键指标的值为其阈值;对于效益型指标,阈值则为频率 0.95~0.99 对应的关键指标的值。

以上是理想参照系确定的基本方法,在实际工程实践中则以相应的规范进行参照系的确定。当然,各种规范都是一定经济、技术、文化和社会制度下的产物,都会不断发生变化。这意味着需要不断进行探索以构建更好的参照系。

二、指标权重的确定方法

单一的指标可以实现对关键过程的描述,但生态系统的变迁往往具有整体性的特征,因此,单一指标体系所包含的信息量不足以表征生态系统的变化,需要构建综合指标体系反映系统内的理化等生境要素、生物群落的变迁等。综合指标体系又有不同的组分(基础指标),各个组分对整个综合体系的贡献不同,需要确定其贡献值的大小,也就是要确定每个基础指标的权重。

常用的权重确定方法可以分为主观确权法、客观确权法以及组合确权法。其中,组合确权法是前两者的有机结合。主观确权法包括专家调查法(Delphi 法)、层次分析法(analytic hierarchy process,AHP)、二项系数法、环比评分法、最小平方法等。客观确权法则包括主成分析法、熵值法、离差及均方差法、多目标规划法等,其中熵值法是应用最广的方法。组合确权法又称为主客观综合赋权法,包括加法和乘法两种方法,计算公式分别是 $w_i = \dfrac{a_i b_i}{\sum a_i b_i}$ 和 $w_i = \alpha a_i + (1-\alpha) b_i$,其中,$a_i$ 和 b_i 分别是 i 种属性的主观权重和客观权重,而 α 是决策者的偏好系数。这种确权方法既能够充分利用数据本身的客观属性,又不失政策制定者的主观能动性。以下举例说明如何进行生态指标权重的确定。

生态承载力受资源数量与质量、生态系统的健康程度等自然因素,以及经济状况、产业结构、人口数量等社会和经济因素等的影响。为评估黄河三角洲、山东半岛有居民海岛的生态承载力,本书依据 2007 年"908 专项"海岛调查数据、《山东统计年鉴 2008》、《滨州统计年鉴 2008》、《烟台统计年鉴 2008》、《威海统计年鉴 2008》和《青岛统计年鉴 2008》,获得区域内与经济、资源利用、资源供给能力、生态环境状况等相关的数据,借鉴压力-状态-响应模型,构建有居民海岛的生态承载力测定指标体系(见表 6-1),并依据测定指标在我国沿海或山东省的平均值,划定 5 个评价等级(见表 6-2)。

表 6-1　有居民海岛的生态承载力测定指标体系

目标层	准则层	指标层	测定指标
生态承载力	压力类指标	人口、经济压力	人口密度(按岛屿陆域面积计算,人/平方千米)
			人口自然增长率(‰)
			人均总收入[万元/(年·人)]
		资源利用压力	农村宅基地比重(%)
			城镇居民住宅比重(%)
			工业用地比重(%)
			农田比重(%)
			果园比重(%)
			养殖池塘比重(%)
			盐田比重(%)
	状态类指标	资源供给能力	人均海岸线(千米/人)
			人均陆域面积(公顷/人)
			人均湿地面积(公顷/人)
			淡水自给率(%)
			食物自给率(%)
			电力资源保障率(%)
		生态调节能力	湿地沉积物环境质量达一类标准率(%)
			植被覆盖率(%)
			湿地面积比重(%)
			邻近海域环境质量达标率(石油除外)(%)
			海水质量一类达标率(石油含量为评价因素)(%)
			地质灾害发生率(%)
			气象灾害发生率(%)
	响应类指标	管理投入	自然保护区(种)
			水土流失治理率(%)
			固体垃圾收容器配备率(%)
			污水排放处理率(%)
			文化事业完善度(%)
			基础设施比重(%)

注:测定指标中涉及面积的比重是指某种土地利用形式下的面积与海岛面积(包括陆域和湿地)的比值,如农村宅基地比重是指农村宅基地占用的面积与海岛面积的比值。

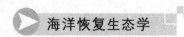

表 6-2　测定指标的等级标准

测定指标	等级 1	等级 2	等级 3	等级 4	等级 5
人口密度	≤243	>243～364.5	>364.5～486	>486～607.5	>607.5
人口自然增长率	≤1.975	>1.975～2.963	>2.963～3.950	>3.950～4938	>4.938
人均总收入	≤1.65	>1.65～2.48	>2.48～3.30	>3.30～4.13	>4.13
农村宅基地比重	≤0.026	>0.026～0.039	>0.039～0.052	>0.052～0.065	>0.065
城镇居民住宅比重	≤0.014	>0.014～0.021	>0.021～0.028	>0.028～0.035	>0.035
工业用地比重	≤0.018	>0.018～0.027	>0.027～0.036	>0.036～0.045	>0.045
农田比重	≤0.226	>0.226～0.338	>0.338～0.451	>0.451～0.564	>0.564
果园比重	≤0.061	>0.061～0.091	>0.091～0.122	>0.122～0.152	>0.152
养殖池塘比重	≤0.005	>0.005～0.008	>0.008～0.010	>0.010～0.013	>0.013
盐田比重	≤0.025	>0.025～0.038	>0.038～0.050	>0.050～0.063	>0.063
人均海岸线	>0.00037	>0.00031～0.00037	>0.00025～0.00031	>0.00018～0.00025	≤0.00018
人均陆域面积	>0.011	>0.009～0.011	>0.007～0.009	>0.005～0.007	≤0.005
人均湿地面积	>0.075	>0.063～0.075	>0.050～0.063	>0.038～0.050	≤0.038
淡水自给率	>100	>75～100	>50～75	>25～50	≤25
食物自给率	>100	>75～100	>50～75	>25～50	≤25
电力资源保障率	>100	>75～100	>50～75	>25～50	≤25
湿地沉积物环境质量达一类标准率	>95	>85～95	>65～85	>45～65	≤45
植被覆盖率	>90	>80～90	>70～80	>40～70	≤40
湿地面积比重	>14	>11～14	>9～11	>7～9	≤7
邻近海域环境质量达标率(石油除外)	>100	>75～100	>50～75	>25～50	≤25
海水质量一类达标率(石油含量为评价因素)	>100	>75～100	>50～75	>25～50	≤25
地质灾害发生率	≤0	>0～20	>20～33.33	>33.33～66.67	>66.67
气象灾害发生率	≤0	0～20	20～33.33	33.33～66.67	>66.67
自然保护区	>3	3	2	1	≤0
水土流失治理率	>86	>75～86	>69～75	>51～69	≤51

续表

测定指标	等级 1	等级 2	等级 3	等级 4	等级 5
固体垃圾收容器配备率	＞87	＞73～87	＞58～73	＞44～58	≤44
污水排放处理率	＞90	＞75～90	＞60～75	＞45～60	≤45
文化事业完善度	＞100	＞80～100	＞60～80	＞40～60	≤40
基础设施比重	＞0.011	＞0.009～0.011	＞0.007～0.009	＞0.005～0.007	≤0.005

如果生态承载力评价体系含 m 个测定指标,则评价指标 i 对生态承载力评价的权重 w_i 可按照 $w_i = \dfrac{1 - H_i}{m - \sum\limits_{i=1}^{m} H_i}$ 计算。其中,H_i 为测定指标 i 的熵值,其计算公式为

$$H_i = -\frac{\sum\limits_{j=1}^{n} \dfrac{b_j}{\sum\limits_{j=1}^{n} b_j} \ln\left(\dfrac{b_j}{\sum\limits_{j=1}^{n} b_j}\right)}{\ln n}$$ 。其中,b_j 是反映测定指标 i 的数值 $x_j (j = 1, 2, \cdots, n)$ 的

标准值,$b_j = 1 + \dfrac{x_j - x_{\min}}{x_{\max} - x_{\min}}$,$x_{\max}$ 和 $x_{\min}$ 分别为数值 x_j 的极大值和极小值。

经过计算,得到生态调节能力、管理投入、资源利用压力、资源供给能力以及人口、经济压力对黄河三角洲和山东半岛蓝色经济区内有居民海岛生态承载力的权重分别为 0.321、0.285、0.167、0.149 和 0.078(见表 6-3)。

表 6-3 测定指标对有居民海岛生态承载力的权重

指标层	评价指标	权重	权重合计
人口、经济压力	人口密度	0.028	0.078
	人口自然增长率	0.031	
	人均总收入	0.019	
资源利用压力	农村宅基地比重	0.033	0.167
	城镇居民住宅比重	0.017	
	工业用地比重	0.017	
	农田比重	0.025	
	果园比重	0.026	
	养殖池塘比重	0.024	
	盐田比重	0.025	

续表

指标层	评价指标	权重	权重合计
资源供给能力	人均海岸线	0.035	0.149
	人均陆域面积	0.017	
	人均湿地面积	0.020	
	淡水自给率	0.012	
	食物自给率	0.054	
	电力资源保障率	0.011	
生态调节能力	湿地沉积物环境质量达一类标准率	0.030	0.321
	植被覆盖率	0.028	
	湿地面积比重	0.040	
	邻近海域环境质量达标率(石油除外)	0.027	
	海水质量一类达标率(石油含量为评价因素)	0.036	
	地质灾害发生率	0.078	
	气象灾害发生率	0.082	
管理投入	自然保护区	0.086	0.285
	水土流失治理率	0.030	
	固体垃圾收容器配备率	0.076	
	污水排放处理率	0.028	
	文化事业完善度	0.035	
	基础设施比重	0.030	

以上是确定指标权重的基本方法,多用于科学研究以及后续规范的修订等。当然,在实际工程实践中,需要以相应的规范进行相关指标权重的确定。

第三节　生态系统现状调查及评估的基本原则

依据《海洋监测规范》(GB 17378)[9]、《海洋调查规范》(GB 12763)[10]、《海水水质标准》(GB 3097)[11]、《海洋生物质量标准》(GB 18421)[12]、《渔业水质标准》(GB 11607—89)[13]和《海滨观测规范》(GB/T 14914—94)[14],国家海洋局发布了《海洋生态环境监测技术规程》[15],并于2002年4月30日实施。

在具体的海域实施生态恢复工程之前,需要对环境背景值进行调查。这项工作需要在一年的四个季节内各至少调查一次。这样做的主要目的是使生物相具有显著的季节变化。如果现场背景调查的时间不能满足需求,则需要查找相关区域的历史文献资料,以补充了解拟恢复区域的生态环境压力状况,开展有针对性的调查。对于特定的生态系统,则遵循相应的规范进行调查,如基于《海岸带生态系统现状调查与评估技术导则》(T/CAOE 20.1—2020)[16],采用现场调查、遥感影像识别等方式,结合历史资料,开展红树林、盐沼、珊瑚礁、海草床、牡蛎礁、砂质海岸、河口、海湾等海岸带生态系统现状调查与评估,摸清海岸带生态系统现状及其问题,掌握生态系统受损情况及其原因,推进海岸带保护恢复工程项目科学布局与实施,促进海岸带生态系统生态功能与减灾功能协同增效。

拟恢复区域的现场调查与评估是生态恢复工作的基础,只有做好基础调查,才能判断系统处于怎样的状态,是否需要恢复,恢复的目标是什么,从怎样的途径进行生态恢复。调查与评估过程中需要遵循以下基本原则:

(1)科学性原则。海岸带生态系统现状调查与评估采用的技术方法应科学严谨,符合相关标准和规范要求。

(2)系统性原则。在进行现状调查与评估时,应从生态系统的整体性出发,充分考虑系统内部诸要素之间的相互作用、系统与环境之间的相互作用和有机联系。因为生态恢复的本质是调控生态系统演替的方向,无论是景观生态学层面的尺度推移,还是系统内部的生物流与能量流,均体现了系统内部诸要素之间的相互作用、系统间的联系。

(3)代表性原则。海洋生态系统现状调查断面及站位布设应具有很好的代表性,能反映生态系统的基本状况。例如,在以网箱养殖为主的海湾生态系统中,造成海湾生态环境压力的内源性污染主要是大量投饵所造成的生物沉积物在沉积物中的积聚,而这个积聚过程与养殖鱼类的生长过程、养殖海湾的水交换周期密切相关。因此,在站位布设时,需要着重考虑在网箱养殖区及其与毗连水域的生态交错带设置站位进行调查。

(4)一致性原则。同一类型海洋生态系统现状调查与评估工作所采用的方法应具有一致性,评估结果应公正实用,否则,评估结果就会出现巨大差异。例如,使用不同的方法评估桑沟湾的滤食性贝类养殖容量时,评估结果之间的差异显著(见表6-4)。

表6-4　不同方法评估的1993—1994年桑沟湾栉孔扇贝养殖容量

评估方法	养殖容量类型	养殖容量/(ind·m⁻³)	相差幅度/%	参考文献
赫尔曼(Herman)模型	生态养殖容量	21.18	172.24	＊＊
生态动力学模型	生态养殖容量	7.78	基准值	[17]
生态动力学模型	生态养殖容量	3.99	−48.70	[18]

注:相差幅度为[(某方法的评估值−基准值)/基准值]×100%,＊＊为编撰人等尚未发表的数据。

(5)准确性原则。海洋生态系统类型特征、海水水质、沉积物和水文动力等数据的获取应准确可靠,能客观反映现状。要达到相应的要求,就必须在生态调查、数据分析处理和归档等层面做好质量控制。

第四节 基于灰色系统预测的人工修复/自然恢复辨析

随着人类活动的增强,大量污染物排放入海,导致海洋生态系统生物多样性和生态安全降低,公众健康遭受威胁[19]。因此,海洋生态恢复成为近岸水域管理的重要任务[20]。生态恢复包括人类干预的人工修复[21]和依靠生态系统自身弹性的自然恢复[22]。到目前为止,最主要的生态恢复方式是人工修复[23]。判断是否进行人工修复的评价指标体系主要包括生物多样性[24]、富营养化[25]和生态系统安全等[26]。如果水域的水体或沉积物不能满足其规划功能的需要,一般采取人工修复的方法加以恢复。其实,每一个生态系统都有自我修复的能力,使其从不健康的状态演化到健康的状态,只是这需要时间[27]。此外,自然恢复中不会产生外源干扰,而人工修复是一种人工干扰,实施不当会造成生态风险,甚至会使系统的健康状态更差[28],况且人工修复会耗费大量人力、财力。因此,判断一个区域是进行人工修复还是自然恢复,已经成为海岸带管理的重要课题之一。然而,相关研究极为少见。此外,生态系统中生态过程的复杂性,难以用一个或数个简单的过程或指标表述。建立在灰色系统理论基础上的灰色系统预测模型可在不必洞悉内部规律的基础上进行模拟预测。下文提供了以胶州湾为例、基于灰色系统理论这种简单方法的对于生态系统内部指标体系变动、发展规律的预测,这有助于海岸带生态恢复策略的确定与实施。

胶州湾为中国北方一个典型的工业海湾。除工业、城镇排污外,该海域还遭受农业排污和海水养殖排污的影响[29-31]。此外,该海湾北部海域出产的菲律宾蛤仔($Ruditapes$ $philippinarum$)为名优产品[32]。因此,它被规划为海水养殖区域。以胶州湾为关键词在CNKI数据库搜集相关文献来获取相关数据。对仅有图例的文献,利用图像数字化软件(GetData Graph Digitizer,version 2.22)获取相关数据。

例如,x是影响水域规划功能的指标且存在一个时间数据列x_i,则时间段内的这个生境指标可以依据改进GM(1,1)模型预测[33,34]。为了提高预测的精度,可以使用新陈代谢算法。如果在可以接受的时间段内,预测得到的环境指标小于或等于海域规划所满足的环境质量标准阈值,则海域无须进行人工修复,完全可以依靠自然之力恢复自然。

胶州湾北部规划为贝类底播区,溶解态无机氮(DIN)对浮游植物有双重阈值作用[35],且贝类养殖容量与DIN水平相关[18],因此,其关键环境因素为DIN,包括NH_4-N、NO_3-N和NO_2-N。据过锋等[36]在胶州湾的调查结果,可获得该海域DIN浓度序列,其中的缺失数据按照线性内插法获得(见图6-1)。此外,在计算过程中,1999年5月的时间序列视为数值计算中的1,2004年10月的时间序列视为66。

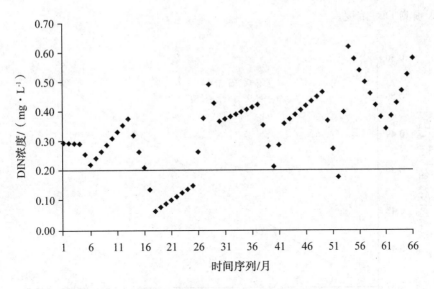

图 6-1 研究海域的 DIN 浓度序列

依据我国《渔业水质标准》[13]和海域规划,DIN 浓度应小于 200 μg/L。DIN 浓度超标率达 84.85%,海域需要进行恢复。

依据上述方法,通过数值模拟可获得预测的 DIN 浓度序列(见图 6-2)。预测得到的 DIN 浓度自时间序列 67 至 78(2004 年 11 月—2005 年 10 月)一直增加,在 2005 年预测的 DIN 浓度为 567.77 μg/L,而期望的恢复时间为 1 年。因此,水域在期望的时间内无法完成自身修复,需要加以人工干预。

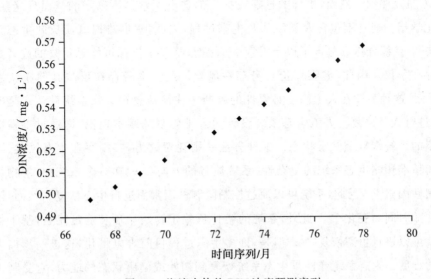

图 6-2 海湾水体的 DIN 浓度预测序列

为评价改进 GM(1,1)模型预测的功效,本书检验了预测 DIN 的相对误差,为−9.95%。此外,测定值与预测值显著相关($R=99.95\%$,$p<0.05$)(见图 6-3)。因此,改进 GM(1,1)模

型可用于预测 DIN 浓度。

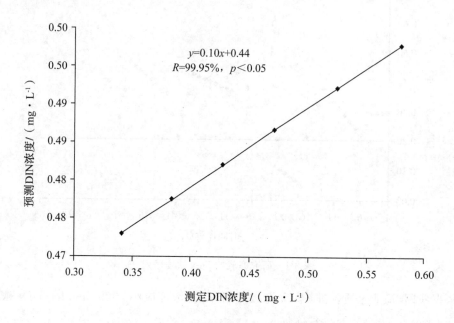

图 6-3 DIN 预测值与测定值之间的相关性

随着人类活动的加强,再加上气候变迁等因素,海洋污染日趋严重,海洋和海岸带管理加强[37]。生态系统健康是生态恢复的最终目标,在生态恢复之前,一般进行生态系统健康状态的评价,而生态系统健康一般以生物指数[38]、物理指数[39]、化学指数[40]或综合指数[41]等加以评价。然而,指标的选择或标准的选定通常是不确定的。而且这些生物、物理和化学指标通常不包含人类活动及生态过程,因此,它们难以真实反映生态系统的健康状态[42]。综合指数包含了以上因素[43],然而,某些子指标可能是重复的或者其权重的确定存在争议。因此,健康评价自身存在风险。系统本身存在反映其健康状态的弹性[44],然而,这种弹性在人工修复必要性的判断中往往被忽视。如系统被认定是非健康的,通常进行人工修复。人工生态系统设计是人工修复的基本理论,即通过工程措施等使不健康的系统恢复至健康状态。这种方法一则耗费财力,二则存在生态风险,因为通常并不能精准预测生态系统的复杂性、系统演替的方向[45]。在一个系统中,生物往往受制于限制性因素[46],因此,系统可以通过控制限制性因素而进行生态恢复。然而,限制性因素往往随时间而变化[47]。此外,系统的维持依赖于物质循环和能量流通,基于物质循环似乎就可以进行生态恢复[48]。但是,许多生态过程目前难以量化,这进一步加大了系统预测的难度。生态系统弹性是生态系统恢复到初始或健康状态的能力,它受制于系统自身的结构和功能。依据盖娅假说[49],系统具有自我调节的能力。有许多以自然之力恢复自然的案例,例如吉林泥炭地的自我恢复[50]、太湖湿地的自我恢复[51]、汶川地区植被的自我恢复[52]、浑善达克沙地植被的恢复[53]等。此外,自然恢复有助于提高土壤质量,增加物种多样性[54]。因此,以自然之力恢复自然值得关注。但无外力作用下的以自然之力恢复自然需要较长的时间,山东省威海市环翠区金海滩社区房屋拆迁形成的由混凝土、建筑红砖覆盖的植被裸地,经过 12 年的自然恢复,才形成以刺槐为优势种的群落,其中刺槐的株高小于 2 m,粗度为 6 cm,密度小于 0.2 株/m²。

胶州湾北部海域规划为贝类底播区,贝类生存依赖于颗粒有机物(particulate organic matter,POM),而 POM 的主要成分为浮游植物,浮游植物的初级生产则依赖于营养盐的浓度和结构[55]。此外,胶州湾的初级生产往往因 DIN 的富足而受限于磷或硅[56]。因此,DIN 浓度可以反映胶州湾北部海域的健康水平。贝类底播的重要种类是一年内能收获的菲律宾蛤仔。因此,将预期恢复的时间设为 1 年是合理的。预测的 DIN 浓度在 12 个月内无法达到规划水准,因此需要进行人工干预来使 DIN 浓度在期望的时间内降低到应有的水平。

思考题

1.如何认识以自然之力恢复自然?

2.进行海洋调查时,如何确定理想的参照系?

参考文献

[1]刘华杰.盖娅假说:从边缘到主流[J].思想战线,2009,35(2):112-116.

[2]蒋高明.以自然之力恢复自然[M].北京:中国水利水电出版社,2008.

[3]DAVID T. The relay floristic hypothesis of plant succession[J]. The American Naturalist,1955,6:827-852.

[4]MA M,COLLINS S L,RATAJCZAK Z,et al. Soil seed bank,alternative stable state theory,and ecosystem resilience[J]. BioScience,2021,71(7):697-707.

[5]FETIVEAU M,SAVIETTO D,GIDENNE T,et al. Effect of access to outdoor grazing and stocking density on space and pasture use,behaviour,reactivity,and growth traits of weaned rabbits[J]. Animal,2021,15(9):1-11.

[6]KALANTZI I,KARAKASSIS I. Benthic impacts of fish farming:Meta-analysis of community and geochemical data[J]. Marine Pollution Bulletin,2006,52:484-493.

[7]何念鹏,徐丽,何洪林.生态系统质量评估方法——理想参照系和关键指标[J].生态学报,2020,40(6):1877-1886.

[8]傅伯杰,刘国华,陈利顶,等.中国生态区划方案[J].生态学报,2001,21(1):1-6.

[9]中华人民共和国国家质量监督检验检疫总局,中国国家标准化管理委员会.海洋监测规范:GB 17378[S].北京:中国标准出版社,2007.

[10]中华人民共和国国家质量监督检验检疫总局,中国国家标准化管理委员会.海洋调查规范:GB 12763[S].北京:中国标准出版社,2007.

[11]国家环境保护局.海水水质标准:GB 3097[S].北京:中国标准出版社,1997.

[12]中华人民共和国国家质量监督检验检疫总局.海洋生物质量标准:GB 18421[S].北京:中国标准出版社,2001.

[13]国家环境保护局.渔业水质标准:GB 11607—89[S].北京:中国标准出版社,1989.

[14]国家技术监督局.海滨观测规范:GB/T 14914—94[S].北京:中国标准出版社,1994.

[15]国家海洋局.海洋生态环境监测技术规程[S].北京:中国标准出版社,2002.

[16]中国海洋工程咨询协会.海岸带生态系统现状调查与评估技术导则　第一部分:总则:T/CAOE 20.1—2020[S].北京:中国标准出版社,2020.

[17]方建光,匡世焕,孙慧玲,等.桑沟湾栉孔扇贝养殖容量的研究[J].海洋水产研究,1996,17(2):18-31.

[18]GE C Z, FANG J G, SONG X F, et al. Response of phytoplankton to multispecies mariculture: A case study on the carrying capacity of shellfish in the Sanggou Bay in China[J]. Acta Oceanologica Sinica, 2008, 27(1): 102-112.

[19] ANDERSEN J H, HALPERN B S, KORPINEN S, et al. Baltic Sea biodiversity status vs. cumulative human pressures[J]. Estuarine, Coastal and Shelf Science, 2015, 161: 88-92.

[20]WU W, YAN S Q, FENG R Y, et al. Development of an environmental performance indicator framework to evaluate management effectiveness for Jiaozhou Bay coastal wetland special marine protected area, Qingdao, China[J]. Ocean & Coastal Management, 2017, 142: 71-89.

[21]LI Y F, LI Z W, WANG Z Y, et al. Impacts of artificially planted vegetation on the ecological restoration on movable sand dunes in the Mugetan Desert, northeastern Qinghai-Tibet Plateau[J]. International Journal of sediment Research, 2017, 32(2): 277-287.

[22]ZHU G Y, SHANGGUAN Z P, DENG L. Soil aggregate stability and aggregate-associated carbon and nitrogen in natural restoration grassland and Chinese red pine plantation on the Loess Plateau[J]. Catena, 2017, 149: 253-260.

[23]ZHANG J Z, DING Z W, LUO M T. Risk analysis of water scarcity in artificial woodlands of semi-arid and arid China[J]. Land Use Policy, 2017, 63: 324-330.

[24]OLAYA-MARÍN E J, MARTÍNEZ-CAPEL F, COSTA R M S, et al. Modelling native fish richness to evaluate the effects of hydromorphological changes and river restoration (Júcar River Basin, Spain)[J]. Science of the Total Environment, 2012, 440: 95-105.

[25]VERHOFSTAD M J J M, ALIRANGUES NÚÑEZ M M, REICHMAN E P, et al. Mass development of monospecific submerged macrophyte vegetation after the restoration of shallow lakes: Roles of light, sediment nutrient levels, and propagule density[J]. Aquatic Botany, 2017, 141: 29-38.

[26]ARENS S M, MULDER J P M, SLINGS Q L, et al. Dynamic dune management, integrating objectives of nature development and coastal safety: Examples from the Netherlands[J]. Geomorphology, 2013, 199: 205-213.

[27]PRADO D S, SEIXAS C S, BERKES F. Looking back and looking forward: Exploring livelihood change and resilience building in a Brazilian coastal community[J]. Ocean & Coastal Management, 2015, 113: 29-37.

[28]ALONGI D M. Carbon payments for mangrove concervation: Ecosystem constraints and uncertainties of sequestration potential[J]. Environmental Science & Policy, 2011, 14: 462-470.

[29]ZHOU Y, YANG H S, HU H Y, et al. Bioremediation potential of the macroalga *Gracilaria lemaneiformis* (Rhodophyta) integrated into fed fish culture in coastal waters of north China[J]. Aquaculture, 2006, 252: 264-276.

[30]LIANG S K, PEARSON S, WU W, et al. Research and integrated coastal zone management in rapidly developing estuarine harbours: A review to inform sustainment of functions in Jiaozhou Bay, China[J]. Ocean & Coastal Management, 2015, 116: 470-477.

[31]CHEN J H, LI X, WANG S, et al. Screening of lipophilic marine toxins in marine aquaculture environment using liquid chromatography-mass spectrometry[J]. Chemosphere, 2017, 168: 32-40.

[32]WANG L, FAN Y, YAN C J, et al. Assessing benthic ecological impacts of bottom aquaculture using macrofaunal assemblages[J]. Marine Pollution Bulletin, 2017,114: 258-268.

[33]XU J C, SHARMA R, FANG J, et al. Critical linkages between land-use transition and human health in the Himalayan region[J]. Environment International, 2008, 34: 239-247.

[34]MA X, HU Y S, LIU Z B. A novel kernel regularized nonhomogeneous grey model and its applications[J]. Communications in Nonlinear Science and Numerical Simulation, 2017,48: 51-62.

[35]APUDO A A, CAO Y, WAKIBIA J, et al. Physiological plastic responses to acute NH_4^+-N toxicity in *Myriophyllum spicatum* L. cultured in high and low nutrient conditions[J]. Environmental and Experimental Botany, 2016, 130:79-85.

[36]过锋,陈聚法,陈碧鹃,等.胶州湾北部氮、磷营养盐的分布及变化特征[J].海洋水产研究,2005,26(6):34-38.

[37]YUAN Y, SONG D H, Wu W, et al. The impact of anthropogenic activities on marine environment in Jiaozhou Bay, Qingdao, China: A review and a case study[J]. Regional Studies in Marine Science, 2016, 8(Part 2): 287-296.

[38]XU N, DANG Y G, GONG Y D. Novel grey prediction model with nonlinear optimized time response method for forecasting of electricity consumption in China[J]. Energy, 2017, 118: 473-480.

[39]YE Z X, LI W H, CHEN Y N, et al. Investigation of the safety threshold of eco-environmental water demands for the Bosten Lake wetlands, western China[J]. Quaternary International, 2017, 440: 130-136.

[40] WARNASOORIYA, GUNASEKERA M Y. Assessing inherent environmental, health and safety hazards in chemical process route selection[J]. Process Safety and Environmental Protection, 2017, 105: 224-236.

[41]ZHANG H, WANG X R, HO H H, et al. Eco-health evaluation for the Shanghai metropolitan area during the recent industrial transformation (1990-2003)[J]. Journal of Environmental Management,2008, 88: 1047-1055.

[42] WHITEHOUSE A E, MULYANA A A S. Coal fires in Indonesia[J]. International Journal of Coal Geology,2004, 59: 91-97.

[43] ARFANUZZAMAN, RAHMAN A A. Sustainable water demand management in the face of rapid urbanization and ground water depletion for social-ecological resilience building[J]. Global Ecology and Conservation, 2017,10: 9-22.

[44]KHARRAZI A, AKIYAMA T, YU Y D, et al. Evaluating the evolution of the Heihe River basin using the ecological network analysis: Efficiency, resilience, and implications for water resource management policy[J]. Science of the Total Environment, 2016,572: 688-696.

[45]ZENG X T, HUANG G H, CHEN H L, et al. A simulation-based water-environment management model for regional sustainability in compound wetland

ecosystem under multiple uncertainties[J]. Ecological Modelling, 2016,334: 60-77.

[46]GE C Z, WANG R Q, CHAI Y C, et al. High colonization possibility of some species of weeds in *Suaeda salsa* community: From an ecological stoichiometry perspective[J]. PLoS One, 2017, 12(1): e0170401.

[47]JIA S W, SHI J, GAO H W. Numerical study on the regional and long-term variation of nutrient limitation in Jiaozhou Bay[J]. Periodical of Ocean University of China, 2015, 45(5): 1-10.

[48]TOURNEBIZE J, CHAUMONT M, MANDER Ü. Implications for constructed wetlands to mitigate nitrate and pesticide pollution in agricultural drained watersheds[J]. Ecological Engineering, 2017, 103: 415-425.

[49]NICHOLSON A E, WILKINSON D M, WILLIAMS H T P, et al. Multiple states of environmental regulation in well-mixed model biospheres[J]. Journal of Theoretical Biology, 2017, 414: 17-34.

[50]GUO J, JIANG H B, BIAN H F, et al. Natural succession is a feasible approach for cultivated peatland restoration in Northeast China [J]. Ecological Engineering, 2017, 104: 39-44.

[51]杨元龙,梁海棠,胡维平,等.太湖北部滨岸区水生植被自然修复观测研究[J].湖泊科学,2002,14(1):60-66.

[52]ZHANG J D, HULL V, HUANG J Y, et al. Natural recovery and restoration in giant panda habitat after the Wenchuan earthquake [J]. Forest Ecology and Management, 2014, 319: 1-9.

[53]LIU M Z, JIANG G M, YU S L, et al. Dynamics of plant community traits during an 18-year natural restoration in the degraded sandy grassland of Hunshandak Sandland[J]. Acta Ecologica Sinica, 2004, 24(8): 1734-1740.

[54]MEDEIROS E V, DUDA G P, SANTOS L A R, et al. Soil organic carbon, microbial biomass and enzyme activities responses to natural regeneration in a tropical dry region in Northeast Brazil[J]. Catena, 2017, 151: 137-146.

[55]CAMPBELL D E, NEWELL C R. MUSMOD, a production model for bottom culture of the blue mussel, *Mytilus edulis* L. [J]. Journal of Experimental Marine Biology and Ecology,1998, 219: 171-203.

[56]XING J W, SONG J M, YUAN H M, et al. Fluxes, seasonal patterns and sources of various nutrient species (nitrogen, phosphorus and silicon) in atmospheric wet deposition and their ecological effects on Jiaozhou Bay, North China[J]. Science of the Total Environment, 2017, 576: 617-627.

第七章　海洋生态恢复的生态补偿

海洋生态恢复工程,无论是生物资源的修复(恢复)、生境的修复(恢复),还是整个生态系统的恢复,都是对现有的拟恢复生态系统的一种干涉,即便是以自然之力恢复自然,也是为了使生态系统中的物质流和能量流流向人类期望的方向。因此,生态恢复势必改变现有生态系统(含人类社会)的资源分配格局。每一种资源的分配都会带来不同相关人群利益的变化,而利益的变化对人类活动的驱动作用难以忽视,这就需要在生态恢复过程中理顺利益分配的关系。生态补偿理论的实践证明,生态补偿是解决上述问题的一条很好的途径。

第一节　生态补偿的基本理论

生态补偿的定义多样化,但人们广为接受的观点是它是一种旨在保护和可持续利用生态系统服务功能的制度安排,综合使用多种规制工具,实现对各利益相关者之间权利与义务关系的调整和再分配[1]。生态补偿产生与存在的理论基础为生态环境具有价值(服务功能)、环境资源具有公共产品的属性即所谓的"公地属性"(产权不明确)、保护生境是正义行为(生态正义),且每种人类行为均具有外部性[2]。所谓的"外部性"是一种成本或效益的外溢现象,它可以分为正的外部性和负的外部性,其中正的外部性是指某一经济主体的生产或消费使其他经济主体受益而没有得到后者给予的补偿,这种行为可以认为是为他人做嫁衣;负的外部性是指某一经济主体的生产或消费使其他经济主体受损但没有补偿后者[3]。因此,外部性是不同群体间的权力、责任或义务的不对等导致的。与其相对应的是外部成本,指某人的行为给他人或社会造成的经济损失,并且行为人对其行为造成的损失并没有进行补偿,即由外部性造成了他人的成本。这种外部性在利用具有公共产权属性的资源时更为明显,例如资源利用者个体在利用资源时的理智选择是采用正的时间偏好利用资源,即及早利用具有更高价值的资源。这种利用方式至少会造成资源利用者在资源获取层面的成本增加，加剧资源利用的竞争，造成资源储量的减少，从而对资源的可持续利用造成负面影响。因此，要实现资源的可持续利用，需要解决这类外部性的问题，尤其是负向的外部性问题。其中，最根本的途径是将外部性进行内部化处理，即由行为人承担他所造成的对他人或群体产生的危害行为或增加成本的后果，或是在享受他人或其他群体的外部性所带来的收益时付出一定的代价。

所谓的"庇古税（Pigovian taxes）政策"和改变公地属性资源权属的"科斯（Coase）产权途径"是常用的将外部性进行内部化处理的两种方法。庇古税政策是当社会边际成本（收益）与私人边际成本（收益）相背离时，通过政府干预加以解决，即通过征税和补贴实现外部性的内部化。此外，产权不明也会导致外部性，因此，要解决外部性问题，必须明确产权，即确定人们是否有利用自己的财产采取某种行动并造成相应后果的权利，这就是科斯产权途径[3]。按照这些基本理论，对相关联的多个利益方进行权利和义务的再分配，就形成了所谓的生态补偿。因此，生态补偿的本质是外部成本的内部化。

生态补偿的形式除经济补偿外，还有生境和资源补偿、智力补偿以及生态移民等。它的发展大致经历了以下几个阶段（这几个阶段也可以看作生态补偿的几种类型）：①主要依靠生态系统进行自我修复、调节的自发型生态补偿。②对已经被破坏的生态系统和自然资源进行恢复重建，并对由此造成的直接损失进行赔偿的赔偿型生态补偿。③补偿那些因恢复生态系统服务功能、增强生态系统恢复能力而权益受损的人的权益型生态补偿。

海洋生态系统具有公共资源的性质[4]，在其管理中存在市场和政府失灵现象[5]，而且这两种失灵现象并存且互相引发。此外，海洋生态系统虽然具有很高的生态系统服务功能价值，但其生态系统健康水平堪忧，即其功能价值逐步衰减。为解决海洋环境恶化后出现的生态非正义问题[6]，如海洋污染等，并实现海洋生态系统服务功能的可持续，需要对与海洋生态系统相关联的多个利益方的权利、义务进行再分配，即需要进行海洋生态补偿制度的建设，从法制的角度对生态恢复保驾护航。海洋生态补偿实际上是生态补偿在海洋生态系统中的具体体现，因此，它具有一般生态补偿的基本特点，即是对海洋的干扰行为的外部效应所产生的外部成本进行内部化处理，需要解决的问题主要集中在以下几个方面：生态补偿的费用由谁买单？即生态补偿的资金来源渠道及生态补偿客体的确定。谁接受补偿？即生态补偿的主体的确定。补偿的标准是什么？补偿的途径或形式是什么？目前，人们在海洋生态补偿方面做了很多有益的探索。

生态补偿的资金来源一般包括两种：一是政府财政支出，即对于由公共资源的损害或维护而产生的生态补偿一般由政府作为生态补偿的客体；二是按照"谁开发谁保护、谁破坏谁恢复"的原则，由海洋开发利用的受益者或海洋生态的破坏者支付生态补偿金。为保护海洋生态资源做出贡献的人或团体是主要的补偿对象。生态补偿的标准可按海洋生态损失估算[7]，如海洋生态保护的直接投入、海洋生态资源的发展机会成本以及海洋生态损失的价值等[8]。这大致可以分为两种情况：从生境损害的角度看，如何评估损益,判断生境损害的程度和造成生境损害的源头;从环境收益的视角看,评估生态恢复的功效等。依据这些基本原理,海洋生态补偿大致包括六种类型(见表 7-1)[9]。

表 7-1　海洋生态补偿的类型

事项	主体(被补偿)	客体(补偿)	方式	保障体系
因海洋生态保护或恢复而直接投入资金	保护或恢复者	保护或恢复的受益者	经济补偿	加强标准体系建设,鼓励公众参与
因保护或恢复而放弃了发展机会	—	—	经济补偿或智力补偿、生态移民	
改变海洋属性所造成的海洋生态损害	海域权属者	改变行为的实施者	经济补偿或生境补偿	
因环境污染而造成的海洋生态损害	环境污染的被影响者	环境污染的实施者	经济补偿、生境补偿或资源补偿	
因影响海洋服务功能而造成的海洋损害	服务功能受损的被影响者	影响海洋服务功能的实施者	经济补偿、生境补偿或资源补偿、生态移民	

第二节　我国海洋生态补偿的实践

我国海洋生态补偿的试点工作开始于山东、江苏、福建、广东四个沿海省份,在资源与生境养护等层面海洋生态补偿政策有显著效果,但各海区内海洋生态补偿政策效果存在差异[10]。

石晓然等[11]对 2006—2016 年实施生态补偿的我国 11 个沿海地区的生态补偿效率进行了评估,认为海洋生态补偿效率处于中等水平,随时间呈"下降—上升—稳定"的趋势;海洋生态技术进步是海洋生态补偿过程中生产率的重要驱动力,但面临一定的技术效率损失;海洋第三产业比重对海洋生态补偿效率有显著的正向影响,城市化率、进出口总额占比和海洋灾害直接经济损失对海洋生态补偿效率存在显著的负向影响;海洋生态补偿效率的空间聚集性增强,区域发展的不平衡性缩小,空间分布格局基本保持稳定。因此,我国的海洋生态恢复的生态补偿仍然存在多层面的问题,其研究和实施处于探索阶段。

我国的海洋生态恢复工程大多数是在政府主导下开展的,需要国家和地方投入大量的资金,实际上成了一种特殊形式的政府财政转移支付,因此并没有充分体现出造成海洋生态损失的用海企业所应当承担的社会责任[12]。

从海洋生态破坏的责任主体分析,进入海洋的污染物中有80%以上来自陆地排放和河流输入,海岸带人类活动是造成滨海湿地丧失、海洋生态系统破坏的主要原因[13],但基于陆海统筹进行海洋生态系统恢复的生态补偿并没有落到实处。

海洋保护区对当地居民的传统生产活动和生活方式等产生了一定的影响,对当地的产业布局和产业项目的落地产生了制约作用,进一步加剧了区域发展的不平衡性,但是目前缺乏针对海洋保护区特点的、科学有效的生态补偿机制[14]。此外,海洋生态恢复中的国家海洋生态保护补偿制度尚未建立[15]。生态补偿、环境损害修复工作中也缺乏独立的第三方机构的监管和评估[16]。

为贯彻落实党中央、国务院关于构建生态文明体系的决策部署,推动保护和改善生态环境,加快形成符合我国国情、具有中国特色的生态保护补偿制度体系,国家发展和改革委员会在前期广泛调研和专家论证的基础上,研究起草了《生态保护补偿条例(公开征求意见稿)》,并广泛征求意见,但其中涉及海洋尤其是海洋生态恢复生态补偿的条款并不多。涉及海洋的条款主要有以下几项:

(1)本条例所指生态保护补偿是指采取财政转移支付或市场交易等方式,对生态保护者因履行生态保护责任所增加的支出和付出的成本,予以适当补偿的激励性制度安排。

本条例适用于中华人民共和国领域和中华人民共和国管辖的其他海域。

(2)国家建立政府主导的生态保护补偿机制,对重要自然生态系统的保护,以及划定为重点生态功能区、自然保护地等生态功能重要的区域予以国家财政补助。

国务院财政、发展改革、自然资源、生态环境、水行政、住房和城乡建设、农业农村、林业和草原主管部门负责制定具体的生态保护补偿管理办法,综合考虑生态环境状况、生态保护目标、经济发展水平、财政承受能力、生态保护成本和生态保护成效等因素,依据自然资源调查监测、确权登记和资产清查统计,以及生态环境监测结果,确定中央财政的补偿范围、补偿标准、补偿水平、补偿对象和补偿方式等,建立补偿效果监督评估机制。

(3)国家实施公益林生态保护补偿。

为维护森林生态系统功能、加强森林资源保护,国家对公益林保护主体按照规定的标准予以补偿。

国家根据生态保护的需要,将森林生态区位重要或者生态状况脆弱,以发挥生态效益为主要目的的林地和林地上的森林划定为国家级公益林或地方级公益林,中央和地方财政分别安排资金,用于国家级公益林和地方级公益林的保护、管理和非国有公益林地权利人的经济补偿等。国务院林业和草原、财政主管部门负责制定具体管理办法。

(4)国家实施湿地生态保护补偿。

为保护湿地生态系统,维护湿地生态功能及生物多样性,国家可对湿地保护主体付出的生态保护成本给予适当补偿。国务院湿地、水行政、财政主管部门负责确定中央层面开展湿地生态保护补偿范围、对象和年度补偿规模等。

省、自治区、直辖市人民政府负责统筹推进所辖区域的湿地保护工作,研究制定本辖区的湿地生态保护补偿政策,明确补偿的范围、对象和补偿标准等。

(5)国家实施内陆和近海重要水域休禁渔补偿。

为保护内陆水域与海洋生态环境,维护生态系统平衡,国家在水生生物资源衰退严重的内陆和近海重要水域实行休禁渔制度,引导从事捕捞作业的单位和个人减船转产,减少捕捞量、降低捕捞强度,对其收益损失按照规定的标准予以补偿。

国家实行休禁渔制度,国务院渔业主管部门根据渔业资源状况、水生生物繁殖生长规律以及重点物种、水产种质资源保护等方面的需要,设立我国海域和重要流域、湖泊休禁渔制度,相关省、自治区、直辖市人民政府负责落实。

国家实行捕捞单位和个人减船转产补助。国务院渔业主管部门提出国内压减捕捞机动渔船船数、捕捞能力的年度总规模和分省规模。国务院财政、渔业主管部门根据压减渔船规模、捕捞收益损失、中央财政承受能力等因素确定中央财政补助标准,中央财政按照压减渔船捕捞能力对相关省、自治区、直辖市予以补助。补助资金主要用于回购捕捞权、专用设备报废拆解、社会化服务和直接发放给符合条件的退捕单位和个人。

(6)国家实施自然保护地保护补偿。

为保护好我国自然遗产最珍贵、自然景观最优美、自然资源最丰富、生态地位最重要的区域,保护好自然资源、生物多样性和维护生态平衡,国家对依法划定的各类自然保护地予以生态保护补偿。

中央和地方财政分别安排转移支付,分级分类对自然保护地保护主体给予适当补偿,根据自然保护地规模和管护成效合理确定转移支付规模。

国家建立国家级海洋自然保护区、海洋特别保护区生态保护补偿制度。

(7)国务院自然资源、生态环境、水行政、农业农村、林业和草原等主管部门负责每年公布省际间生态保护补偿协议约定的监测指标评估结果。地方各级人民政府有关主管部门负责每年公布所辖区域间生态保护补偿协议约定的监测指标评估结果。生态环境、水行政主管部门负责评估水环境、水生态和水资源状况,林业和草原、自然资源主管部门负责评估森林、草原、湿地的保护情况,农业农村主管部门负责评估农业面源污染、农村人居环境整治、生物完整性等情况,自然资源主管部门负责评估海域海岛生态改善和保护情况。协议相关地方人民政府依据年度评估结果履行约定。协议期满后,协议各方应根据评估结果协商签订新一轮生态保护补偿协议。

(8)国家探索建立排污权交易机制。

为减少污染物排放总量,减轻人类活动对生态环境的影响,国家应依托公共资源交易平台探索建立排污权的市场化交易机制,健全激励约束机制,协调不同类型排放主体之间的关系,降低污染治理社会成本,激励企业技术创新,提高污染防治效果。

省、自治区、直辖市人民政府应当制定排污权交易管理办法,负责确定重点排放行业和单位,细化完善管理措施。

第三节　海洋生态恢复的生态补偿案例

一、盐城丹顶鹤自然保护区的生态补偿[17]

在江苏沿海大开发的背景下,丹顶鹤自然保护区的定量生态补偿模式可以为滩涂资源的开发利用以及生态补偿提供参考。利用遥感(remote sensing, RS)技术和地理信息系统(geographic information system, GIS)相关技术分析保护区 1988 年、1998 年、2008 年的土地利用变化以及相应生态承载力变化和空间分异特征,结合生态足迹效率对生态补偿进行定量分析,认为保护区成立以来土地利用格局相对稳定,其变化主要集中在耕地、草地、水域和滩涂湿地等的面积方面。1988 年、1998 年、2008 年保护区的人均生态承载力分别为 1.1162 hm²、1.4783 hm²、1.6691 hm²。以 2008 年保护区的生态足迹效率和生态农业足迹效率为基准,评估补偿标准为户均补偿 2347.47 元/年、人均补偿 670.71 元/年。

二、嵊泗马鞍列岛海洋特别保护区的生态补偿[18]

根据利益相关者分析,确定该生态补偿的主要受偿者为保护区内的居民,主要补偿者为政府、游客和外来经商人员。根据条件价值评估法,通过对保护区内的居民和游客进行问卷调查,并对影响居民和游客的生态补偿意愿与水平的关键因素进行识别,认为 68.54% 的被调查居民具有受偿意愿,每人年平均受偿水平为 248.03 元。居民的受偿意愿主要受年龄、职业等因素的影响,而受偿水平主要受年龄、家庭年收入水平等因素的影响。绝大部分游客(97.62% 的被调查者)具有支付意愿,每人年平均支付水平为 203.55 元,其支付水平主要受家庭年收入水平、居住地和对生态补偿的了解程度等因素的影响。

🔍 思考题

1.海洋生态补偿产生的基础有哪些?

2.海洋生态恢复过程中的生态补偿和一般意义上的海洋生态补偿有什么关键的区别?

参考文献

[1]刘秋妹.生态文明视域下我国海洋生态补偿制度的完善[J].生态经济,2020,36(12):174-180.

[2]郑苗壮,刘岩,彭本荣,等.海洋生态补偿的理论及内涵解析[J].生态环境学报,2012,21(11):1911-1915.

[3]郑伟,徐元,石洪华,等.海洋生态补偿理论及技术体系初步构建[J].海洋环境科学,2011,30(6):877-880.

[4]纪玉俊.资源环境约束、制度创新与海洋产业可持续发展——基于海洋经济管理体制和海洋生态补偿机制的分析[J].中国渔业经济,2014,32(4):20-27.

[5]崔凤,崔姣.海洋生态补偿:我国海洋生态可持续发展的现实选择[J].鄱阳湖学刊,2010(6):76-83.

[6]郑湘萍,谢东燕.生态正义视阈下粤港澳大湾区海洋生态补偿机制研究[J].桂海论丛,2020,36(1):47-51.

[7]蒋欣慰,方迪可.海洋工程生态补偿的现状、问题与对策[J].价值工程,2020,39(7):27-28.

[8]贾欣.海洋生态补偿量的计量分析[J].中国渔业经济,2013,31(1):117-123.

[9]李晓璇,刘大海,刘芳明.海洋生态补偿概念内涵研究与制度设计[J].海洋环境科学,2016,35(6):948-953.

[10]石晓然,阎祥东,方馨.海洋生态补偿试点政策效果评估[J].中国渔业经济,2020,38(3):25-32.

[11]石晓然,张彩霞,殷克东.中国沿海省市海洋生态补偿效率评价[J].中国环境科学,2020,40(7):3204-3215.

[12]高如峰,彭琳,温泉,等.以生态修复为导向的海洋生态补偿模式研究[J].海洋开发与管理,2019,36(1):53-56.

[13]王金坑,余兴光,陈克亮,等.构建海洋生态补偿机制的关键问题探讨[J].海洋开发与管理,2011,28(11):55-58.

[14]赵玲.中国海洋生态补偿的现状、问题及对策[J].大连海事大学学报,2021,20(1):68-74.

[15]陈克亮,吴侃侃,黄海萍,等.我国海洋生态修复政策现状、问题及建议[J].应用海洋学学报,2021,40(1):170-178.

[16]李亚楠,毕忠野,张奇韬,等.海洋工程生态补偿管理模式支撑技术研究[J].海洋开发与管理,2014,31(5):12-16.

[17]王亮.基于生态足迹变化的盐城丹顶鹤自然保护区生态补偿定量研究[J].水土保持研究,2011,18(3):272-275,280.

[18]蔡玉莹,于冰.基于CVM的海洋保护区生态补偿标准及影响因素研究——以嵊泗马鞍列岛为例[J].海洋环境科学,2021,40(1):107-113.

第八章 海洋生态恢复的适应性管理

为恢复生态系统的服务功能,人们开展了一系列的生态恢复工程,提出了包括适应性管理在内的生态恢复工程的运营、维护等管理措施。虽然在生态恢复过程中提出了生态系统适应性管理的对策[1],但无论是河流生态恢复[2]、河口生态恢复[3],还是海洋生态系统恢复[4],适应性管理在很大程度上未落到实处,而且人们往往对生态恢复工程的实施阶段关注较多,对恢复效果评估和监控的重视程度不够,这导致生态恢复工程运营、维护的质量主要取决于维护人员的个人素养[5]。生态恢复工程管理的一贯措施并未充分考虑生态系统与管理之间的反馈,这导致生态恢复工程的效果难以长久维持。因此,生态恢复迫切需要建立完善的适应性管理制度。

尽管适应性管理的定义多样化,但都强调人类管理措施制定、实施和生态系统演化之间的反馈,在这种反馈的基础上,采取不同的管理举措[6]。它有别于传统的管理方式。一般来说,传统的管理方式此类反馈很少或是反馈缓慢,且不良管理对生态系统的效应往往被掩盖。基于这种反馈不通畅、不及时的传统管理模式管理生态恢复工程,如果生态恢复失败,恢复工程一般会对生态系统产生不可逆的影响。适应性管理则采用动态管理的方式,不断观测与评估系统的变化,针对变化采取相应的措施,使系统最终的演化方向指向生态恢复的目标。适应性管理分为主动和被动适应性管理,其中主动适应性管理是在实施管理之前就提出不同的预案,并根据监测评估的效果来选择恰当的管理方案;被动适应性管理一次只使用一种方式进行管理。

生态恢复工程恢复的是一个系统,当然有时恢复的是其组分,但系统的整体性决定了这些组分必然影响整个生态系统的生态过程。生态系统本身具有弹性,即生态系统在受到干扰后会保持当前的状态或是恢复到其受干扰前的状态,但完全恢复到受干扰前的状态的可能性极小。这就要求对待恢复的生态系统进行管理时,所采取的措施应当留有余地,以适应生态系统自身的弹性,要能够及时根据情况进行调整,避免系统发生不可逆的不利变化。生态系统因物质循环和能量流动而处于一个动态的发展过程中,如果不采用动态的管理方式,那么管理对象以及管理所要解决的关键问题之间就会产生不匹配的现象,管理自然就会失去应有的效果。生态恢复的目标是生态系统按照人们预期的演替方向进行演替,进而实现系统的可持续发展。这个过程中有不确定性成分,建立在反馈机制上的动态管理恰好可以降低这种不确定性,人们有能力监测、评估相关的生态过程并对其进行生态调控。因此,生态恢复工程需要并可以采用适应性管理措施。

适应性管理贯穿于生态恢复工程的全过程,这个管理体系包含生态恢复保护与监测、生态恢复效果评估和生态恢复管理三个层面的内容(见图8-1)。

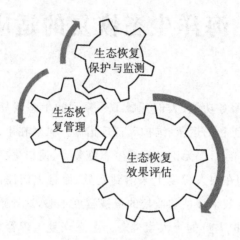

图 8-1　适应性管理体系框架

适应性管理在很多国家和地区的生态恢复工程中得以应用,例如我国水利部的公益性科研专项"河流生态修复适应性管理决策支持系统"研发和示范了河流生态恢复中的适应性管理。但是,适应性管理并不是万能的,除了上述的表观问题,这种管理机制还有其系统自身的局限性。例如,适应性管理要实行动态管理,依据生态系统的变化来调整管理措施,这意味着管理的成本加大,且会进一步导致资金来源的不稳定。同时,在当前需要精准预算开支总额度的财务制度下,测度适应性管理的成本变得困难,往往会导致资金缺口或资金大量结余,还存在资金使用难以有效监管的难题。适应性管理涉及不同利益群体的利益再分配,每一个管理措施的实施,必然改变相关当事人的利益,如何协调或充分利用生态补偿制度解决这些因管理动态调整而出现的利益再分配问题值得人们思考。在传统的管理模式下,管理者具有极大的权威,而在适应性管理制度下,如果不从实现生态系统可持续发展的角度看,管理者的权威尤其是行政权威将受到挑战,管理中至少要依据生态恢复专家的意见、生态恢复的效果来制定管理措施。生态系统非常复杂,尤其是待恢复的生态系统又有其脆弱性,这导致生态系统的演替过程及其演替方向具有极大的不确定性,人类对生态系统的认知存在局限,采取的生态恢复措施也可能无法取得预期的效果,因此生态恢复存在对生态系统产生不可逆的负面影响的可能,而管理者是否愿意或能够承担相应的政治、经济责任存在疑问,况且不确定性的存在导致难以厘清这种不可逆情形的出现是管理者的责任还是生态系统自身发展规律所致。从目前的研究和案例来看,适应性管理的效果并没有得到充足的实证支持,因为这些管理制度在实施的过程中往往掺杂了很多社会、经济因素和生态系统自身演化规律等,适应性管理的效果是否由管理制度所致还存在很大疑问。

思考题

1.适应性管理的基本理论框架及其生态学基础是什么?

2.到目前为止,适应性管理不能有效构建的主要原因是什么?

参考文献

[1]孙亚东,董哲仁,赵进勇.河流生态修复的适应性管理方法[J].水利水电技术,2007,38(2):57-59.

[2]林俊强,陈凯麒,曹晓红,等.河流生态修复的顶层设计思考[J].水利学报,2018,49(4):483-491.

[3]杨薇,裴俊,李晓晓,等.黄河三角洲退化湿地生态修复效果的系统评估及对策[J].北京师范大学学报(自然科学版),2018,54(1):98-103.

[4]于小芹,余静.基于 NVivo 的中国海岸带生态修复政策文本分析[J].中国渔业经济,2021,39(3):20-30.

[5]康丽娟.典型河道生态修复工程探析[J].环境生态学,2021,3(2):43-46,52.

[6]冯漪,曹银贵,耿冰瑾,等.生态系统适应性管理:理论内涵与管理应用[J].农业资源与环境学报,2021,38(4):545-557,709.

第九章　珊瑚礁的生态恢复

珊瑚礁生态系统是由造礁石珊瑚、珊瑚藻等形成的珊瑚礁生境与生物群落所构成的统一的自然整体,被誉为"蓝色沙漠中的绿洲"和"海洋中的热带雨林"。造礁珊瑚是六放珊瑚亚纲石珊瑚目下有共生虫黄藻、碳酸钙骨骼和造礁能力的珊瑚的统称。除生产力高、生物多样性丰富、提供附着基、提供生态科研与游憩的功能外,珊瑚礁还具有"碳汇"的潜能。因为尽管珊瑚礁的钙化过程伴随 CO_2 的释放,但珊瑚礁生态系统内部复杂的生物地球化学循环过程以及造礁珊瑚特殊的混合营养特性,使其"碳汇"功能不容忽视[1]。

虽然珊瑚礁生态系统有重要的区域性、全球性价值,但包括我国的珊瑚礁在内的该类生态系统一直处于衰退中。例如,我国沿海成礁珊瑚分布最北缘的典型边缘珊瑚礁——广西涠洲岛珊瑚礁的枝状珊瑚大量死亡,石珊瑚的盖度急剧降低;鹦鹉鱼、蝴蝶鱼等反映珊瑚礁良好状况的指标生物的种群数量急剧下降;珊瑚礁生态系统内的植食性鱼类缺乏,珊瑚受大量增殖的海草(藻)的生理生态胁迫增加,而珊瑚自身的恢复力不足[2]。除飓风、海啸等外,对珊瑚礁的采捕,对珊瑚礁生态系统内的鱼类(广义的鱼类包括棘皮动物、双壳动物等)的破坏性捕捞,海洋酸化[3]、升温、缺氧和营养盐加富[4]导致的珊瑚白化,以及包括围填海、水产养殖、旅游等在内的人类活动都加剧了珊瑚礁的衰退[5],这种衰退现象在边缘珊瑚礁中更为严重,如南中国海的珊瑚礁 80% 以上呈现退化趋势[6]。

第一节　珊瑚礁的现状调查

为恢复退化的珊瑚礁生态系统或是重建珊瑚礁生态系统,需要进行相应的包括珊瑚种类、环境要素、生物群落和威胁因素的生境调查,且一般按照前期工作、现场调查、内业核查、数据整理等流程实施调查工作。在调查中,一般按照《海岸带生态系统现状调查与评估技术导则　第 5 部分:珊瑚礁》(T/CAOE 20.5—2020)[7]实施现场调查并做出生境质量评价。事实上,为保护或恢复珊瑚礁,人们开展了一系列的对珊瑚礁生态系统的调查。例如,基于录像样带法,调查了海南省三亚市亚龙湾珊瑚礁区 17 个站位的礁栖鱼类和大型底栖生物的群落结构、数量分布及相似性,并提出了如下生态警示:最近 15 年来,亚龙湾的鱼类资源持续衰退,目前已近于枯竭;调查区的大型底栖生物以软珊瑚、大型底栖藻类、海百合和海胆为主,部分海区大型底栖藻类较多,可能存在富营养化趋势,维持金尾雀鲷或其他植食性鱼类与藻类规模之间的平衡,对恢复和保持珊瑚礁生态系统的健康尤为重要;管控来自青梅河等的陆源污染,是控制亚龙湾大型海藻增殖的关键[8]。在这些珊瑚礁生态系统调查中,潜水作业是常规做法,研究的着眼点都是从生态系统的角度来看珊瑚礁生态系统的显著变化。此外,种类组成、优势种、覆盖率、补充量、分布面积等用于一般生态系统群落分析的专业术语同样适用于珊瑚礁生态系统的调查及评价[9]。

第二节　珊瑚礁的生态恢复

《海岸带生态减灾修复技术导则　第 4 部分:珊瑚礁》(T/CAOE 21.4—2020)[10]规定了当前我国水域范围内珊瑚礁生态恢复的技术细则,此处不再赘述,仅就珊瑚礁生态恢复的一般程序、注意事项以及关注点等做一个简单的介绍。

珊瑚礁的生态恢复是一个投资大且耗时长的生态工程,其对拟恢复生态系统的影响往往具有不可逆性,因此,在进行生态恢复之前,需要对已有方法或者生态恢复工程的恢复成效进行评估,以便进行适应性管理。其中,需要构建珊瑚覆盖率、鱼类补充量等硬性的评价指标,选择具有可比性的恰当的参照系,评估时间也要恰当[11]。

当然,造成珊瑚礁生态系统衰退的原因并不唯一,生态系统演替的方向也不固定,因此,一般要从生态系统的角度多方面保护珊瑚礁,为此人们提出了珊瑚礁保护的几个重点:完善珊瑚礁保护与可持续利用的法律体系和管理机制;开展珊瑚礁多样性调查、评估与监测;加强珊瑚礁多样性保护和管理;加强基础建设;提高珊瑚礁应对气候变化的能力[12]。其中,鱼类多样性丰富是珊瑚礁健康的重要标志,要通过控制过度捕捞和破坏性捕捞,降低海洋酸化和全球变暖的危害,加强对珊瑚礁食草鱼类的保护,扩大珊瑚礁生态恢复范围等措施恢复珊瑚礁鱼类多样性[13]。

珊瑚礁生境修复主要的室外工作有人工鱼礁投放、改善底质等,以整株珊瑚移植、珊瑚片断移植、珊瑚碎片移植、珊瑚幼虫安放等方式进行珊瑚礁的移植,并从珊瑚品种、群落构成、底质类型等角度研究移植珊瑚礁存活的生态要素[14],从而探索出提升珊瑚礁生态恢复成效的途径。

珊瑚礁的移植是一个重要的珊瑚礁生态恢复方法,在这个过程中,生境修复非常重要,因为生境是珊瑚生存的基础。积极推进生境修复也是珊瑚礁生态恢复工程实践的重点。礁盘破碎化是珊瑚礁最为恶劣的底质类型,破碎化礁盘难以自然恢复,研究发现投放火山石来固定破碎化礁盘,对促进珊瑚幼体附着、吸引大型底栖生物和鱼类聚集有显著效果,能有效促进礁盘破碎化珊瑚礁生态系统的恢复[15]。碳酸盐沉积技术也被用于珊瑚礁生境的修复,合理的钙离子和细菌浓度有利于增强礁体修复材料的胶结效果,降低材料的孔隙度,提高材料的均匀性,从而修复珊瑚礁生境[16]。

珊瑚礁的移植需要供体,仅靠天然水域的珊瑚礁,有拆东墙补西墙之嫌,因此室内培育珊瑚是珊瑚礁移植的重要保障。可通过构建不同的陆基珊瑚培育系统进行造礁石珊瑚人工繁育中的无性断枝培育及有性繁育,包括指状蔷薇珊瑚(*Montipora digitata*)、十字牡丹珊瑚(*Pavona decussata*)、澄黄滨珊瑚(*Porites lutea*)、黄藓蜂巢珊瑚(*Favia favus*)、叶形牡丹珊瑚(*Pavona frondifera*)、薄片刺孔珊瑚(*Echinopora lame*)的无性断枝培育和丛生盔形珊瑚(*Galaxea fascicularis*)的有性繁育等[17]。

珊瑚礁的保护与恢复都不只是公益行为,要挖掘其潜在的经济价值,从而推动企业参与海洋生态保护并从中受益,进而提升珊瑚礁生态恢复的成效。例如,与旅游公司紧密合作,以珊瑚移植技术在三亚市蜈支洲岛典型的近岸珊瑚礁区域恢复造礁石珊瑚风信子鹿角珊瑚(*Acropora hyacinthus*)、美丽鹿角珊瑚(*A. muricata*)等 8 种造礁石珊瑚,经过 3 年生长,移植珊瑚的平均存活率为 61.3%,造礁石珊瑚的平均覆盖率从 9.3% 提升到 35.3%[18]。资源开发过程中必然存在"无主先占"的思想,尤其是对于渔业资源而言,往往在开发利用中以"正的时间偏好"利用资源。因此,在加强法制建设,提高非法采挖、破坏珊瑚礁的违法成本,完善珊瑚礁自然保护区保护制度,明确旅游潜水企业的珊瑚礁保护义务和责任,健全珊瑚礁的生态恢复制度、珊瑚礁贸易监管制度之外[19],还需要加强宣传教育,更为重要的是,建立生态补偿制度[20],这样才能长效保护、恢复和管理珊瑚礁生态系统。

上述科学研究、政策调研以及工程实践工作可以归结为以下珊瑚礁生态系统恢复程序:第一阶段要收集拟保护、拟恢复区域内包含影响珊瑚礁的自然因素、人为因素以及区域规划等的数据,详细分析表征珊瑚礁生态系统衰退的指标以及驱动要素,评估珊瑚礁生态系统的现状,判断其是否需要恢复以及采取哪种恢复方式,是人工修复还是以自然之力恢复自然。第二阶段要在上述工作的基础上,拟定恢复目标,制定保护或恢复方案,包括控制污染与捕捞、降低敌害生物、采用综合生态措施等,并实施方案。第三阶段为实施方案后的管理阶段。监测保护、恢复的效果,并以硬性指标为主要生态评估指标、以社会文化指标为柔性管理目标进行评估,比对原有恢复或保护目标,实施适应性管理,并编撰生态恢复或保护报告。其中,生态指标主要有营养盐、水文、颗粒物沉降通量、沉积速率等理化参数,以及珊瑚种类、珊瑚盖度、硬珊瑚补充量、大型藻类及植食性生物的种类与丰度、大型底栖动物的种类及其丰度、珊瑚健康状况、珊瑚礁结构等参数;社会文化指标包括用户满意度、社会价值、人文价值、经济价值等[21]。

思考题

1.简述水产养殖与珊瑚礁的健康状况的关系。

2.大型藻类能否修复白化的珊瑚礁？

参考文献

[1]石拓,郑新庆,张涵,等.珊瑚礁:减缓气候变化的潜在蓝色碳汇[J].中国科学院院刊,2021,36(3):270-278.

[2]周浩郎,王欣,梁文.涠洲岛珊瑚礁特点、演变及保护与修复对策的思考[J].广西科学院学报,2020,36(3):228-236.

[3]张斌键.生态修复技术或为减缓珊瑚礁衰退带来契机[N].中国海洋报,2012-11-02(3).

[4]朱葆华,王广策,黄勃,等.温度、缺氧、氨氮和硝氮对3种珊瑚白化的影响[J].科学通报,2004,49(17):1743-1748.

[5]金羽,欧阳志云,林顺坤,等.海南岛海岸带生态系统退化及其保护对策研究[J].海洋开发与管理,2008,1:103-108.

[6]兰竹虹,陈桂珠.南中国海地区主要生态系统的退化现状与保育对策[J].应用生态学报,2006,17(10):1978-1982.

[7]中国海洋工程咨询协会.海岸带生态系统现状调查与评估技术导则　第5部分:珊瑚礁:T/CAOE 20.5—2020[S].北京:中国标准出版社,2020.

[8]黄丁勇,王建佳,陈甘霖,等.亚龙湾珊瑚礁大型礁栖生物的群落结构及生态警示[J].生态学杂志,2021,40(2):412-426.

[9]陈程浩,吕意华,李伟巍,等.三亚红塘湾珊瑚礁生态状况研究[J].海洋湖沼通报,2020(4):138-146.

[10]中国海洋工程咨询协会.海岸带生态减灾修复技术导则　第4部分:珊瑚礁:T/CAOE 21.4—2020[S].北京:中国标准出版社,2020.

[11]李元超,兰建新,郑新庆,等.西沙赵述岛海域珊瑚礁生态修复效果的初步评估[J].应用海洋学学报,2014,33(3):348-353.

[12]蓝建新,吴瑞,王道儒.海南省珊瑚礁生物多样性保护战略与行动计划[J].海洋开发与管理,2014,31(6):116-120.

[13]代血娇,张俊,陈作志.珊瑚礁鱼类多样性及保护研究进展[J].生态学杂志,2021,40(9):2996-3006.

[14]李元超,黄晖,董志军,等.珊瑚礁生态修复研究进展[J].生态学报,2008,28(10):5047-5054.

[15]夏景全,贾志宇,张国豪,等.火山石对破碎化珊瑚礁的修复效果研究[J].浙江海洋大学学报(自然科学版),2020,39(3):237-244.

[16]唐阳,闫玥,贡小雷.基于 MICP 珊瑚礁生态修复技术研究[J].土工基础,2017,31(5):602-605.

[17]王永刚.陆基养殖系统条件下的造礁石珊瑚人工繁育研究[D].南宁:广西大学,2020.

[18]张浴阳,刘骋跃,王丰国,等.典型近岸退化珊瑚礁的成功修复案例——蜈支洲珊瑚覆盖率的恢复[J].应用海洋学学报,2021,40(1):26-33.

[19]文芳.海南珊瑚礁保护法律制度研究[D].海口:海南大学,2015.

[20]施蕴文.广东省珊瑚礁生态保护对策研究[D].湛江:广东海洋大学,2018.

[21]郑新庆,张涵,陈彬,等.珊瑚礁生态修复效果评价指标体系研究进展[J].应用海洋学学报,2021,40(1):126-141.

第十章　红树林的生态恢复

红树林是生长在热带、亚热带潮间带滩涂上的木本植物群落,是多种植物的统称,其地理分布取决于全球气候,其生长和健康状况受人类活动的直接影响。作为世界上生物物种最丰富、初级生产力最高的海洋生态系之一,红树林具有极高的生产力(含初级生产力和次级生产力)。除自身群落组成外,红树林内部生境多样并为众多生物提供食物与庇护所,因而红树林具有保护生物多样性的功能。例如,仅广西山口红树林自然保护区就有 111 种大型底栖动物、104 种鸟类、133 种昆虫,还有 159 种(变种)藻类。红树林自身具有固碳的功能,其沉积生境中的还原性物质多且可以还原 CO_2,因此具有调控温室气体的功能。红树林能够消减风浪、促淤、净化水质,抵御全球温室效应造成的海平面上升的负面影响。红树林自身具有生物活性物质且具备游憩等服务功能,因而,红树林具有良好的生态、经济效益[1]。

然而,由于对红树林价值的认识不足或是有更大利益的驱使,红树林面临被占用、砍伐的命运。随着对红树林生态价值认识的加深,红树林的保护被提上日程。例如,我国建立了很多红树林保护区,红树林面积持续减少的态势得到一定程度的遏制。有数据显示,1997—2007 年,广西北部湾红树林面积持续减少,其后急速增长,然后趋于稳定[2]。但由于各个管理部门协调不够,红树林规划难以落实,红树林的确权工作并未完全实施,未将红树林湿地资源全部纳入省级生态公益林进行管理,对红树林资源经营管理的研究不够重视[3],众多红树林仍处于亚健康状态[4]。

第一节　红树林的生态胁迫因素

作为一个复杂的生态系统,红树林处于海陆过渡带,是全球海岸带地区应对全球气候变化最为重要的生态屏障之一,气候变化又严重影响全球红树林的生存和分布方式[5]。除承受全球气候变化所带来的影响外,人为因素和自身因素也影响红树林的健康状态,其中,人类活动带来的影响可能更大。

一、温度对红树林的影响

温度是影响红树林发育的首要条件之一,决定了红树植物分布的纬度区间,例如红树植物在我国的分布北限是浙江省的中南部。虽有争议,但可认为 5 ℃是红树植物存活的生理极限温度。在 2008 年 50 年一遇的特大寒潮期间,广西沿海出现了连续 7 天气温低于 5 ℃的天气,红树植物出现了花果叶脱落、枝条枯萎,甚至植株死亡的现象。其中,嗜热性红树植物红海榄和木榄的幼苗基本全部被冻死,广西防城港珍珠湾内种植的十年生 2.5~3.5 m 高的海榄幼树无一幸存[6]。当然,温度持续升高对红树林同样不利,1997—2007 年,广西北部湾年平均气温与红树林面积呈负相关[2]。

二、降水和盐度对红树林的影响

潮间带是红树林发育的首要基础,红树林发育的土壤必须具备一定的湿度和盐度。例如,广西北部湾年平均降雨量与红树林面积呈正相关[2],而盐度降低对红树林生态系统的健康有利[7]。

三、台风及海平面上升对红树林的影响

11~12 级或者更大的风力会对红树林生态系统造成损害,例如台风对海桑类红树林的损害率最高达 80%。台风对红树林的危害跟林分起源、林分疏密度、树龄等存在一定的相关关系:人工海桑类林分受台风危害严重,而天然林很少受到危害;稀疏的海桑类林分较密度大的林分受台风的危害更严重;树龄较大的海桑类红树林分较幼树或幼苗受台风的危害更严重[8]。此外,1980—2018 年的海洋大气观测资料和实地调查数据显示:海南东寨港红树林生态系统的致灾影响因子主要为该地区沿海海平面的快速上升,在海平面快速上升和热带气旋或台风影响下,红树林生态系统的脆弱性加剧[9]。

四、营养盐对红树林的影响

营养盐是红树林生存的物质基础,然而,它具有双重阈值作用,滩涂贫瘠造成红树林矮小[6],适度的营养盐污染排放不会影响红树的营养水平以及红树林的生态结构[10],但过度的排污会超出红树林生态系统的净化能力范围,使红树林消退[11]。这些作用的本质是红树林对营养盐的耐受幅度不同,对营养盐的需求不同。

五、虫害对红树林的影响

近 20 年来,中国红树林生态系统中危害较严重的主要害虫种类有海榄雌瘤斑螟(*Acrobasis* sp.)、毛颚小卷蛾(*Lasiognatha cellifera*)、丽绿刺蛾(*Latoia lepida*)、白囊袋

蛾（*Chalioides kondonis*）、蜡彩袋蛾（*Chalia larminati*）、小袋蛾（*Acanthopsyche subferalbata*）[12]和团水虱（*Sphaeroma* spp.）等[13]。这些虫害造成红树林急剧衰退，例如2004年广西北部湾沿海的红树林遭受了一场40年来罕见的虫害，螟类虫害面积在大约一个月内从667 m² 多扩大到 2×10⁶ m² 以上（3000多亩）；遭受虫害的白骨壤树高都在2 m以上，树龄在30～50年之间，被海水浸泡的较矮的树木受害稍轻[14]；2008年5月，山口国家级红树林生态自然保护区又一次大面积暴发白骨壤虫害，虫灾出现时间提早，蔓延更为迅猛，平均虫叶率大于96.2%[15]。此外，遭受病虫害的红树林还有福建的秋茄、桐花树群落，海南、广东的海桑等，各地区的害虫种类在不断增加，以往不常见或威胁性不大的害虫出现的频率越来越高，且威胁越来越大，存在潜在暴发的可能[16]。

六、入侵生物

入侵生物以生境空间竞争、化感作用等方式危害本地红树的生存、侵占红树林的生境、排挤本地种等，如薇甘菊、互花米草和无瓣海桑等入侵对红树植物造成危害，进而使系统衰退[17]。

七、群落结构变迁对红树林的影响

红树林植物群落的演替是群落生物与环境相互作用的结果，每种生物的耐受幅度不同，环境恶化导致红树林生态系统中红树的伴生种鱼藤疯长，遮住了红树林，使红树植物不能捕获足够的阳光，进而导致红树林不能进行正常的光合作用，导致成片的红树林枯萎消亡[18]。

八、船舶冲击浪对红树林植物、群落演替的影响

由于受到过往快艇引起的波浪的冲击，一些地段的红树林根部外露并大面积倒伏，出现严重退化现象。其主要原因是快艇高速行驶所带来的巨浪冲刷滩涂，造成红树植物根系固着的土壤（沉积物）被冲走，甚至出现滩涂断层现象；船舶兴波频繁冲刷林带减少了部分靠水林缘种类、干扰了底栖动物的生活习性，且水流带走了丰富的凋落物和富含营养物质的沉积物，导致底栖动物食物缺乏；快艇频繁穿过红树林区引起的巨浪还使得鸟类不敢在林缘停留、摄食，产生的巨大噪声也会惊吓林内栖息的鸟类，迫使其离开红树林，进而导致林内昆虫群落结构改变，一些对红树植物有害的种类因缺乏鸟类的捕食而大量繁殖；快艇引起的巨浪有很高的波能且频繁地侵蚀着外围滩涂，从而限制了红树林生境向外围自然演化的可能，导致胎生胚轴容易被水流带走，难以插入土中生长，且新生的幼苗在快艇带来的浑浊水流下对光的利用减弱，幼苗的成活率降低[19]。

九、围填海对红树林的影响

影响红树林自然保护区的人为因素是多样的。以北仑河口国家级自然保护区为例，

人为因素主要有港口和城镇的建设、海河堤建设、修建养殖鱼塘、捕挖红树林区内的动物、排放污染废水等。从 20 世纪 80 年代开始,随着沿海海水养殖业的发展,保护区内几十公顷的红树林被围垦,至今仍无法恢复;90 年代初,东兴市竹山港的建设直接破坏了北仑河口我国一侧红树林生态系统[20]。其中,围填海造成的红树林生境灭失是红树林面积减少的最直接原因,如所谓的"虾塘—海堤—红树林"已成为中国红树林海岸的主要景观类型[6],遥感调查也显示在 1997—2007 年,沿海养殖业、海岸线的延伸均与广西北部湾红树林面积呈负相关[2]。

十、水产养殖对红树林的影响

除侵占红树林而造成红树林的生境减少或灭失外,水产养殖也会造成红树林生态系统群落结构改变。水产养殖排污会破坏红树林植物叶片的叶绿素浓度、酶活力等,从而对红树植物造成伤害;养殖者对养殖塘的水位控制不当,将水位控制在树冠之上又不及时排放,长此以往,红树植物因缺氧而衰弱死亡;养殖者长期晒塘消毒,导致红树林长期缺水而枯死;大量含有机碳污水的排入还会破坏红树林底泥,使红树的缺氧压力加大;大量渔药的频繁使用也会对红树林造成不良影响[11]。

当然,影响红树林的因素并不单一,而是多种因素混杂在一起,共同作用于红树林。通过卫星遥感和设置样地对广东省惠东县的红树林资源进行的调查表明,红树林正受到人工围垦养殖、旅游开发建设、外来生物入侵、污水直排和生活垃圾污染水体等的共同影响[21]。

第二节　红树林生态系统的调查、评价及生态恢复

一般的调查、监测与评估工作可以参考《海洋监测规范》《海洋调查规范》《海水水质标准》和《近岸海洋生态健康评价指南》[22]等进行。对于拟进行生态恢复的红树林海区,建议按照《海岸带生态系统现状调查与评估技术导则》进行。

对于复杂而脆弱的红树林生态系统而言,"人与自然是生命共同体"的理念是解决其生态环境保护问题的重要理论和实践基础[23]。事实上,人们已经从病害防治、自然恢复、人工修复和红树林管理等层面对红树林的生态恢复进行了工程实践,如深圳福田的红树林恢复[24]、浙江的红树林人工构建[25]等。

一、红树林的病害防治

针对红树林虫害,可以采取化学、物理、生物等防治方法[16]。在工程实践中,要逐步认识到红树林虫害的暴发是一个系统问题,需要从红树林生态系统健康水平和昆虫多样

性等方面对害虫种群的成灾原因进行探讨,并提出以虫害可持续控制为目标的红树林生态系统生境调控策略[12],进行病害的生态防治[26]。

二、抵御台风的措施

为抵御台风的影响,提高红树林建设的成效,应适当密植红树林,种植带要达到一定的宽度(至少 50～100 m);应固定初植的幼树幼苗以提高其稳定性;要合理搭配速生和慢生红树植物;要选择抗风性强的优良红树种类来造林等[8]。

三、红树林区域的生物入侵控制

互花米草在很多国家或地区被认为是外来入侵物种,调查发现互花米草的入侵也是造成我国红树林衰退的主要原因。因此,控制互花米草的生物入侵是红树林养护、生态恢复的重要途径。依据刘彩红等[27]的研究,对于入侵红树林的互花米草的控制措施包含以下技术环节:①对互花米草盖度不低于 50％的滩涂,每隔 1.0～1.5 m 通过砍割或捆绑方式形成宽 0.1～1.0 m 的通道,即把通道内的互花米草砍割清除干净,或沿种植带把互花米草往两边捆绑形成空隙带;对于盖度低于 50％的可不做预处理。②选择苗木健壮、无病虫害、苗高 60～100 cm 的无瓣海桑(或海桑)苗,在预处理后形成的通道上种植无瓣海桑(或海桑)苗木,种植时依立地条件和互花米草的浓密程度,确定种植行距和株距,种植苗木后将苗木扶植固定,即将苗木扶正后用硬竿插入土中进行固定。③在无瓣海桑(或海桑)郁闭、互花米草消退或完全消退后,可对无瓣海桑做林下修枝,种植阴生红树植物,5～6 年就可形成结构较稳定的复层林。此外,利用不同红树之间生长速度、生物化感物质的差异,可以用特定的土著红树种类恢复遭受外来红树物种入侵的红树林区域[28]。

四、自然恢复红树林

退塘还林的研究虽然已经有 40 年左右的历史,但相关的工程实践、系统性科学研究依然很少,我国对于红树林退塘还林的研究基本处于空白状态,对修复的红树林生态系统缺乏长期监测[29]。近年来,随着对红树林区域的病虫害尤其是虫害的认识加深,人们逐渐深刻认识到造林不是红树林养护、生态恢复的全部,要对红树林进行系统性研究。因而,退塘还林被认为是未来红树林恢复的主要手段,其主要的工程措施包括:①人工拆除废弃基围鱼塘内的围堤和水闸;②针对滩面高程偏低的不利因素,通过起垄回填方式抬高滩面;③根据水体盐度,选择适宜的速生树种,并结合适当密植、插竿固定苗木、幼林管护等技术措施,以人工造林的方式完成对废弃基围鱼塘的红树林恢复[30]。这些工程实践的结果说明,未来应该着眼于建立基于生物多样性和生态系统功能的综合恢复技术体系。

五、人工修复红树林

人工调控有助于土著红树植物的恢复[31]，因此红树林的人工修复仍然是现行的红树林恢复的主要途径。红树林的修复具有系统性的特点，除控制外源污染、禁止围填海并恢复红树林原有生境、补水等红树林修复措施外，红树林造林技术是红树林修复的关键技术，这也是我国进行的历时最长的生态修复工程之一。红树林造林技术主要包含以下技术要点[32-35]：

(一)确定红树林的宜林区

宜林区的选择本质上是对适合红树林生存的条件的筛选，主要的筛选条件包括：①纬度和温度。这两个条件本质上具有一定的关联性，都是对温度的考量，但纬度在造林层面更容易确定其选择的区域。对于红树林树种、群落而言，温度是最为重要的影响因素，温度过低会导致红树林遭受低温冷害。在我国，天然红树林的最北端在福建省的东部，而人工移植红树林的最北端分布在浙江省的宁波市等地。②风浪和海流。这两个条件在本质上也是对红树树种耐受风浪等外力侵蚀、抗倒伏等能力的考量。风浪、海流大的区域一般不利于红树林的造林，因为这种环境下，红树无法有效锚定在沉积物(土壤)中，进而失去生存的基质。因此，一般选择在背风、风浪小或曲折的港湾进行红树林的造林，使红树幼苗少受或免受风浪的作用。③盐度。这个因素主要考虑红树对盐度的耐受性。每种红树对盐度的适应性不同、对盐度的耐受幅度不一，需要依据盐度和红树林物种间的匹配性，选择宜林区。④土壤与滩涂。这主要是对沉积物的孔隙度、有机物含量等对红树的作用的考虑。红树林造林要求土壤松软且粒度细致，从而满足红树呼吸以及耐受硫化物的需要，土壤富含足够的有机质与养分而满足红树幼苗对营养盐的需求。沙滩一般不适合开展红树林修复，宜林区要选择在平均高潮线与海面线间的滩涂之上，既便于幼株更好地呼吸，又可适度减少藤壶等有害污损生物的附着。

(二)确定合适的红树物种

红树能否成活在很大程度上取决于红树能否适应生境，因此，在选择拟引种的红树品种时，需要考虑不同区域的温度、潮滩高程、土壤性质与盐度等影响红树生存的环境要素。例如，海岛的环境特点是多风、受浪冲击的可能性大、缺乏淡水等，在海岛进行红树林的生态恢复时，最好选择耐盐性强、喜砂质土壤、生长速度快、抗风浪能力强的红树林物种；河口区由于受冲淡水和潮汐的作用，其盐度波动范围很大，用于河口区红树林生态恢复的红树林物种要能够耐受较大的盐度波动。

对红树林进行生态恢复时，需要重视对红树土著种的使用，这样可以防范生物入侵。红树并不是单一物种，而是对多种物种的一个统称，各物种之间存在生态竞争，引种时需要甄别物种之间的关系。此外,土著种一般是适应拟恢复区生态环境条件的物种,更容易造林成功。若土著种无法正常生长发育,可选择外来的速生品种作为先锋物种进行生境改良,然后利用红树林群落的生态内稳性进行后续管理,以恢复土著种形成的红树林。再者,在较高纬度区域,最好选择慢生树种(如海莲、木榄、桐花树、红海榄),因为慢生树种的新生枝条不容易遭受低温冷害;相反,在低纬度区域最好选择速生树种(如海桑、拉关木、银叶树、海漆、海芒果等),这样可以快速成林以防止其他植被建成优势群落,进而阻碍红树林群落的构建。

土壤(沉积物)是红树林生长、发育的基础,因而是影响红树林生长、发育以及分布的主要限制性因素之一。不同品种的红树对土壤(沉积物)的耐受幅度不同,这意味着在造林时需要根据滩涂土壤(沉积物)的性质来选择相应的红树品种。如果潮滩的淤泥较厚,这种土壤(沉积物)就比较适合红树的生长,在品种的选择上就有很大的空间;如果滩涂属于砂质土壤(沉积物),则需要选择引种适应这种土壤(沉积物)的角果木、桐花树、榄李等品种;如果潮滩的泥土比较坚实,土壤(沉积物)的孔隙度较低,则建议选择引种银叶树、海漆与海莲等。

造林是一个系统工程,影响其成败的因素众多,物种仅仅是一个层面,在选定宜林区、红树林物种之前,需要对拟修复区域的自然环境条件进行调查,寻找红树林在这些宜林区域未能成林的主要原因。调查内容主要包括土壤(沉积物)、水文、水质、生态环境与气象条件等要素,最好能做出预测,判断这些环境条件发展的态势,然后针对变化趋势制定相应的措施。此外,在上述调查的基础上,要科学编撰红树林造林修复的技术方案。

(三)红树林的恢复方法

1.红树林的生物修复

红树林养护与恢复的主要目的是提升其生态服务功能,而其功能的发挥与自身的林分特征有关,因此,需要改造低矮、退化与密度较低的红树林,具体措施主要包括以下几种:①以闭郁度为主要指标体系,评价红树林的稀疏程度,如果闭郁度小于50%,需以间伐、引种原有红树树种的方法进行红树林密度的调控。②红树林的生态功能的发挥,既是红树本身的作用,也是红树林整个生态系统的作用。红树林一般位于容易受台风影响的区域,台风本身及其过境所带来的风浪都会对红树林的建林形成威胁,因此,需要增加红树林的面积以维持其生存,进而发挥其生态功能。③在红树林表现出低矮化趋势时,可采用林间间伐方式改善红树林区域的通风、透光等基本条件,提升红树林自身更新的能力,当然也可以考虑引入优良品种,建议采用土著种。

2.红树林的工程修复

生境改良是生态恢复的重要方式,红树林的生态恢复也是这样。陆源性的排污等造成的环境污染、围填海等工程建设与滩涂淤积或入海河流断流等造成的滩涂抬升等都会造成红树林生境的破坏,甚至是生境的灭失。因此,积极改造受破坏的生境理论上可以有效养护、恢复红树林。依据造成生境破坏的原因,所采取的工程措施包括以下几个方面:①依据拟恢复区域内的红树林的生物需求,在拟恢复区域内挖掘条带状的沟渠,使拟恢复区域的滩涂水平能满足该区域内红树生存的实际需求。②如果因滩涂淤积而造成生境灭失,则需要在拟恢复区域内开挖沟渠,将海水引进来,满足红树生存的需要。③测定拟恢复区域内土壤(沉积物)的理化性质,判断造成红树林衰退的主要污染物是什么,针对这些污染物进行生境修复,也就是改善土壤(沉积物)的性质。当然,对于贫营养的区域,则需要补充有机物;对于板结的区域,则应该适度增加砂质土壤(沉积物)。④依据拟恢复区域具体的生境特点,如潮汐、气候、周边的植被情况,尤其是容易造成生物入侵的互花米草等的分布,进行生物群落内稳性的调查,从而对造林场地进行科学的规划、改造。

六、红树林恢复的法制建设

红树林的养护及恢复不仅是自然科学问题,更是社会科学问题,因为造成红树林衰退的原因不仅有自然因素,更有人类活动胁迫,红树林的养护在很大程度上是对相关当事人现有或既得利益的再分配。所以,红树林的恢复成效与法制建设密切相关。针对当下红树林生态保护、恢复中存在的问题,可采取以下解决方法:①在红树林养护和恢复的过程中,寻找与红树林相关的各个利益方之间的生态、经济利益等的平衡点,建立维持红树林养护的保障机制。红树林有公地资源的属性,有机会利用红树林的群众、公司等在开发利用红树林的过程中往往采用正的时间偏好,他们更多关注近期利益而忽视长远利益;从生态系统的角度看,红树林和周边村民、养殖公司、房地产公司等是共生关系,如果忽视他们本身的正当权益,就难以激励他们积极进行红树林的养护和恢复。②整合红树林养护与恢复管理的行政主体,全面落实保护责任,进而解决红树林养护与恢复在行政执法中存在的权责不清、多头管理、基层管理者难以落实政策等问题。③推动司法改革,鼓励公众参与。"法不责众"似乎是群众普遍采信的信条,在这种信条下,红树林养护与恢复这类公共属性的问题更难以解决。为了避免司法机关受限于地方政府和地方保护主义而放纵破坏红树林的行为,进而影响红树林生态保护、恢复工作的开展,要积极推动司法体制改革,提高涉红树林案件的司法独立性。群众参与可以实现公众科研素养的提升,一方面可以有效提升群众对红树林的认知,另一方面则可以提升红树林周边渔村群众的社会机会成本。鼓励公众参与还可以有效加强对司法活动的监督,确保红树林案件司法活动的公正、高效、权威[36]。

当然,不能为了保护而保护或恢复,要建立适当的生产模式,如构建红树林-鱼类养殖系统、红树林-海鸭养殖模式等[37]。红树林的保护要在收获巨大社会价值和生态价值的同时,给一方百姓带来更大的经济价值。这样更有利于激励群众从事红树林的养护工作,可能更有利于红树林的持久性保护。

思考题

1.简述如何调查红树林衰退的原因。

2.简述如何控制入侵生物无瓣海桑对土著红树的影响。

3.如何从生态系统的角度控制频繁暴发的红树林虫害？

参考文献

[1]谢瑞红,周兆德.红树林生态系统及功能研究综述[J].华南热带农业大学学报,2005,11(4):48-52。

[2]谢亮亮,谢小魁.1997—2017年间广西北部湾红树林演变分析[J].农村经济与科技,2020,31(9):87-89.

[3]林寿明,陈世清.广东省红树林经营管理对策探讨[J].林业资源管理,2006(4):33-36.

[4]曹虹,刘世好,刘斯垚.海南花场湾红树林生态系统健康评价与保护策略[J].中南林业调查规划,2020,39(2):16-19,28.

[5]王友绍.全球气候变化对红树林生态系统的影响、挑战与机遇[J].热带海洋学报,2021,40(3):1-14.

[6]范航清,陆露,阎冰.广西红树林演化史与研究历程[J].广西科学,2018,25(4):343-351,449.

[7]毕忠野,党二莎,包吉明,等.深圳市福田国家级红树林自然保护区的红树林生态系统健康评价[J].海洋开发与管理,2019,36(6):28-32.

[8]陈玉军,郑德璋,廖宝文,等.台风对红树林损害及预防的研究[J].林业科学研究,2000(5):524-529.

[9]颜秀花,蔡榕硕,郭海峡,等.气候变化背景下海南东寨港红树林生态系统的脆弱性评估[J].应用海洋学学报,2019,38(3):338-349.

[10]黄立南,蓝崇钰,束文圣.污水排放对红树林湿地生态系统的影响[J].生态学杂志,2000,19(2):13-19.

[11]薛志勇.福建九龙江口红树林生存现状分析[J].福建林业科技,2005,32(3):190-193,197.

[12]李志刚,戴建青,叶静文,等.中国红树林生态系统主要害虫种类、防控现状及成灾原因[J].昆虫学报,2012,55(9):1109-1118.

[13]杨玉楠,MYAT T,刘晶,等.危害我国红树林的团水虱的生物学特征[J].应用海

洋学学报,2018,37(2):211-217.

[14]梁思奇.40年罕见虫害侵袭北部湾红树林[N].新华每日电讯,2004-06-28(8).

[15]吴锡民.不可掉以轻心的生态安全维护——从富有美丽传说到屡遭虫灾侵扰的山口红树林谈起[J].南方国土资源,2013,11:49-52.

[16]付小勇,秦长生,赵丹阳.中国红树林湿地昆虫群落及害虫研究进展[J].广东林业科技,2012,28(4):56-61.

[17]陆琴燕,刘永,李纯厚,等.外来植物入侵红树林生态系统风险评估体系的构建及应用[J].广东农业科学,2013,10:171-175.

[18]甘加俊.鱼藤对红树林的危害及管理探索[J].环境与发展,2019(10):222-223.

[19]唐飞龙,叶勇,卢昌义.船舶兴波导致红树林生态系统退化的机理[J].福建林业科技,2010,37(1):33-36.

[20]刘镜法,梁士楚.我国红树林自然保护区的问题分析与对策[N].中国海洋报,2006-03-07(3).

[21]梁曾飞,黄哲,彭泰来,等.惠东县红树林资源现状及保护对策[J].浙江林业科技,2021,41(1):108-112.

[22]宁秋云.广西海洋类保护区红树林生态健康评价与分析[J].安徽农业科学,2021,49(8):101-103,113.

[23]龚彦阳.北仑河口京族世居地红树林生态变迁与保护探析[D].南宁:广西民族大学,2019.

[24]何奋琳.深圳福田红树林生态系统生态恢复对策研究[J].环境科学与技术,2004,27(4):81-83,119.

[25]郑坚,陈秋夏,王金旺,等.浙江滨海红树林湿地现状及区域功能调查研究初报[J].浙江农业科学,2011(2):291-295.

[26]李惠芳.广西北海滨海国家湿地公园红树林害虫综合治理策略浅析[J].农业研究与应用,2013(5):59-62.

[27]刘彩红,胡喻华,张春霞,等.广东沿海红树林生态修复模式研究[J].林业与环境科学,2020,36(4):102-106.

[28]田广红,陈蕾伊,彭少麟,等.外来红树植物无瓣海桑的入侵生态特征简述[J].生态环境学报,2010,19(12):3014-3020.

[29]王文卿,张林,张雅棉,等.红树林退塘还林研究进展[J].厦门大学学报(自然科学版),2021,60(2):348-354.

[30]李玫.试述广东水东湾废弃基围鱼塘红树林的恢复[J].防护林科技,2016(5):69-71.

[31]胡涛.深圳湾红树林健康评价与结构调控后自然恢复状况的研究[D].深圳:深圳大学,2016.

[32]李嘉仝,彭泰来.红树林湿地恢复研究进展[J].农村经济与科技,2020,31(16):49-50.

[33]林鹏.中国红树林湿地与生态工程的几个问题[J].中国工程科学,2003,5(6):33-38.

[34]孙斌.红树林造林修复技术要点[J].南方农业,2018,12(20):78-79.

[35]中国海洋工程咨询协会.海岸带生态减灾修复技术导则 第2部分:红树林:T/CAOE 21.2—2020[S].北京:中国标准出版社,2020.

[36]南靖杰,宁清同.海南红树林生态保护修复之法治问题探析[J].海南热带海洋学院学报,2020,27(3):57-61.

[37]敖星海.海鸭不同养殖模式对红树林生态系统的影响评估[D].厦门:厦门大学,2019.

第十一章　海草(藻)床的生态恢复

全球约有 72 种海草[1]。海草分布在近海泥质、泥沙质区域,也有一些分布在岩礁区,如虾形藻属海草主要分布在潮间带岩礁。当形成以海草为建群种的植物群落时,就会形成海草床,它是近岸海域中生产力极高的生态系统。当然,一般不考虑由入侵生物互花米草等构成的海草床。大型褐藻、红藻以及绿藻等在 20 m 以浅或 30 m 以浅(透明度高的海域)形成优势种时会形成海藻床(或称为"海藻场"),其基底一般为岩石底。海草(藻)床具有很高的生态系统服务功能价值,比如净化水质、减缓水流、降低底质被冲刷的可能、为其他生物提供栖息地[2],以及调节气候变化、为叶际生物提供附着基等。

近几十年的海草(藻)床调查显示两者均处于持续退化状态,例如生长于淤泥底质的互花米草的入侵,侵占了广西营盘等海域土著种海草床的生境,在人类活动的强烈干扰下广西合浦海草床的服务功能价值急剧下降,直接损失率达到 72%[3]。在山东半岛近海沿岸,鳗草草场存在不同程度的退化,除俚岛、小石岛、楮岛的鳗草呈片状分布外,其他地区的鳗草均呈斑块状分布或零星分布,其中有鳗草分布历史记载的日照东港区的海草场更是破坏严重,已难以发现鳗草的踪迹[4]。

20 世纪 80 年代,在山东胶州湾海域的浅海岩礁区,石花菜为大型底栖藻类的优势种,其生物量为 $1\sim2$ kg·m^{-2},而目前因过度采摘已难觅其踪迹;同样,由于无序过度采捕,可用作仿刺参、鲍的优质饵料的鼠尾藻也处于资源枯竭的状态。

针对海草(藻)床衰退日益严重的问题,研究者或生态修复工程实施者从海草(藻)的生境适应性[5-6]、海草(藻)对农药等污染物的生理响应[7]、海草(藻)遗传多样性的空间变化[8],以及海草(藻)与生境内生物入侵种或大量增殖的机会藻类的竞争等层面[9-10],探讨海草(藻)床的退化,认为造成海草(藻)床退化的原因有其共性,即围填海是第一要因。其中,影响海草床的因素还有环境污染对海草的直接毒害作用、营养盐等诱发机会藻类大量增殖而抑制了海草的光合作用、修建虾塘与海水养殖、围网捕鱼与底网拖鱼、毒虾电虾与炸鱼、挖贝与耙螺、人为污染与开挖航道,以及台风、海啸对海草床的破坏等[11]。因大型藻类具有可直接食(饲)用和药用的价值,过度采捕成为除围填海外导致其生境灭失或破碎化而加速其衰退的主要原因。鲍、海胆等海珍品的增殖规模超出生态系统的生态承载力,这些生物的大量摄食使海藻床出现荒漠化。当然,对海草(藻)床重要性的认知不足也是造成其衰退的原因[12],例如在威海市杨家湾进行鳗草海草床监测时,时常有游客认为鳗草的存在使他们无法尽兴采捕蛤蜊,而询问编撰者怎样减少这些鳗草。同样,生态补偿机制在很多区域并未真正落地,导致海草(藻)床的保护并不理想,即便是建立了相关的保护区,也存在种种问题:保护区执法困难,保护区范围内的人为破坏活动未能得到有效控制;海洋经济和城镇化高速发展,近海水质环境有恶化趋势;海草退化的机理仍不清楚;海草的重要性依然没有得到足够重视[13]。

中国海洋工程咨询协会颁布了《海岸带生态系统现状调查与评估技术导则　第6部分:海草床》和《海岸带生态减灾修复技术导则　第5部分:海草床》[14,15],建议在海草床调查、监测以及生态修复时参照这两个标准。对于海藻床,可以参照即将出台的《潮间带调查规范》进行调查与健康状况评估。

当然,在海草(藻)床生态修复的科学研究和工程实践中,研究者或工程实施者会有自己的方法。例如,从海草床的覆盖度、茎枝密度、分枝、每棵植株的叶片数量等判断大叶藻海草床的退化程度[16],从种子库的损失率等判断贝克喜盐草种群的更新潜力[17]。

第一节　海草床的生态恢复

一、海草床生态恢复的进展

海草床生态恢复的方法包括生境恢复法、种子法、克隆片段移植法[18,19],以及生境改良法。其中,生境恢复法投入少、代价小,但周期长;克隆片断移植法是目前最常用的方法,又分为草皮法、草块法和根状茎法,其中,草块法成活率高但对原海草床有破坏作用;根状茎法节约种源,但固定困难。种子法破坏小,但种子难收集、易丧失、萌发率低[20]。此外,在实践中,克隆片断移植法的成本高,工作效率并不高[21]。因此,种子法(包括直接播种法、培育实生苗后移植种苗)[22]和生境改良法在近期逐渐得到重视。

为提升种子法和生境改良法的生态恢复效果,人们开展了大量与种子萌发、实生苗建成相关的研究,包括从种子生物学和生态学角度对海草种子的形态结构、发育、散布、休眠和萌发进行比较,天然海草种子库的监测,人工海草种子库的构建,海草种子的采集和保存,海草种子的播种方式和利用种子修复海草床的途径等[23]。此外,从鳗草的种群密度、生物量、繁殖枝、种子的形态等角度开展研究,发现浪冲击生境下的鳗草种群具有更强的有性繁殖拓殖能力[24];在沉积物中添加铁对泰来草幼苗株高、生长速度、叶绿素含量等有显著影响[25]。这些研究为生境改良法提供了基础。

当然,从海草床的退化来看,其成因多样。从系统的角度,陆海统筹更有利于海草床的生态恢复或保护,为此人们提出了以下保护与恢复并重的建议:开展包括鳗草在内的海草资源普查,建立海草数据库;深化海草生物与生态学基础研究,解决人工生态修复中遗传多样性低等问题,提高海草对气候变化等外界环境变化的适应能力和种群恢复力;将海草场生态监测与恢复纳入长远发展规划;加强流域与区域管理,严格控制营养盐与污染物向近海水域的输出,降低人类活动对海草资源造成的不良影响,建立海草自然保护区,维护滨海生态系统健康[26]。这些工作在广西海草床的保护中得到了实践,并且人们已经研发出了广西海草资源 GIS 信息管理平台。该平台包含基础信息维护、数据编辑、空间分析、空间查询、数据输出、系统管理六个子系统[27]。

二、海草床生态恢复的实践

几年前,在广西北海、防城港等海域进行的热带、亚热带海草床的生态恢复,其技术环节主要包括以下内容:

(1)草源地的选择。要求如下:草源地的海草健康、生长密集且处于营养生长阶段;草源地和移植地的生境条件类似;草源地交通便利;尽可能从多个不同的草源地采集用于移植的海草。

(2)移植草种的选择。要求如下:海草种类丰富,易于采集;恢复地的立地条件和草种的生物学、生态学特征相匹配;优先使用土著种,慎重引入外来种;可增加恢复地物种组成;选择的海草能提高恢复地现有的生态服务功能;濒危的海草不宜用作草源种。

(3)恢复地的选择。恢复地最好过去曾有海草的生长分布;水流较急的地方,海草难以固着,不宜作为恢复地;富营养化较严重或海水透明度较低的海区不宜作为恢复地;把握好海草种植地高程的选择,所处高程太低可利用的光照比较少,而所处高程太高则海草暴露时间过长,容易失水死亡;沙蚕密度较大的滩涂不适宜作为海草恢复区,但满月蛤(*Lucinid clam*)较多的滩涂则是恢复潮间带海草的理想场所;尽量选择与草源地立地条件相似的恢复地。

(4)制定移植恢复程序。要求在海草生境恢复之前应明确海草退化的原因,并提出恢复目标;移植前需要对各实施环节制定详细的计划,包括恢复地与草源采集地选址、材料与工具的购置、交通运输工具的安排、技术人员与现场施工人员的调配等。

(5)生态恢复的养护管理与监测。要求海草移植后,每 0.5~3 个月对移植海草的覆盖度、密度、繁殖情况、成活率与扩展程度等进行测量统计,建立移植恢复的技术档案,根据实际情况进行补植,其他可选的监测指标包括环境指标(沉积物 pH、沉积物氧化还原电位、地表温度与光照等)和大型底栖动物指标(含种类、密度、生物量等);同时,还可对草源地进行类似指标的监测。其他的管护工作包括及时清理大型藻类,维护防护设施,及时更换被损坏的防护网与木桩,防止人为干扰对恢复地的破坏。

第二节　海藻床的生态恢复

2005 年,山东省在全国率先启动了渔业资源修复行动计划,其中人工藻场和人工鱼礁建设项目被列为重点和关键技术[29]。一般的做法是采集大型藻类的孢子等,使孢子附着在已经投放在大型藻类拟恢复区的附着基上,或是将孢子在室内或野外的附着基上发育为种苗,再经过种苗的移植进行增殖,或是直接采集野生种苗进行移植。在增殖礁区,控制鲍、海胆等的密度和增、养殖规模也是养护或促进海藻床恢复的重要举措。

当然,实践中可以结合生境改良等措施恢复海藻床,如小黑山岛潮间带鼠尾藻床的构建[30],在岩礁潮间带,人工筑槽以消除藻类的干露,室内蓄养成熟鼠尾藻的藻株,获取萌发孢子体后在槽中播种,随后用遮阳网覆盖以降低海浪水流对播种幼孢子体的扩散作用。鼠尾藻萌发孢子体播种 24 h 内,假根快速生长,并牢固地附着于人工营造水泥槽的底面上;播种两个月后,幼孢子体长度达到 15～20 mm;一年后,鼠尾藻密度达(118.5 ± 13.2)株·m^{-2},丰富度为(32.7 ± 0.1)%,平均长度为(34.2 ± 1.6) cm,分株的数量为(7.3 ± 0.6)个;当藻体成熟比例达(73.6 ± 3.0)%时,意味着成熟藻株可通过有性生殖繁殖新个体,鼠尾藻种群因而存在补充个体并进一步拓殖。

思考题

1.为什么要在鲍增殖区控制鲍的密度或是增殖的规模?

2.对生境改良法恢复海草资源进行可行性评估。

参考文献

[1]黄小平,江志坚,范航清,等.中国海草的"藻"名更改[J].海洋与湖沼,2016,47(1):290-294.

[2]韩秋影,施平.海草生态学研究进展[J].生态学报,2008,28(11):5561-5570.

[3]韩秋影,黄小平,施平,等.人类活动对广西合浦海草床服务功能价值的影响[J].生态学杂志,2007,26(4):544-548.

[4]刘坤,刘福利,王飞久,等.山东半岛大叶藻的抽样调查与鉴定[J].渔业科学进展,2012,33(6):99-105.

[5]刘玮,辛美丽,周健,等.基于生境适宜性指数模型的俚岛海黍子生境层级分布[J].

应用生态学报,2021,32(3):1061-1068.

[6]王志芳,张全胜,潘金华.烟台芦洋湾鼠尾藻种群生物量结构的季节变化[J].中国水产科学,2008,6:992-998.

[7]高亚平,方建光,张继红,等.桑沟湾大叶藻有性繁殖特性的观察研究[J].渔业科学进展,2010,31(4):53-58.

[8]田萍萍,李晓捷,张立楠,等.烟威沿海大叶藻居群遗传多样性研究及对海草场修复的启示[J].水产科学,2014,33(2):108-114.

[9]刘伟妍,韩秋影,唐玉琴,等.营养盐富集和全球温度升高对海草的影响[J].生态学杂志,2017,36(4):1087-1096.

[10]邱广龙,潘良浩,王欣,等.广西涠洲岛滨海湿地潮下带海草、红树林与互花米草的分布和群落结构特征[J].应用海洋学报,2021,40(1):56-64.

[11]黄小平,黄良民,李颖虹,等.华南沿海主要海草床及其生境威胁[J].科学通报,2006(增刊3):114-119.

[12]范航清,彭胜,石雅君,等.广西北部湾沿海海草资源与研究状况[J].广西科学,2007,14(3):289-295.

[13]郑凤英,邱广龙,范航清,等.中国海草的多样性、分布及保护[J].生物多样性,2013,21(5):517-526.

[14]中国海洋工程咨询协会.海岸带生态系统现状调查与评估技术导则 第6部分:海草床:T/CAOE 20.6—2020[S].北京:中国标准出版社,2020.

[15]中国海洋工程咨询协会.海岸带生态减灾修复技术导则 第5部分:海草床:T/CAOE 21.5—2020[S].北京:中国标准出版社,2020.

[16]刘慧,黄小平,王元磊,等.渤海曹妃甸新发现的海草床及其生态特征[J].生态学杂志,2016,35(7):1677-1683.

[17]邱广龙,范航清,李宗善,等.濒危海草贝克喜盐草的种群动态及土壤种子库——以广西珍珠湾为例[J].生态学报,2013,33(19):6163-6172.

[18]陈治军,孔凡娜.大叶藻(*Zostera marina* L.)生态学研究进展[J].科技资讯,2013(16):206-208.

[19]刘燕山,郭栋,张沛东,等.北方潟湖大叶藻植株枚订移植法的效果评估与适宜性分析[J].植物生态学报,2015,39(2):176-183.

[20]李森,范航清,邱广龙,等.海草床恢复研究进展[J].生态学报,2010,30(9):2443-2453.

[21]潘金华,江鑫,赛珊,等.海草场生态系统及其修复研究进展[J].生态学报,2012,32(19):6223-6232.

[22]张壮志,潘金华,李晓捷,等.大叶藻种子育苗及移栽技术研究[J].中国海洋大学

学报(自然科学版),2017,47(5):80-87.

[23]韩厚伟,江鑫,潘金华,等.海草种子特性与海草床修复[J].植物生态学报,2012,36(8):909-917.

[24]潘金华,张壮志,李晓捷,等.中国黄海封闭与开放水域大叶藻种群动态研究[J].中国海洋大学学报(自然科学版),2018,48(12):39-46.

[25]赵牧秋,王慧,王帅,等.施铁对泰来草幼苗生长及环境铁含量的影响[J].海南热带海洋学院学报,2020,27(5):49-55.

[26]王伟伟,李晓捷,潘金华,等.大叶藻资源动态及生态恢复面临的问题[J].海洋环境科学,2013,32(2):316-320.

[27]曹庆先,邱广龙,范航清.广西海草资源 GIS 信息管理平台研建[J].湿地科学与管理,2012,8(1):43-46.

[28]邱广龙,范航清,周浩郎,等.广西潮间带海草的移植恢复[J].海洋科学,2014,38(6):24-30.

[29]李美真,詹冬梅,丁刚,等.人工藻场的生态作用、研究现状及可行性分析[J].渔业现代化,2007(1):20-22.

[30]于永强.潮间带鼠尾藻床构建技术研究[D].烟台:烟台大学,2013.

第十二章　滨海盐沼的生态恢复

滨海盐沼是含有大量盐分的湿地,主要分布在河口或海滨浅滩,由海水浸渍或潮汐交替作用而成,处于海陆过渡区,周期性或间歇性受潮汐影响,并覆被有草本或低矮灌木的淤泥质或砂质潮间带湿地生态系统,植被盖度不低于30%,其典型的植被类型为芦苇、大米草、互花米草、海三棱藨草、盐地碱蓬、短叶茳芏等。由于处于海陆过渡区,滨海盐沼普遍遭受人类活动的强烈干扰而呈现出生态功能退化的趋势,因此,其生态恢复也是海洋生态恢复工程的重要内容。

第一节　我国滨海盐沼现状

滨海盐沼具有湿地的一般功能和生态价值,这些作用尤其体现在其遭受营养盐和重金属污染时。盐沼生物如盐地碱蓬、芦苇、香蒲等因对营养盐及重金属有生物富集作用而能净化重金属、营养盐污染[1],它们往往是修复湿地污染的潜在修复生物[2]。此外,普遍的观点认为互花米草作为入侵种加速了盐沼湿地的衰退,但以互花米草为建群种的盐沼湿地并非一无是处。互花米草是继 1963 年大米草在我国引种成功之后,于 1979 年12 月从美国引进我国的禾本科米草属多年生草本植物[3],它在保滩护岸、促淤围垦、增加湿地面积、改善生态环境、用作饲料以及造纸原料等方面具有重要价值[4,5]。因此,探讨盐沼湿地退化或对盐沼进行生态修复时,需辩证地看待互花米草。

滨海盐沼湿地虽然具有重大的经济、生态价值,但在短期利益的驱使下,其面积不可避免地缩小,且整体不断破碎化。很多具备景观价值的滨海盐沼湿地,如辽河口、黄河口的滨海盐沼湿地的"红地毯"越来越小,甚至消退。当然,并非所有区域的盐沼湿地都处于衰退状态。例如,2005 年 7 月对盐城海岸 7 个断面的植被分布进行测量及调查,结合1992 年 6 月、2002 年 5 月、2005 年 4 月的卫星图片资料,分析认为盐城海岸北部以 5~45 m·a^{-1}的速度后退,以 5~10 cm·a^{-1}的速度下蚀,而新洋港以南高滩不断向海推进,

其淤进速度为 $50\sim200$ m·a^{-1},淤高速度为 $2\sim5$ cm·a^{-1},滩涂湿地高等植物面积迅速增长,平均增长速度为 20.00 km^2·a^{-1}[6]。

这种变化的原因既有自然因素的作用,又有人类活动的强烈干扰。其中,人类活动带来的干扰可能影响更大。

基于 1982—2015 年期间的 5 期 10 景辽河三角洲滨海湿地 Landsat MSS/TM/OLI 影像,分析认为:5 个时期(1982 年、1989 年、2000 年、2010 年和 2015 年)辽河三角洲滨海湿地都以芦苇淡水沼泽和水田为主要景观,芦苇淡水沼泽以大斑块分布在西部平原地带,水田以大斑块分布在东部,但在人类活动的作用下,湿地类型由自然湿地向人工湿地等转变,湿地景观破碎化程度加剧,优势度下降,趋于各斑块均匀分布[7]。2013—2016 年的遥感数据则显示:2013—2015 年辽河口滨海湿地盐地碱蓬分布面积呈现出增加的趋势,2016 年分布面积大幅度减小;2013—2016 年盐地碱蓬生物量呈现出先增长后逐渐降低的趋势,2016 年生物量降低明显[8]。

人为活动直接影响黄河三角洲(一千二管理站、东营港、五号桩和现黄河入海口)的植被生长。在人为干扰轻微的黄河入海口,植被生长良好;而在人为干扰严重的东营港,芦苇群落消失,碱蓬和柽柳群落零星分布。此外,人为干扰轻微的黄河入海口的植被化学计量比(碳氮比)相对稳定,而干扰严重区域的植被化学计量比变异性大[9]。

1985—2015 年的 Landsat TM 遥感影响数据显示,围垦在近 20 年达到高峰期,连云港、盐城和南通岸段的滨海湿地在近 30 年间分别减少了 53.15%、71.60% 和 71.40%。连云港岸段原生植被型湿地逐渐减少,茅草、芦苇湿地在 2000 年后完全消失;盐城岸段原生植被型湿地在 1985—1995 年间持续增加,且各植被类型的比率趋于均衡,在 1995 年后则转变为米草湿地占绝对优势;南通岸段湿地总面积在 2000 年后迅速下降,该岸段滨海湿地的典型植被为米草,而后在 2015 年又退化为裸地。海域围垦是连云港、盐城岸段的主要特征,原生植被型湿地随围垦增加而锐减,同时被米草湿地替代;南通岸段以米草湿地围垦为主要特征,围垦强度在 1985—2010 年持续增加,2005 年后减小[10]。盐城 1992—2016 年 4 个时相的遥感数据显示,茅草、芦苇、盐地碱蓬、米草为川东港至梁垛河口段的主要湿地植被类型,其间植被总面积减小,其中茅草几近消失殆尽,芦苇、碱蓬面积持续缩减,米草面积大幅增长,这种变化主要是由耕地拓展、建立养殖塘所致,这种土地利用格局的变化也导致米草不仅向海扩张而且靠养殖塘进行扩张[11]。

根据 1984 年、1990 年、2000 年、2010 年和 2015 年的 Landsat TM/ETM+/OLI 影像数据,可以认为在以围填海为主导的人类活动以及泥沙淤积等自然因素的作用下,长江入海口湿地构成及其空间分布发生了变化:在 5 个时期,研究区的主要湿地类型都为水田,其次为滩涂,水田由 1984 年的 4044.86 km^2 减少至 2015 年的 3550.37 km^2,滩涂自 1984 年的 650.03 km^2 减少至 2015 年的 3.74 km^2,滩涂被转变为港口、居民建筑用地和工业用地,围填海活动也导致滩涂萎缩[12]。

可见,人类活动是盐沼湿地衰退的主导因素,无论是盐沼湿地的环境监测与调查,还是其生态恢复,都应当将人类活动视为首要影响因素。事实上,基于遥感数据的压力-状态-响应模型模拟显示:即便辽宁双台河口盐沼湿地的人类活动形式及其强度不变,100年内该湿地也将不复存在[13];如果不对互花米草加以人为控制,到2026年,其激增将使整个黄河三角洲湿地生态环境遭受重创[14]。

盐沼的形成有其物质基础和生物学基础。物质基础是必须形成具有一定盐度的湿地并有一定阈值的盐碱度或水分,且有生物尤其是植被生存的土壤;此外,一定的高程和淤积是盐沼发育的基础。生物学基础则体现为盐沼生物能够耐受一定程度的盐、碱。因此,一切影响盐沼发育的自然因素或人类活动都会影响盐沼的生态系统健康,导致其退化或演替。生物入侵尤其是互花米草的入侵被广泛地认为是导致盐沼退化的重要因素,尤其是在我国南方省份,互花米草的治理成为盐沼生态恢复的重要标的。但这种认识需要视情况而定,因为只有外来生物改变或正在改变原有盐沼的植被成分,危害原有盐沼的生态服务功能,才能说生物入侵造成了原有盐沼的破碎、衰退等。为了环境治理尤其是防止岸线冲刷而构建的互花米草湿地应当从另外的角度去讨论,即进行生态、经济效益的合理分析。此外,影响盐沼湿地的各个因素并非单独作用,往往是众多因素共同作用而影响盐沼的生态演替。

因盐度趋向于增加,土壤呈现苏打土化,芦苇无法承受土壤变化的逆境胁迫而出现种群扩张速度下降,甚至是种群变小的变化,而适应这种土壤条件的互花米草作为先锋植物侵入原芦苇为优势种的湿地,并逐步演化为以互花米草为优势种的群落,芦苇湿地也就向互花米草湿地演化[15]。盐地碱蓬的品种,以及土壤的物理结构、营养盐成分、水分和盐度均影响盐地碱蓬的分布,进而影响其种群的时空分布变化[16]。水、盐变化不仅影响植物成株,还影响植物的繁育,而种子萌发及实生苗建成是植物种群扩张的重要途径。盐沼土壤种子库密度、物种多样性随地下水位的变化而变化,并随着地下水位的下降而增加,这是因为地下水位会影响土壤的水溶性盐总量,而高土壤水溶性盐总量会降低种子库的物种多样性[17]。

木本植物比草本植物更依赖土壤中的营养元素,水、盐变化引发土壤营养成分的变化,导致柽柳的空间分布不同于盐地碱蓬、獐毛和芦苇的空间分布[18],并进一步使柽柳林群落发生演替[19]。

湿地的淤积以及滩涂的开发活动(主要是土地利用格局的改变)引发滨海湿地的植被类型演变[11]。淤积改变高程,高程变化改变盐沼被淹没的强度、频次,这些因素恰好是影响盐沼植物的重要因素,因为这些因素影响光照和氧气,而自养生物需要阳光进行光合作用,需要氧气进行呼吸作用。高程变化导致潮滩的淤积变化,不同的淤积程度所对应的海洋波浪能不一,盐沼植物能抵御一定的波浪能,但抵御能力存在一定的阈值且在长久的高强度波浪能胁迫下,盐沼植物的形态或性状会发生变化,就像海岛木本植物多为低矮灌木一样,这些变化必然导致盐沼植物群落发生演替。在生物地貌学特征的动态变化中,高程和植被演替是一个典型的双向反馈过程,植物生长引起根区膨胀、地上生物量增加,这可以促进淤积而增加高程,进而促进适宜该高程生长的植物聚集生长而进一步抬升高程,高程增加到一定阶段会导致淹没时间小于某物种的生理需求性潮汐淹没时间,导致该物种消亡,该区域演替为以适宜更短淹没时间的物种为优势种的群落;在低高程区域,淹没时间长且波浪的作用更强,能适应这些胁迫的生物成为先锋种并形成区域性斑块,最终发育为成片的盐沼[20]。这种反馈作用,在互花米草入侵下的黄河三角洲湿地非常明显。2004—2007 年,在互花米草入侵和持续扩张下,黄河三角洲滨海湿地潮沟分支增多,平均面积减小,总长度变长,平均长度缩短,平均宽度变窄,景观连通度变差[21]。高程变化所带来的另一个变化是土壤水分及盐度的变化,一般随水分减少盐度会升高,而水分和盐度是植物存活、生长、繁育的基本条件,低水分且高盐度一般会对生物造成生理胁迫,即便是盐生植物也会产生不适。随高程增加,潮滩较高处的互花米草株高、生物量高于潮滩较低处[22],这个现象就说明了这一点。

除围填海外的人类活动,都可以从作用机制的角度归结为气候变迁等,如增温、大气氮沉降等。增温不仅直接影响盐沼生物的生理特征,还将影响其凋落物的分解,导致盐沼生态系统的物质循环发生变化[23];增温还会因海平面上升而导致盐沼的相对高程发生变化,进而影响盐沼发育。大气氮沉降和人类活动(如养殖排污、农田径流等)导致的营养盐的增加会改变土著种盐沼植物与入侵种之间的竞争关系[24],这种关系并不单一,它有很大的不确定性。

第二节　盐沼的环境监测与评估

在盐沼湿地的调查与监测中广泛使用遥感技术,而一般的现场调查与评估可以按照《海岸带生态系统现状调查与评估技术导则　第 4 部分:盐沼》(T/CAOE 20.4—2020)[25]进行,本章不再赘述相关的规定。这里仅就盐沼调查、研究与生态恢复中广泛使用的遥感技术进行简要介绍[26]。

一、遥感图像识别

遥感图像的来源、类型以及分辨率等可以多种多样,且这些影像资料具有时间和空间上的协调性、全天候性等特征。我国建立了以海洋水色卫星、动力环境卫星、海洋监视监测卫星三大类为主的海洋遥感卫星体系:①海洋水色环境["海洋一号"(HY-1)]卫星系列,用于获取我国近海和全球海洋水色水温及海岸带动态变化信息,重点满足赤潮、渔场、海冰和海温的监测和预测预报需求,遥感载荷为海洋水色扫描仪和海岸带成像仪,可以提供 250～1000 m 空间分辨率的可见光、红外卫星数据。我国已经发射了两颗海洋水色卫星,即"海洋一号"A(HY-1A)和"海洋一号"B(HY-1B)。HY-1A 属于试验型业务卫星,于 2002 年 5 月 15 日发射成功,结束了我国没有海洋卫星的历史,卫星总计在轨 685 天。HY-1B 为 HY-1A 卫星的接替星,于 2007 年 4 月 11 日发射升空。②海洋动力环境["海洋二号"(HY-2)]卫星系列,用于全天时、全天候获取全球范围的海面风场、海面高度、有效波高与海面温度等海洋动力环境信息,遥感载荷包括微波散射计、雷达高度计和微波辐射计等,提供的数据空间分辨率较低(25 km),主要用于满足海洋动力环境预报、海洋灾害预警等要求。2011 年 8 月 16 日,我国第一颗海洋动力环境卫星"海洋二号"(HY-2A)在太原卫星发射中心成功发射,它集主动、被动微波遥感器于一体,具有高精度测轨、定轨能力与全天候、全天时、全球探测能力,使我国首次具备了全天候、全天时观测海洋的能力。③海洋监视监测["海洋三号"(HY-3)]卫星系列,用于全天时、全天候监视海岛、海岸带、海上目标,并获取海洋浪场、风暴潮漫滩、内波、海冰和溢油等信息,遥感载荷为多极化多模式合成孔径雷达,这一传感器可以不受天气影响提供卫星数据,空间分辨率最高可达米级,但是观测范围有限。相关的遥感数据可以从中国海洋卫星数据服务系统(https://osdds.nsoas.org.cn)下载或是从相关公司购买。

对于卫星遥感影像中的辐射定标、大气校正、几何校正、影像配准、影像镶嵌、影像融合,需按《海洋监测技术规程 第 7 部分:卫星遥感技术方法》(HY/T 147.7—2013)规定的方法执行[27];而数字正射影像图(digital orthophoto map,DOM)制作要按照《第三次全国国土调查技术规程》(TD/T 1055—2019)的规定执行[28];按照《1∶5000 1∶10000 地形图航空摄影测量内业规范》(GB/T 13990—2012)处理航空遥感影像[29]。按照基本识别单元对处理后的生态系统遥感识别影像数据进行区域拼接和裁剪。

在影像识别之前,需收集拟识别区域的地形图、水系图、海图、海岸线修测数据、保护区数据、生态保护红线数据等资料以及历史文献、专项调查相关资料;根据区域自然地理、地形地貌、植被类型及开发利用现状,结合实地调查,借助辅助资料,建立遥感影像形状、大小、颜色或色调、阴影、位置、结构、纹理等特征与相应判读类型间的关系,对各类型在遥感影像上反映特征的描述形成统一标准,确定解译标志;不同种类遥感影像资料或同一遥感影像资料的成像时间、季节、分辨率、地理区域等差异较大的,分别建立解译标志。

采取人机交互识别方式,参照解译标志,对生态系统遥感识别目标区域进行解译。其中,解译要求为:①盐沼、红树林最小图斑的实际面积为 2000 m²。单个图斑的实际面积小于 2000 m² 且生态系统类型相同的图斑之间的实际距离小于 100 m 的,划分为同一类型的图斑。②砂质岸滩、淤泥质岸滩和基岩岸滩最小图斑的实际面积为 10000 m²。单个图斑的实际面积小于 10000 m² 且生态系统类型相同的图斑之间的实际距离小于 160 m 的,划分为同一类型的图斑。③当存在生态系统类型不同、县(区)级行政区域不同、保护级别不同(所在区域是否为生态保护红线、各类保护区等)问题时,应单独划分图斑。然后,对基本识别单元内的生态系统进行遥感解译,提取并判读生境分布图斑;对比基本识别单元的海岸带生态系统历史数据,生境分布图斑与历史分布不一致的,记录遥感解译与历史分布不一致图斑属性信息。将遥感解译后的生境分布图斑的数据与已有生态系统分布的历史数据进行矢量叠加,明确生态系统分布位置,求算各图斑面积。按县(区)级、市(地)级、省级统计各类海岸带生态系统生境分布图斑面积,填写海岸带生态系统现状分布面积汇总表,其中归一化植被指数的计算方法按照《海洋监测技术规程第 7 部分:卫星遥感技术方法》(HY/T 147.7—2013)进行[27]。

二、现状核查

核查的目的在于确定遥感数据的齐全性、完整性、准确性,补充遥感监测因技术特点而存在的误差。核查内容包括内业核查、现场核查两部分。

内业核查是将卫星和航空遥感影像、历史调查资料(生境分布数据、图件、实地照片和视频等)与遥感识别结果叠加套合,对比检查生境分布图斑与影像及历史资料的一致性和准确性以及遥感识别结果的完整性。内业核查工作包括地表覆盖类型识别的准确率核查、地理要素类型划分结果的检查、元数据的完整性检查以及遥感影像样本识别的检查等,包括以县(区)级行政单元为单位,结合历史调查资料,检查海岸带生态系统的生境分布图斑类型、字段、坐标系、空间拓扑、图斑面积和属性标注的准确性。对核查出的问题、错误以及复查的结果应做详细记录,进行全面认真的修改和完善。内业核查的关键技术包括以下几个方面:

(1)多源影像处理技术。不同来源影像的分辨率、坐标体系等必然存在差异,在使用这些影像资料时就会缺乏统一的标准,即缺乏统一的参照系,因此,需要对这些资料进行标准化处理。其中,我国“863”课题“多源空间数据集成处理软件环境的开发”支持的具有自主知识产权的国产 GIS 优秀软件 Geoway 能实现多源空间数据的集成处理和共享利用[30]。

(2)变化检测技术[31-35]。随着拟恢复区域的空间尺度增加,检测数据量大、核查内容多,在多源地理信息数据和前期普查成果的基础上,实现地物分类、地理要素提取自动化就极其必要,而变化检测技术为地类自动提取提供了可能。其中,最常用的是面向对象的变化检测技术,该技术的一般程序为数据预处理、影像分割、特征提取、变化检测、精度评价,而其检测方法多样,可以划分为直接对象比较法、对象类别比较法、机器学习法、GIS 集成法、深度学习法五类。

(3)遥感影像分类技术[34]。遥感影像分类技术目前已经比较成熟,对于地物大类的划分具有分类速度快、精度高、自动化程度高等优点。目前,遥感影像分类技术主流的分类方法有监督分类、非监督分类、辅以人工解译的半自动化分类、基于规则的分类、面向对象的分类等,根据不同的分类对象,可选择不同的分类方式。

(4)基于影像预分割的地表覆盖分类技术[34]。传统的监督、非监督分类等遥感影像分类技术虽然分类速度快,但存在许多问题,如结果"过于精细"、边界提取不准确、易受到相邻地类的影响等。而传统的地表覆盖类型划分方法是利用完整的遥感图像处理平台(the environment for visualizing images,ENVI)、ERDAS IMAGINE 或其他遥感影像处理软件,采用自动化或半自动化的方式直接对基础影像进行分类。可以按以下方法进行改进:监督分类感兴趣区域(region of interest,ROI)设置,根据 ROI 的人工划分,ENVI 会对分类结果进行预判,给出能区分的估值 x,区间为 $[0,2]$。若 $x>1.9$,说明两种地物间可被区分;若 $0.1<x<1.8$,需要重新选择样本;若 $x<1$,即不能区分地物,需要进行合并。

现场核查根据海岸带生态系统遥感识别结果,选取部分生境分布图斑,对图斑的边界、类型等信息进行实地验证。根据绘制红树林、盐沼、砂质岸滩、淤泥质岸滩、基岩岸滩等识别对象分布范围边界的要求,每个生境分布图斑的边界核查点应不少于 5 个,图斑验证量应不少于 15%。对于无法准确判断或与历史资料对比有较大差异的生境分布图斑,应全部开展现场核查。其中,以海岸线为基线,向陆延伸 1 km(在不同地区,可适当调整),向海延伸至零米等深线。

第三节 盐沼的生态恢复

盐沼的恢复同样要服从因地制宜、因时制宜的基本原则,在控制围填海等人类活动的基础上,服从生态学的一般规律。《海岸带生态减灾修复技术导则 第 3 部分:盐沼》(T/CAOE 21.3—2020)[26]给出了一般的工程实施指导建议,但该标准更关注工程实施的过程,对生态学规律关注偏少。本节则着重从生态学角度简要介绍滨海盐沼的生态恢复。

因对盐沼的认识程度、盐沼生态恢复的难易程度和复杂程度、盐沼生物分布的区域特性等存在差异,目前对盐沼的恢复主要集中于生境修复或生物种群的恢复,其实这也与盐沼的衰退原因、盐沼生境呈现的状况相一致。人们主要从水文调控、污染治理以及关键种(我国北方盐沼以盐地碱蓬、柽柳等为关键种,南方则以芦苇、海三棱藨草为关键种)的保育[36]等角度,以互花米草的生态防控[37]为切入点,进行盐沼的生态恢复。

在盐沼生态恢复的过程中,一般遵循以下原则[38]:保持生态系统完整性的原则、遵循自然演替的原则、优先选用土著种的原则、提高生物多样性的原则。优先选用土著种既可以防止形成新的生物入侵,又可以利用土著种抑制已形成的生物入侵。例如,利用土著芦苇自身及其凋落物的化感作用等可以抑制互花米草的扩张[39],缓解互花米草的生物化感作用[40]，进而恢复被互花米草入侵的盐沼湿地。此外，基于生物地貌学原理，盐沼湿地生态系统的土壤质地和淤积深度受到潮汐和生物的协同作用，改变土壤的性质以及高程可以防控互花米草的入侵[41]。遵循自然演替的原则，需要区分盐沼系统是正向演替还是逆向演替，充分利用自然之力恢复自然。

盐沼湿地衰退的原因多样，且各原因往往复合在一起，驱动盐沼生态系统演化的关键生态过程具有系统性的特点，因此，在盐沼的恢复过程中需要考虑这些过程之间的关系。事实上，越来越多的盐沼的生态恢复是从系统的角度去实施的。例如，在黄河三角洲盐沼湿地的生态恢复过程中，首先分析盐沼湿地的生态特征及退化趋势，识别驱动其演变的关键问题，明确各种湿地类型的重要恢复目标，并综合使用生物修复技术、水体修复技术、土壤改良技术和综合生境修复等恢复不同类型的盐沼湿地[42]。在盐城盐沼湿地的恢复中，以 1987 年的状态作为参照系，确定区域湿地恢复的关键生态特征，包括：健康与动态潮间带湿地系统、碱蓬生态系统生产力与弹性、复杂景观镶嵌与相互作用、潮间带底栖动物与鸟类觅食基地、濒危与关键水鸟种群保护等。在此基础上，将围垦与土地利用、水管理、全球变化与海平面上升作为驱动区域湿地生态变化的三大外部因素。海岸侵蚀与沉积、区域水格局变化、地形地貌变化、湿地空间变化与连通性丧失，以及互花米草入侵等作为内在压力因子指导盐沼湿地恢复规划与实践[43]。在杭州湾北岸侵蚀岸段堤外进行生态恢复时，构建以"生态沉淀—强化净化—生态恢复—清水涵养"为核心的复合生态净化技术体系，在生态前置库采用扦插与抛种结合的方式引种耐盐沉水植物，构建近自然生态浮岛，表面流湿地种植芦苇并在底层布置改性填料，在清水涵养塘堆垒人工岛并投加水生动物和布设自然能造流系统，同时利用岸滩湿地富余空间构建太阳能供电系统，形成内循环流动；在湿地植物生长期，通过对涵管阀门的人工控制，使湿地处于稳定低水位，促进种苗发育生长，当湿地植被逐渐生长并适应环境之后，打开阀门再次引入潮汐，以促进盐沼结构和功能的发育，并进一步发挥其生态系统服务功能[44]。

当然，和其他生态系统的恢复一样，管理是维持滨海盐沼生态恢复效果的一个重要课题。权衡经济收益与生态损失，合理布局围填海空间，有力推进生态补偿，实现不同利益群体的和谐发展可能是一条可持续维持恢复效果的途径[45]。

思考题

1.盐沼发育的基本要素有哪些？

2.如何认识互花米草盐沼的生态功能？

3.如何控制互花米草的扩张？

参考文献

[1]高云芳,李秀启,董贯仓,等.黄河口几种盐沼植物对滨海湿地净化作用的研究[J].安徽农业科学,2010,38(34):19499-19501,19512.

[2]杨佳,李锡成,王趁义,等.利用海蓬子和碱蓬修复滨海湿地污染研究进展[J].湿地科学,2015,13(4):518-522.

[3]沈永明.江苏沿海互花米草盐沼湿地的经济、生态功能[J].生态经济,2001(9):72-73,86.

[4]高抒,杜永芬,谢文静,等.苏沪浙闽海岸互花米草盐沼的环境-生态动力过程研究进展[J].中国科学:地球科学,2014,44(11):2339-2357.

[5]沈永明.江苏省沿海互花米草人工盐沼的分布及效益[J].国土与自然资源研究,2002(2):45-47.

[6]张雪琴,王国祥,王艳红,等.江苏盐城沿海滩涂淤蚀及湿地植被消长变化[J].海洋科学,2006,30(6):35-39,45.

[7]刘婷,刘兴土,杜嘉,等.五个时期辽河三角洲滨海湿地格局及变化研究[J].湿地科学,2017,15(4):622-628.

[8]陈官滨,刘伟男,贾越平,等.2013～2016年辽河口碱蓬湿地时空动态变化分析[J].现代盐化工,2018,45(1):64-65.

[9]宋红丽,牟晓杰,刘兴土.人为干扰活动对黄河三角洲滨海湿地典型植被生长的影响[J].生态环境学报,2019,28(12):2307-2314.

[10]张濛,濮励杰.近30年来江苏省滨海湿地变化过程及其受围垦活动的影响[J].湿地科学与管理,2017,13(3):56-60.

[11]张佳佳,沈永明.1992年以来盐城滨海湿地植被动态变化研究[J].海洋科学,2018,42(8):14-21.

[12]韩颖,杜嘉,宋开山,等.五个时期长江入海口湿地土地利用格局及变化[J].湿地科学,2017,15(4):608-612.

[13]赵欣胜,崔丽娟,李伟,等.人类活动对辽宁双台河口湿地生态系统影响评价[J].水利水电技术,2017,48(9):16-23.

[14]陈柯欣,丛丕福,曲丽梅,等.黄河三角洲互花米草、碱蓬种群变化及扩散模拟[J].北京师范大学学报(自然科学版),2021,57(1):128-134.

[15]郗敏,孔范龙,李悦,等.胶州湾滨海湿地土壤的盐渍化特征[J].水土保持通报,2016,36(6):288-292.

[16]王金爽.翅碱蓬应用于生态修复的研究进展[J].农业科技与装备,2015(10):5-7.

[17]冯璐,刘京涛,韩广轩,等.黄河三角洲滨海湿地地下水位变化对土壤种子库特征的影响[J].生态学报,2021,41(10):3826-3835.

[18]陈玲,刘玉虹,陆滢,等.防潮堤坝对山东昌邑滨海湿地植物及土壤性质的影响分析[J].海洋科学,2017,41(5):50-58.

[19]谢琳萍,王敏,王保栋,等.莱州湾滨海柽柳林湿地植被碳储量的分布特征及其影响因素[J].应用生态学报,2017,28(4):1103-1111.

[20]陈一宁,陈鹭真,蔡廷禄,等.滨海湿地生物地貌学进展及在生态修复中的应用展望[J].海洋与湖沼,2020,51(5):1055-1065.

[21]李昱蓉,武海涛,张森,等.互花米草入侵和持续扩张下黄河三角洲滨海湿地潮沟的形态特征及其变化[J].湿地科学,2021,19(1):88-97.

[22]滕康,唐洪根,詹泸成,等.实验室模拟滨海盐沼潮滩高程对互花米草生长的影响[J].生态科学,2021,40(3):1-7.

[23]陈玲,张贵文,陆滢,等.模拟升温对滨海湿地盐地碱蓬生物量及其枯落物分解影响的研究[J].海洋科学,2020,44(2):66-75.

[24]王炳臣.氮磷添加对黄河三角洲滨海湿地互花米草入侵影响[D].青岛:青岛科技大学,2014.

[25]中国海洋工程咨询协会.海岸带生态系统现状调查与评估技术导则 第4部分:盐沼:T/CAOE 20.4—2020[S].北京:中国标准出版社,2020.

[26]中国海洋工程咨询协会.海岸带生态减灾修复技术导则 第3部分:盐沼:T/CAOE 21.3—2020[S].北京:中国标准出版社,2020.

[27]国家海洋局.海洋监测技术规程 第7部分:卫星遥感技术方法:HY/T 147.7—2013[S].北京:中国标准出版社,2013.

[28]中华人民共和国国土资源部.第三次全国国土调查技术规程:TD/T 1055—2019[S].北京:中国标准出版社,2019.

[29]国家测绘局测绘标准化研究所.1:5000 1:10000地形图航空摄影测量内业规范:GB/T 13990—2012[S].北京:中国标准出版社,2012.

[30]张扬.多源空间数据集成处理软件技术[J].地理信息世界,2004,2(2):21-26.

[31]包广道,刘存发,程岩,等.基于植被指数的林地变化检测技术研究[J].吉林林业科技,2020,49(5):21-26.

[32]蔡红玥,袁胜古,阳柯,等.国产高分辨率遥感影像农村公路核查方法及其应用[J].测绘通报,2020(3):91-95.

[33]孔令尧.基于电子调绘的地理国情外业调查与核查方法研究[J].经纬天地,2020(6):53-56.

[34]王子健.山东省地理省情监测中地表覆盖分类与内外业一体化技术研究[D].徐州:中国矿业大学,2020.

[35]熊静.面向对象变化检测技术在林地分析中的应用[J].辽宁林业科技,2021(2):76-78.

[36]孙乾照,林海英,张美琦,等.滨海盐沼湿地生态修复研究进展[J].北京师范大学学报,2021,57(1):151-158.

[37]李亮.奉贤湿地蟹类对入侵种互花米草与本地种芦苇生长和更新的调控作用[D].上海:华东师范大学,2020.

[38]何冬梅,江浩,祝亚云.盐城滨海湿地植被恢复原则与技术概述[J].江苏林业科技,2021,48(1):53-57.

[39]张茜,赵福庚,钦佩.苏北盐沼芦苇替代互花米草的化感效应初步研究[J].南京大学学报(自然科学版),2007,43(2):119-126.

[40]舒文凯,杨俊,秦宇露,等.本地种芦苇缓解湿地外来入侵种互花米草的化感作用[J].杭州师范大学学报(自然科学版),2019,18(5):483-489.

[41]刘琳,安树青,智颖飙,等.不同土壤质地和淤积深度对大米草生长繁殖的影响[J].生物多样性,2016,24(11):1279-1287.

[42]张希涛,毕正刚,车纯广,等.黄河三角洲滨海湿地生态问题及其修复对策研究[J].安徽农业科学,2019,47(5):84-87,91.

[43]刘红玉,周奕,郭紫茹,等.盐沼湿地大规模恢复的概念生态模型——以盐城为例[J].生态学杂志,2021,40(1):278-291.

[44]戴雅奇,陈金忠,陈雪初.海岸带侵蚀岸段湿地恢复设计及运行成效分析——以杭州湾北岸奉贤段为例[J].园林,2021,38(8):20-24.

[45]崔保山,谢湉,王青,等.大规模围填海对滨海湿地的影响与对策[J].中国科学院院刊,2017,32(4):418-425.

第十三章　海湾养殖区的生态调控与生态恢复

水产养殖通常是沿海国家或地区的支柱行业之一,它在为人类提供大量水产品和就业机会的同时,也因自身污染而被诟病。养殖自身污染是养殖生物和养殖环境之间相互作用的结果,因养殖历时、养殖模式及规模、养殖种类以及养殖区的环境条件不同而不同。一般从是否投饵的角度来看养殖业的自身污染,同理也从自身污染的角度进行海水养殖区的生态调控或生态恢复。由于投饵型养殖模式以网箱养殖为代表,且网箱养殖的负面环境效应特别显著,因此本章将水产养殖模式划分为网箱养殖和非网箱养殖两种,进行关于养殖自身污染、养殖自身污染治理的讲述。

第一节　养殖自身污染

一、非网箱养殖的自身污染

海带、裙带菜、紫菜、苔条等大型藻类的养殖不需要投饵,其自身污染的类型主要取决于其养殖规模和模式(含施肥和不施肥两种养殖模式)。对于不施肥的大型藻类养殖而言,其自身污染主要是养殖水体因藻类养殖而出现营养盐缺乏,尤其是在养殖规模超过养殖区域对大型藻类的养殖容纳量时[1]。对于施肥的大型藻类养殖,其自身污染主要体现在因施肥带来的水体环境污染,如抗生素、重金属和大量营养盐,甚至是生长激素等因施肥而进入水体[2]。因施肥而产生的自身污染被认为是黄海爆发浒苔绿潮的原因之一[3]。无论大型藻类的养殖模式如何,养殖过程中死亡腐烂的藻类产生的生物沉积(有机碎屑)以及养殖浮漂、绳索等因紫外线和波浪破碎而产生的微塑料是不同养殖模式共同存在的自身污染形式[4,5]。

蛤仔、扇贝、单环刺螠等滤食性生物的养殖不需要人工投饵,其自身污染的程度与养殖规模、滤食性贝类的养殖方式等有关。如果滤食性生物的底播增殖、筏式养殖规模超过养殖区的养殖容量,养殖区的微型藻类等初级生产者将被贝类大量摄食而灭失。此外,生物沉积物是滤食性生物养殖自身污染的主要形式,大量生物沉积物的积聚导致沉积物的溶解氧浓度下降、有机物和可挥发性硫化物的含量增加,硫化物大量增加使沉积环境中的底栖生物的群落结构发生变化甚至种类多样性降低[6]。此外,埋栖型滤食性贝类的养殖往往还会导致养殖区域沉积物的板结。当然,水域中营养盐水平的增加也是滤食性生物养殖的自身污染形式[7]。

对鲍、海胆等啃食性生物的增、养殖,其自身污染一般在养殖规模超过养殖容纳量后产生。在底播等非投饵型增、养殖模式下,海域的初级生产者,尤其是鲍、海胆等的啃食种类的生物量降低甚至是灭失,形成所谓的"海底荒漠"。筏式养殖鲍、海胆等啃食性生物时,养殖的自身污染主要体现在生物沉积及其带来的次生生态危害、营养盐水平的提升等[8],且筏式养殖因属于投饵型养殖而具有投饵型网箱养殖典型的环境效应。

对于非投饵型仿刺参等碎屑食性生物的养殖,其自身污染的产生也与养殖规模有关。养殖规模超过养殖容量后,生物沉积及其次生生态危害、营养盐水平升高、溶解氧水平下降等是碎屑食性生物养殖的主要自身污染。在池塘等水域进行的投饵型仿刺参养殖则具有投饵型网箱养殖环境效应的一般特征。

对于食草性甲壳类的养殖,在非投饵养殖模式下,其主要的污染形式是降低大型水生植物的生物量及其次生生态危害[9];在投饵养殖模式下,其主要的养殖自身污染是未食用饵料(残饵)所形成的生物沉积物及其次生生态危害。

池塘养殖因养殖种类不同而具有上述养殖方式自身污染的基本特点。除营养盐升高、溶解氧浓度下降等共性问题外,池塘、网箱和工厂化养殖中最为人们所诟病的养殖自身污染是饵料和渔药造成的重金属、抗生素等污染[10,11],但目前在养殖区的生态调控或生态修复中关注更多的是营养盐自身污染。

二、网箱养殖的自身污染

网箱养殖是一种更为集约化、高效的养殖模式,这种养殖模式一般需要投饵。由于缺乏合理规划,盲目扩大养殖规模,通过高密度养殖等实现高产出,养殖水体出现富营养化,残饵、粪便等在海底大量积聚。环境的恶化使病害频繁发生,养殖鱼类大量死亡[12,13]。其中,营养盐是最直接的污染,也是生态修复和生态调控的主要目标。此外,大规模网箱养殖,抗生素或饲料添加剂等的使用会让底质中的抗生素、重金属含量增加[14]。这种养殖自身污染不仅取决于养殖规模,更取决于养殖时间、养殖区域底质、水文条件等。

第二节　养殖自身污染控制及养殖区生境修复技术

　　污染类型及成因的不同导致养殖自身污染控制、养殖区的生境修复技术不同。例如,依赖于"自然之力恢复自然"的网箱养殖区域的轮休制度,即在养殖一段时间后不再进行养殖,从而充分利用区域自净功能达到生境修复的目的。在沉积物板结或是硫化物含量过高的滤食性贝类养殖区,生境修复可以采用沉积物耕耘、深翻的方法实现。

　　无论哪种方法,一般都是以控制污染物的输入总量、污染物系统内综合利用为出发点,进而设计合理的污染控制和生境修复方法。此外,养殖自身污染往往在养殖规模超过养殖区域的养殖容量后显现,因此,将养殖规模控制在养殖容量之下也是污染控制、生境修复的重要切入点。

一、网箱养殖区自身污染控制技术

　　网箱养殖最主要的污染来源是残饵、粪便等颗粒有机物。因此,控制颗粒有机物的数量是减少网箱养殖环境污染和对沉积环境进行修复的根本出发点。消减网箱养殖污染负荷的主要措施包括:

　　(1)收集残饵和粪便等生物沉积物。寻求在颗粒物未沉积之前就加以收集的方法,是降低网箱养殖区颗粒物负荷的直接途径之一。事实上,在网箱养殖区投放的人造牡蛎壳床就具备这种消减功能。

　　(2)利用碎屑食性生物及滤食性贝类、刺蝐等进行生物修复。既然主要污染源是有机碎屑,那么引入食碎屑生物也是减轻污染的方法之一。如鲻、鲅鱼类为食碎屑鱼类,因此可考虑在网箱养殖系统引入这些鱼类。滤食性贝类会摄食有机颗粒,因此利用滤食性贝类进行污染环境生物修复也是有效的途径之一。但是贝类养殖同样会产生生物沉积,因而也会造成有机负荷,因此要考虑其养殖容量。多毛类多出现在网箱养殖区,因此也可尝试将其用于网箱养殖底质的清洁。其他沉积食性生物如海参、沙蚕和单环刺蝐等可能也具有较好的生物修复效果,但这方面的研究较少。

　　(3)构建多营养层综合养殖模式,实现动物之间的混养、动植物之间的混养,充分利用生物之间的相互作用降低养殖的自身污染,提升系统内部物质的流通效率,实现清洁生产。

　　(4)提高饲料质量,加强投喂管理。有机碎屑的主要来源是残饵和鱼粪,因此合理投喂也是消减有机碎屑的措施之一。这就需要进行养殖鱼类的生理生态研究,并开发高效饲料,降低残饵产生率。

　　(5)有机颗粒物的产生和鱼类放养量密切相关,因此正确评估养殖容量也是减小污

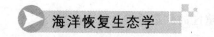

染物负荷的一个重要的研究课题。

二、养殖区大型藻类生物调控的实践

养殖环境的净化是水产养殖业可持续发展的研究热点之一,人们尝试用微生物、浮游植物、大型海藻和碎屑食性鱼类等净化养殖水体。在净化环境的过程中,由于自身代谢,动物性清洁生物会增加环境的营养盐或有机物负荷。将细菌等微生物用作清洁生物,其使用规模一般不大而且存在环境二次污染的可能,尤其是应用于开阔养殖水域时。浮游植物能够吸收大量的营养盐,但浮游植物种群数量难以控制,而且难以对浮游植物有效分离。大型藻类的养殖技术一般比较成熟,种群数量容易控制,它们本身又可用作饲料、药材、食品,因此人们更多地利用大型海藻来净化养殖环境。目前,用于水产养殖区生物净化的大型藻类包括绿藻、褐藻、红藻等,主要是利用大型藻类同化吸收养殖过程中的营养盐,而利用大型海藻抑制自然水体的赤潮生物尚处于实验室阶段,还没有在自然海区投入实际应用。

但使用大型藻类净化养殖水域存在种种问题:①养殖病害一般发生在高温季节和雨季,因此应当积极筛选广温性、广盐性的大型藻类,而大部分的大型藻类对温度、盐度的适应范围并不广。②加强对各种大型藻类的深加工技术的研究。大型藻类在净化水体的过程中不仅会吸收营养盐,而且会产生大量的可用作饲料、食品、药品原材料的藻体,只有扩大大型藻类的利用空间,才能使利用大型藻类净化水体的技术经济学更合理。③加强对藻类吸收营养盐的基础研究,建立营养盐的吸收速度和环境因子之间的数学关系,这样才可比较不同研究者的研究结果,为通过数学模型研究来决定养殖动物和大型藻类的配比提供相应的参数。④在大型藻类对赤潮生物的抑制作用方面,一是应加强对大型藻类分泌物的活性物质的提取研究;二是应加强对如何将实验室规模扩大到实际应用规模的研究。

三、IMTA 生物修复技术

构建多营养层次综合养殖(integrated multi-trophic aquaculture,IMTA)系统进行生态调控是水产养殖控制自身污染的首要方式[15]。其首要程序是确定养殖过程中处于核心地位的养殖产业是什么,一般依据养殖区域规划和养殖生物的经济效益来确定。

(一)鱼-藻配比的估算

依据水质模型,以水质标准为限制阈值(我国海水水质Ⅱ类水质标准所对应的 DIN 浓度的上限),评估鱼类网箱养殖的养殖容量[16,17]。

在确定养殖容量以后,引入大型藻类、细菌和滤食性贝类等清洁生物,利用生物的清洁功能,减小养殖生物(在网箱养殖区主要指养殖鱼类)以及养殖过程所产生的自身污染的营养盐负荷,建立多元生物修复技术下的网箱养殖容量评价模型。

以象山港夏季(6月)的养殖容纳量为例,据鱼类的氨氮排泄速率,折算养殖容量分别为 521 ind・cage^{-1}(鱼体重为 420 g)、543 ind・cage^{-1}(鱼体重为 160 g)或 380 ind・cage^{-1}(鱼体重为 60 g)。而采用龙须菜作为修复生物,其养殖容量修复效应(A_e)为 0.025 ind・g^{-1} (鱼体重为 420 g,龙须菜以干重计算)、0.027 ind・g^{-1}(鱼体重为 160 g,龙须菜以干重计算)或 0.019 ind・g^{-1}(鱼体重为 60 g,龙须菜以干重计算)。仅以龙须菜为修复生物,将养殖容量提高 10%～15%,所需要的龙须菜的干重分别为 2.1～3.1 kg(养殖容量为 521 ind・cage^{-1},鱼平均体重为 420 g)、2.0～3.0 kg(养殖容量为 543 ind・cage^{-1},鱼平均体重为 160 g)或 2.0～3.0 kg(养殖容量为 380 ind・cage^{-1},鱼平均体重为 60 g)。即在控制养殖容量的前提下,每个箱体中培养 2.0～3.0 kg 龙须菜即可将养殖容量提高10%～15%。

象山港的养殖密度大致是养殖容量(以单位箱体养殖密度计算)的两倍,因此,要达到修复的目的,并将目前的养殖载荷提高 10%～15%,所需要的龙须菜的干重分别为 32.9～35.6 kg(鱼平均体重为 420 g)、34.3～37.2 kg(鱼平均体重为 160 g)或 24.0～26.0 kg(鱼平均体重为 60 g)。即在现有条件下,仅考虑网箱养殖鱼类的代谢,只要每个箱体养殖 30 kg 左右的龙须菜就可以使水质符合二类水质标准,并且可以使现有养殖载荷提高 10%～15%。

在考虑排泄出的其他形态氮(氨氮按鱼类排泄总氮的 75% 估算,残饵、粪便中总氮含量按排泄总氮的 1.6 倍估算),去除全部因鱼类养殖投饵所产生的对水域生态系统的氮输入,并使水体维持在二类水质标准,将龙须菜转化为湿重(含水率按 90% 估算),一个网箱中应当配备的龙须菜的湿重为 1040 kg。

(二)综合养殖技术体系的构建

1.海带、龙须菜常年综合养殖环境生物修复技术

在冬春季节(11 月到次年 6 月)养殖海带,此时海水温度为 0～18 ℃;温度超过 18 ℃,海带收获。利用海带筏架进行龙须菜养殖,养殖时间为 5—11 月,海水温度为 18～26 ℃,龙须菜养殖 3～4 茬。养殖期间,海带的日生长率为 2%～3%,龙须菜的日生长率为 3%～7%。

冬春季海带和贝类混养,养殖环境相对稳定。龙须菜在 5—11 月具有较高的光合作用速率(平均为 10.1 mg・g^{-1}・h^{-1}),可以补充高温季节生物(养殖生物和附着生物)对溶解氧的消耗;同时对氮、磷营养盐的高速吸收可以调节海区的营养盐浓度。

2.季节互补性鱼-藻生态养殖模式

2007—2008 年,依据已经建立的多元养殖容量模型,在荣成桑沟湾进行了鱼、贝、藻综合养殖试验。试验网箱为 150 个,规格为 5 m×5 m×2 m,总面积为 5000 m²。2008 年 5 月

26 日,放牙鲆幼鱼,平均体长为 28.5 cm,平均体重为 247.3 g,每箱放鱼 500~600 尾。2008 年 7 月,部分养殖牙鲆已经达到商品规格,平均体长为 34.8 cm,平均体重为 656.0 g。2008 年 9 月 30 日,对试验长期跟踪网箱进行现场验收,养殖牙鲆的平均体长为 35.1cm,平均体重为 657.1 g,估算养殖产量为 394.3 kg·cage^{-1}。示范区海带养殖面积为 3.75×10^{-1} km^2,6 月份开始收获海带,海带平均产量(湿重)为 6000 t·km^{-2}。6 月 28 日养殖龙须菜,养殖面积为 0.25 km^2,9 月 25 日开始收获,平均产量(湿重)为 2133.32 t·km^{-2}。扇贝养殖面积为 0.125 km^2,收获时平均壳长为 57.3 mm,壳高为 51.0 mm,平均湿重为 23.3 g·ind^{-1}。网箱养殖牙鲆体色正常、活力强,收获海带/龙须菜颜色正常、无附着生物,扇贝壳色正常、活力较好。

思考题

1.如何认识海水养殖自身污染?

2.养殖容量评估在养殖区生态恢复中有什么意义?

3.简述大型藻类在生态恢复中的角色。

参考文献

[1]史洁,魏皓,赵亮,等.桑沟湾多元养殖生态模型研究:Ⅲ 海带养殖容量的数值研究[J].渔业科学进展,2010,31(4):43-52.

[2]王娟,曹雷.紫菜养殖对海州湾水质影响分析[J].环境科技,2020,33(5):54-58,64.

[3]LIU J, XIA J, ZHUANG M, et al. Controlling the source of green tides in the Yellow Sea:NaClO treatment of Ulva attached on Pyropia aquaculture rafts[J]. Aquaculture, 2021, 535:736378.

[4]BRINGER A, FLOCH S L, KERSTAN A, et al. Coastal ecosystem inventory with characterization and identification of plastic contamination and additives from aquaculture materials[J]. Marine Pollution Bulletin, 2021, 167:112286.

[5]LIU Y X, HUANG H J, YAN L W, et al. Influence of suspended kelp culture on seabed sediment composition in Heini Bay, China[J]. Estuarine, Coastal and Shelf Science, 2016,181:39-50.

[6]周毅,杨红生,张福绥.海水双壳贝类的生物沉积及其生态效应[J].海洋科学,2003,27(2):23-26.

[7]周毅,杨红生,张福绥.海水双壳贝类的 N、P 排泄及其生态效应[J].中国水产科学,2003,10(2):165-168.

[8]张继红,任黎华,徐东,等.桑沟湾筏式养鲍区水质分析[J].水产学报,2011,35(6):897-904.

[9]金刚,李忠杰,谢平.草型湖泊河蟹养殖容量初探[J].水生生物学报,2003,27(4):345-351.

[10]DIETRICH M, AYERS J. Geochemical partitioning and possible heavy metal (loid) bioaccumulation within aquaculture shrimp ponds[J]. Science of the Total Environment,2021,788:147777.

[11]SHAO Y T, WANG Y P, YUAN Y P, et al. A systematic review on antibiotics misuse in livestock and aquaculture and regulation implications in China[J]. Science of the Total Environment,2021,798:149205.

[12]葛长字.浅海网箱养殖自身污染营养盐主要来源[J].吉首大学学报(自然科学版),2009,30(5):82-86.

[13]李娟,葛长字,毛玉泽,等.沉积环境对鱼类网箱养殖的响应[J].海洋渔业,2010,32(4):461-465.

[14]LUU Q H, NGUYEN T B T, NGUYEN T L A, et al. Antibiotics use in fish and shrimp farms in Vietnam[J]. Aquaculture Reports,2021,20:100711.

[15]方建光,蒋增杰,房景辉.中国海水多营养层次综合养殖的理论与实践[M].青岛:中国海洋大学出版社,2020.

[16]葛长字.浅海鱼类网箱养殖的关键生态过程及容量评价[D].青岛:中国科学院大学(中国科学院海洋研究所),2006.

[17]宁修仁,胡锡钢.象山港养殖生态和网箱养鱼的养殖容量研究与评价[M].北京:海洋出版社,2002.

第十四章　海洋增殖区生产力的监测及评估

海洋牧场建设是海洋生物资源养护与恢复、海洋生境修复的关键措施之一,随着对海洋牧场生态功能认识的加深,海洋牧场建设对生源要素的海洋生物地球化学行为的影响得到了更多的关注,即海洋牧场不仅是渔业资源管理层面的工程设施,还可能影响生源要素的生物地球化学行为。同时,海洋牧场的有效、可持续运营也依赖于生源要素的生物地球化学行为按照人类预期的方向进行。因此,海洋牧场建设、运营中的核心问题是海洋牧场生态系统内的物质循环、能量流动及其外溢效应。这些生态过程最显著和直接的表征就是海洋牧场生产力的状况。

第一节　我国的海洋牧场建设

海洋牧场的建设方兴未艾,尽管其功能和类别众多,但其基本功能是修复海洋生物资源的生境。海洋牧场的主体是人工鱼礁,是人们在指定海域设置各种类型的构造物、阻止破坏性捕捞,为鱼类等水生动物提供索饵、繁殖、生长发育、定居等的场所,以达到修复保护、增殖渔业资源和提高渔获物产量和质量的目的。正因为海洋牧场的良好生态功能,沿海各国已经把海洋牧场建设列入本国的经济建设规划[1]。目前,这种资源养护、利用的方式最为成功的案例是日本的栽培渔业。

我国渔业资源衰退是一个不争的事实,为实现渔业资源的可持续利用,建设海洋牧场成为国家海洋发展战略之一。国家和地方出台了《中国水生生物资源养护行动纲要》《中共中央 国务院关于坚持农业农村优先发展做好"三农"工作的若干意见》《国家级海洋牧场示范区建设规划(2017—2025 年)》《农业部关于下达 2012 年蓬莱溢油生物资源养护与渔业生态修复项目任务的通知》《修复渤海沿海渔业生态环境实施方案》《山东省海洋渔业资源增殖区划与规划》《山东省渔业资源修复行动规划》《山东省渔业发展"十一五"规划》等相关的法律法规,水产科研工作者也从不同的角度呼吁建设海洋牧场,进而持续推进我国海洋牧场在沿海各个海域的建设。

采取高等院校、科研机构和涉海企业密切合作的方式,在政府的引导下,辽宁省以大连市为示范区积极推进海洋牧场建设。2016 年以来,大连市落实支持涉及海洋牧场建设的科研项目 15 项,累计支持资金超过 5000 万元;实施涉海科技人才计划项目 27 项,累计支持资金 1510 万元。自 2016 年以来,大连市以国家级海洋牧场示范区建设工作为抓手,充分发挥典型示范和辐射带动作用,提高建设标准,完善相应配套设施,提升管理水平,带动了养殖业、休闲渔业、交通旅游、渔具船艇等产业的协调发展,提高了渔业附加值[2]。

为降低 2011 年 6 月蓬莱 19-3 油田溢油事件对河北省沿岸水域生态环境的影响,河北省秦皇岛市在山海关及南戴河两个海域进行以投放人工鱼礁为主导的渔业生态修复示范区建设。自 2013 年到 2015 年,在短期内有效改善了海洋生物栖息环境,同时在降低捕捞强度、养护和增殖生物资源、增加渔民收入、维护渔区社会稳定等方面起了重要作用[3]。

为修复和保护渤海湾近海生态资源,天津市除控制陆域污染与海洋污染、保护和恢复受损海岸带滩涂、改进水产养殖模式之外,还积极推进人工鱼礁的建设,以改善渔业生态[4]。

2005 年,海州湾海洋牧场建设生境修复正式启动。采用政府联合企业的方式(日照市岚山区海洋局与岚山区庆达水产开发有限公司联合),在该湾的泥沙质海域以生境退化诊断为突破口建立海洋生境退化的动态监测方法,进行生境修复、生物资源恢复,修复成效得到了社会的广泛认可[5]。

建设海洋牧场是浙江省台州市海洋经济发展的新动能。浙江省不断推进海洋牧场建设,促进渔民转产转业,在养护渔业资源的基础上,积极发展海洋牧场旅游产业[6]。

从 2007 年开始,福建省在农业部"海洋牧场示范建设项目"专项资金的支持下积极推进海洋牧场建设,已经在设计、选址、制造、运输、投放、验收、检测、招投标、监理等程序方面制定了一套行之有效的运作方法,例如制定了《福建省人工鱼礁建设总体发展规划》等。

《广东省国民经济和社会发展第十四个五年规划和 2035 年远景目标纲要》中明确指出,稳定水产养殖面积,提高深海养殖设施和装备水平,打造深海网箱养殖优势产业带,建设海洋牧场。广东省的海洋牧场与休闲渔业的融合发展是其典型特色[7]。

我国的人工鱼礁实验建设始自广西北海防城港的白龙珍珠湾海域。经过近 50 年的建设,这里已经发展为国家级海洋牧场。除海洋牧场本身的鱼虾聚集、渔业资源量增加等生态价值外,随着人工鱼礁建设和实施增殖放流,广西各海区各种作业类型渔船渔民人均增收达 1436 元,海洋牧场示范区周边已有 60 艘捕捞渔船约 300 人转产转业,部分渔船改变原有的捕捞作业方式,改为刺网捕捞或从事以旅游为导向的海上钓鱼业[8]。政策以及建设成效的引导,促使广西开启在北部湾以海洋牧场建设为核心的"蓝色粮仓"计划[9]。

据海南省自然资源与规划厅统计,自 2002 年到 2017 年,海南省建设了 5 个海洋牧场示范区,共计投放 20320.4 空方人工鱼礁,出台了《三亚市海洋牧场管理暂行办法》和《海口市海洋牧场管理暂行办法》等,积极构建全面监测、信息联动、数据智能的智慧型海洋牧场[10]。在推进海洋牧场建设中,政府与企业密切合作,形成了蜈支洲岛海洋牧场建设的典范[11]。

第二节　海洋牧场的生产力、承载力评估

为规范国家级海洋牧场示范区(以下简称"示范区")的建设和管理,充分发挥示范区的典型引领和辐射带动作用,2017 年,农业农村部印发了《国家级海洋牧场示范区管理工作规范(试行)》(以下简称《试行规范》),对规范全国海洋牧场建设管理发挥了重要作用。为适应海洋牧场示范区管理的新要求,农业农村部在全面总结评估《试行规范》和广泛征求意见的基础上,组织对《试行规范》进行修订,形成了《国家级海洋牧场示范区管理工作规范》。按照该规范要求实施相关的工作,其中的主体部分人工鱼礁的建设是海洋牧场学的主要内容,此处不再赘述,仅就支撑海洋牧场可持续发展的生产力以及承载力评估做简单的介绍。

一、海洋牧场生态系统生产力

自然生态系统生产力是其生物生产的能力,包括初级生产力、次级生产力。其中,初级生产力是自养生物生产有机质或能量的速率,次级生产力则是消费者和还原者利用初级生产的产物构建自身能量和物质的速率。依据两者的比例,可将自然生态系统划分为异养型、自养型,其中自养型生态系统中的初级生产力大于次级生产力。

海洋牧场是在一个特定水域内,采用一整套规模化的渔业设施和系统化的管理,并基于自然的水域生态环境,将渔业资源、人工放流的水生经济动植物聚集起来,进行有计划、有目的的海上放养。海洋牧场不同于自然生态系统,其系统内的关键生态过程及生态系统演化在很大程度上受人类活动的调控,且按照人类的预期提供水产品生产、休闲娱乐、调节气候等服务功能。因此,海洋牧场本质上是一个农业生态系统,具有重要的社会支持、生态服务功能,评估其生态系统生产力时需要探讨其投入成本。这个成本除了人为商品投入外,还应包括在海洋牧场生产、建设和管理等过程中的资源损耗,即海洋牧场生态系统生产力包含初级生产力、次级生产力、海洋牧场的生态服务功能和海洋牧场的运行成本(包含环境损耗)等,在自然生态系统生产力范畴上扩展到对其生态服务功

能、环境效应进行成本效益核算。海洋牧场的建设成本包含水域使用、构建海洋牧场组成部分(如海洋平台和人工鱼礁等)、安装相关设施的施工、日常环境监测与管理、增殖放流的人工费、生物材料和捕捞等生产性成本以及海洋牧场建设和运行过程中的环境资源折旧费等。

　　海洋牧场的建设目的不同,如诱集型海洋牧场主要用于诱集恋礁性鱼类而增殖型海洋牧场主要增殖仿刺参、鲍、海胆等海珍品,其所关注的生产力不同。在以增殖虾夷扇贝等滤食性贝类为主的海洋牧场中,关注较多的是底栖或底层水体的微型藻类的初级生产力;以增殖仿刺参等有机碎屑食性棘皮动物为主的海洋牧场中,更为关注底栖微型藻类及细菌等的生产力;以增殖鲍、海胆等啃食性生物为主的海洋牧场中,则更多关注大型藻类的初级生产力;在诱集恋礁性鱼类的海洋牧场中,尤其是鱼类以动物食性为主时,更多关注底栖动物的次级生产力。这些关注点的不同,主要取决于增殖生物的食性,即确定海洋牧场生态承载力的生态阈值不同。

　　测定海洋牧场的初级生产力一般可以采用收割法,且多用连续收割法、气室二氧化碳同化法、黑白瓶法、同位素测定法、基于叶绿素萃取的叶绿素测定法、pH 值测定法、原料消耗量测定法以及遥感法[12]。其中,所谓的原料消耗量测定法是使用矿物元素的消耗来测定生产力,因为存在下列关系:1300 kcal 辐射能＋106CO_2＋90H_2O＋16NO_3^-＋1PO_4^{3-}＋矿质元素＝存储于 3258 g 原生质中的 13 kcal 潜能＋154O_2＋1287 kcal 消散的热能。

　　动物次级生产力常用的计算方法可分成两种类型[13]:①同生群法,包括减员累计法、瞬时增长法和艾伦(Allen)曲线法等;②非同生群法,主要包括体长频率法以及瞬时增长法。对于大型底栖动物的次级生产力,还可以直接采用经验公式进行估算,其中比较著名的经验公式是布雷(Brey)经验公式[14]:①Brey(1990)经验模型。大型底栖动物的年均次级生产力 P(g·m^{-2}·a^{-1})可以依据下式估算:$\lg P = a + b_1 \times \lg B - b_2 \times \lg W$。其中 a、b_1 和 b_2 为类群系数;B(g·m^{-2})为底栖生物的平均生物量(以去灰分干重计算);W(g·ind^{-1})为底栖生物的年均个体质量(以去灰分干重计算)。对于多毛类、软体动物、甲壳类和其他种类,a 的取值分别为-0.018、-0.591、-0.614 和-0.473,b_1 的取值分别为 1.022、1.030、1.022 和 1.007,b_2 的取值分别为-0.116、-0.283、-0.360 和-0.274。②Brey(2001)模型。底栖动物的年均次级生产力 P(kJ·m^{-2}·a^{-1})依据下式估算:$\lg(P/B) = 7.947 - 2.294\lg(M) - 2409.856/(T+273) + 0.168/D + 0.194SubT + 0.180InEpi + 0.277MoEpi + 0.174Taxon1 - 0.188Taxon2 + 0.33Taxon3 - 0.062Habitatl + 582.851\lg(M)/(T+273)$。其中,$M$(kJ)为年均个体的体重能值;$T$(℃)为底层水温;$D$(m)为平均水深;$B$(kJ·$m^{-2}$)为年均生物量对应的能值;SubT 在潮下带取值为 1 而在潮间带取值为 0;InEpi 对于底内生物取值为 1 而对于底表生物取值为 0;MoEpi 对于移动生物取值为 1 而对于固着生物则为 0;Taxon1 对于环节动物或甲壳类动物取值为 1 而其余类群生物取值为 0;Taxon2 对于棘皮动物取值为 1 而其余类群生物取值为 0;Taxon3 对于昆虫的取值为 1 而其余类群生物则为 0;Habitat1 在湖泊生境中取值为 1 而在其余生境中取值为 0。在上述模型的基础上,该经验公式又被修订为 Brey(2012)模型。

在进行一般意义上的海洋牧场生产力评估的基础上,可对海洋牧场的运营成本和生态服务功能进行评估,但目前仅见对海洋牧场生态服务功能的评估[15]。

二、海洋牧场生态系统承载力

生态系统的承载力也称为负荷力、容量、容纳量等,源于环境因素对种群增长的制约,常可以理解为逻辑斯谛(Logistic)方程中的 K 值(最大环境容纳量)[16]。关注点的差异使生态系统的承载力有着不同的内涵。

生境或生物对特定污染物的承受量可以称为环境承载力。对于海洋牧场而言,其区域环境质量是环境承载能力的最终表现和基础,而且物理化学指标比生物学指标更容易量化,因此常以理化指标评估海洋牧场的环境承载力。污染物浓度低于或高于某一阈值,水域的环境状况就达不到国家或地区对水域环境质量的要求,该阈值下的目标增殖生物的最大生物量可以称为海洋牧场对该类生物的环境承载力[17]。例如,我国的国家规范要求海洋牧场中水质要达到Ⅱ类水质标准,其中溶解氧(DO)的浓度不低于 5 mg·L^{-1},DO 的浓度低于 5 mg·L^{-1} 则意味着达不到环境要求。某增殖生物生物量的变动将导致 DO 变动,DO 为 5 mg/L 时所对应的该生物的最大生物量可以称为海洋牧场中该增殖生物的环境承载力。

特定的生境下,生态系统所能支持的特定种群的大小,是由生境对特定生物的供饵能力、营养盐供给能力、DO 供给能力,或特定生物对生态因子的耐受阈值等决定的,此时的承载力可以称为生态承载力[17]。例如,生境中浮游植物的生物量低于 8.20 mg/L,则浮游植物的生物量不足以支持滤食性贝类的次级生产力[18]。生境中浮游植物的生物量随增殖的滤食性贝类的生物量变动,因此,浮游植物的生物量 8.20 mg/L 所对应的滤食性贝类的生物量可以称为生境对滤食性贝类的生态承载力。

随着海洋牧场的建设,海洋牧场的生态承载力和环境承载力得到了越来越多的关注,一方面海洋牧场的环境条件要符合国家的环境规范,另一方面海洋牧场要可持续地产出生物资源。海洋牧场既有养殖系统的特点,又有和一般的养殖系统不同的特点。海洋牧场是一个开放体系,生物种类更加繁多,生物定居使多种生物的不同世代在同一个时空内出现。此外,海洋牧场无须为增殖生物投喂饵料或施加肥料。虽然不能直接套用养殖系统养殖容纳量评估的模型来评价海洋牧场的承载力,但可以借鉴相关的方法。从主要增殖生物的角度来划分,常用的海洋牧场对增殖生物的生态承载力的评估方法见表 14-1。这些评估方法在计算方法上有差异,造成差异的核心是增殖生物的食性差异以及是考虑单一物种还是考虑多个物种的承载力。就其计算过程而言,生态承载力评估的关键技术包含承载力评估的指标体系构建、增殖生物的个体生长模型、水动力过程与生态过程的耦合等[18-28]。

表 14-1　海洋牧场对不同增殖生物的生态承载力的评估方法

增殖生物	评估对象	模型类型	评估思想	数据来源
大型藻类	藻类	生态动力学模型或判定模型	依据营养盐供给与增殖藻类的营养盐同化率、个体生长之间的关系,或显性生态效应评估承载力	增殖藻类的生长模型及营养盐同化率
滤食性贝类、啃食性贝类和棘皮类、碎屑食性棘皮类	仅对单一物种进行评估	生态动力学模型或判定模型	依据饵料供给与增殖生物摄食量、个体生长之间的关系,或显性生态效应评估承载力	增殖生物摄食生理、温度、叶绿素等环境数据
滤食性贝类、啃食性贝类和棘皮类、碎屑食性棘皮类、杂食性的其他生物	对多种增殖生物同时进行评估	Ecopath 模型	海洋牧场以食物网的形式呈现,改变目标生物生物量,模型不再平衡或系统健康阈值出现,对应的目标生物的生物量即为其生态承载力	食性组成、涵盖食物网的各个功能组的生物量

　　常用的物料收支模型以方建光等[21,22]对桑沟湾栉孔扇贝、海带的养殖容量评估模型为典型代表。这个评估模型中养殖容量就是一个目标,而限定这个目标的水域面积、水深、潮汐变化、养殖水域内外营养盐浓度或浮游植物的浓度等为生境因子,利用收支平衡关系确定生态承载力。

　　生态动力学模型是将拟评估水域的生态过程描述为一个或数个微分方程(方程组)的形式,每个方程均表示生态因子的历时变化,其表达形式为 $f(x)=\dfrac{\mathrm{d}x}{\mathrm{d}t}$[29]。因考虑的空间维度的多少不同,模型分为零维的箱式动力学模型,一维、二维甚至是三维的生态动力学模型。随着计算技术的进步,海洋牧场的生态动力学过程趋向于用三维生态动力学模型来描述,并将这些生态过程与水动力学过程耦合在一起,构建所谓的"水动力-生态动力学模型",例如基于水动力耦合的生态动力学模型对桑沟湾海带养殖容量进行评估[30]。依据所描述的生态过程的多寡,生态动力学模型可以分为 N-P 模型、N-P-Z 模型、N-P-Z-D模型等,其中的 N 主要涵盖碳、氮、磷、氧等生源要素,P 主要涵盖浮游植物、大型水生植物等,Z 主要涵盖浮游动物、其他水生动物等,D 主要涵盖有机碎屑等,N-P 模型主要描述系统内 N 和 P 历时变化的生态过程(其余的 N-P-Z 模型、N-P-Z-D 模型所描述的生态过程以此类推)[31]。

Ecopath 模型也叫生态系统稳态营养模型,基于生物量生产与损耗的平衡系统,研究能量在食物网内的流动,描述一个生态系统在特定时间内、稳态条件下,营养物质的平衡,它可以追溯到 Herman 模型。Herman 模型强调基于营养级来判断生态承载力,例如利用该模型评估胶州湾滤食性贝类菲律宾蛤仔的养殖容纳量[32]。Ecopath 模型基于 Ecopath with Ecosim 软件构建,包含物质平衡、能量平衡两个核心方程,表示形式分别为 $P_i = y_i + B_i \times M_{2i} + E_i + BA_i + M_{0i}$ 和 $Q_i = P_i + R_i + U_i$。其中,P_i 是功能组 i 的总生产量;y_i 是功能组 i 的总捕捞量;B_i 是功能组 i 的生物量;M_{2i} 是功能组 i 的捕捞死亡率;E_i 是功能组的净迁移量(迁出−迁入);BA_i 是功能组 i 的生物量积累;M_{0i} 是功能组 i 的其他死亡;Q_i 是功能组 i 的消耗量;R_i 是功能组 i 的呼吸量;U_i 是功能组 i 未消化的食物量。此外,$M_{0i} = P_i \times (1 - EE_i)$,其中 EE_i 是功能组 i 的生态营养效率[33]。当然,Ecopath 模型的基本假设是各种生物的食性不变,即 Ecopath 模型表示在一个稳态系统内能量在生态系统每个功能组之间的流动保持平衡。

第三节　海洋牧场中生物食源的判断方法

无论采用什么数学模型或计算方法来评估海洋牧场的生态承载力,除海洋牧场本身的地貌学、水文学特征以及海洋化学因素外,其生物的食性组成是决定海洋牧场生态承载力的关键。判断食源的方法主要有胃含物成分分析法[34]、粪便(含假粪)成分分析法[35]、稳定性同位素示踪法[36]和脂肪酸标志法[37]等。其中,脂肪酸标志法因脂肪酸的代谢特征而能够反映动物较长时间内的食物组成,而且这种测定方便,被广泛用于海洋动物长期食源的判断。此处以杂交鲍的食源分析为例进行说明[38]。

杂交鲍采集于投放人工鱼礁的崂山湾底播增殖杂交鲍(*Haliots discus hannai* × *Haliots discus discus*)和仿刺参(*Apostichopus japonicus*)分布密集的区域(见表 14-2),水深 5~7 m,海域内的大型藻类为自然生长藻类。依据文献,大致判断杂交鲍的食物为硅藻、大型绿藻、褐藻以及异养细菌等,分别以 $\sum C16/\sum C18$ 和 C20:5n-3[39,40]、C18:2n-6 + C18:3n-3[41]、C20:4n-6[42]、C18:1n-7/C18:1n-9[43] 作为相应的标志性脂肪酸。

表 14-2　食源分析实验用鲍

个体类别	壳长/mm	带壳湿重/g
小型个体	70.29±6.08	43.70±8.43
中型个体	82.05±1.61	65.93±7.38
大型个体	86.77±3.74	74.26±6.42

利用气相色谱分析法测定肌肉、内脏团及消化腺中的脂肪酸含量。同等大小的杂交鲍,其内脏团、消化腺和肌肉组织间的硅藻脂肪酸标志(C20:5n-3)的相对含量无差异(见图 14-1)。硅藻脂肪酸标志($\sum$C16/$\sum$C18)在同等大小杂交鲍的内脏团、消化腺和肌肉组织间的相对含量的差异也不显著(见图 14-2)。从硅藻脂肪酸标志的角度看,内脏团、肌肉和消化腺均可用作食源分析的备选组织。

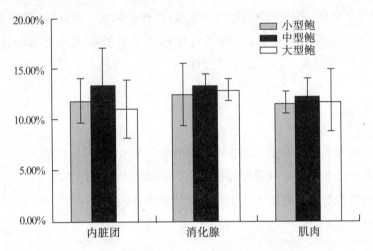

图 14-1　硅藻脂肪酸标志(C20:5n-3)的相对含量[38]

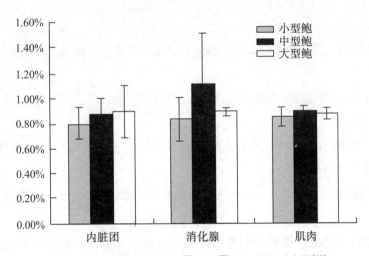

图 14-2　硅藻脂肪酸标志($\sum$C16/$\sum$C18)的相对含量[38]

中、小型杂交鲍肌肉组织内的绿藻脂肪酸标志(C18:2n-6+C18:3n-3)的相对含量低于其消化腺内的($p<0.05$),大型杂交鲍体内的绿藻脂肪酸标志的分布情况则相反($p<0.05$)。小型杂交鲍肌肉组织内的褐藻脂肪酸标志的相对含量高于其他组织的($p<0.05$),中型杂交鲍消化腺内的褐藻脂肪酸标志的相对含量低于其他组织的($p<0.05$),大型杂交鲍消化腺和内脏团中的褐藻脂肪酸标志的相对含量相差不大,两者均显著低于肌肉组织中的($p<0.05$)。硅藻脂肪酸标志($\sum$C16/$\sum$C18 和 C20:5n-3)、异养细菌脂肪酸

标志（C18：1n-7/C18：1n-9）在杂交鲍体内组织间没有差异。

从异养细菌脂肪酸标志的角度看，鲍体内的组织均可以用作食源分析。但鲍的消化腺于鲍的面盘幼虫早期出现，其主要功能是内吞、胞内消化、分泌及储存营养物质，在发育成熟后不会发生季节性变化。因此食物中脂肪酸的组成影响消化腺中脂肪酸的组成，而天然食物的丰度具有季节性，因此鲍消化腺中脂肪酸组成的季节性变化是由食物的季节性变化所致。此外，消化腺中的总脂含量较高，便于测试。因此，从影响脂肪酸组成的因素及测试方法的灵敏度来看，选用消化腺用于脂肪酸标志法来判断鲍的食源更为适宜。

思考题

1.海洋牧场与自然生态系统的生产力有什么区别？
2.简述 Ecopath 模型在判断海洋牧场生态承载力时的局限性。
3.简述脂肪酸标志法确定水生生物食源的局限性。

参考文献

[1]李文抗，房恩军.建设人工鱼礁 修复海洋渔业资源生态环境[J].天津水产，2003(4)：5-8.

[2]钟石新.大连深耕海洋牧场 蓝色粮仓 崛起北方海域[J].中国食品工业，2021(9)：6-9.

[3]胡建平，张海鹏，田洋.河北省蓬莱溢油补偿生态修复海洋牧场项目建设技术报告[J].河北渔业，2016(4)：26-27.

[4]齐在祥.修复渤海湾生态 促进渤海渔业持续健康发展[J].天津水产，2008(2)：1-4.

[5]丁增明，杨淑岭，刘刚.海州湾海洋牧场建设修复生境技术的应用浅析[J].水产养殖，2012,33(5)：29-31.

[6]翁歆之.浙江台州海洋牧场建设建议[J].中国水产，2020(2)：62-65.

[7]段丁毓，秦传新，朱文涛，等.粤东柘林湾海洋牧场景观结构与格局的分析研究[J].水产学报，2019,43(9)：1981-1992.

[8]裴琨，吴一桂，杨润琼.中国最早的人工鱼礁试验地——防城港市白龙珍珠湾海洋牧场人工鱼礁建设概述[J].河北渔业，2020(6)：22-27,63.

[9]袁琳，杨晓佼.广西开启北部湾"蓝色粮仓"计划[J].农家之友，2017(9)：32-33.

[10]张晋霞,王忠,陈露.自由贸易区下海南智慧海洋牧场建设探析[J].科技资讯,2018,16(24):3-4,6.

[11]颜慧慧.三亚蜈支洲岛海洋牧场旅游区生态环境演变与评价研究[D].海口:海南大学,2017.

[12]阎希柱.初级生产力的不同测定方法[J].水产学杂志,2000,13(1):81-86.

[13]龚志军,谢平,阎云君.底栖动物次级生产力研究的理论与方法[J].湖泊科学,2001,13(1):79-88.

[14]BREY T. A multi-parameter artificial neural network model to estimate macrobenthic invertebrate productivity and production[J]. Limnology and Oceanography: Methods, 2012, 10(8): 581-589.

[15]马欢,秦传新,陈丕茂,等.柘林湾海洋牧场生态系统服务价值评估[J].南方水产科学,2019,15(1):10-19.

[16]唐启升.关于容纳量及其研究[J].海洋水产研究,1996,17(2):1-6.

[17]方建光,蒋增杰,房景辉.中国海水多营养层次综合养殖的理论与实践[M].青岛:中国海洋大学出版社,2020.

[18]GE C Z, FANG J G, SONG X F, et al. Response of phytoplankton to multispecies mariculture: A case study on the carrying capacity of shellfish in the Sanggou Bay in China[J]. Acta Oceanologica Sinica, 2008, 27(1): 102-112.

[19]XU S N, CHEN Z Z, LI C H, et al. Assessing the carrying capacity of tilapia in an intertidal mangrove-based polyculture system of Pearl River Delta, China[J]. Ecological Modelling, 2011, 222(3): 846-856.

[20]ZHAO Y X, ZHANG J H, LIN F, et al. An ecosystem model for estimating shellfish production carrying capacity in bottom culture systems [J]. Ecological Modelling, 2019, 393: 1-11.

[21]方建光,匡世焕,孙慧玲,等.桑沟湾栉孔扇贝养殖容量的研究[J].海洋水产研究,1996,17(2):18-31

[22]方建光,孙慧玲,匡世焕,等.桑沟湾海带养殖容量的研究[J].海洋水产研究,1996,17(2):7-17.

[23]葛长字.浅海鱼类网箱养殖的关键生态过程及容量评价[D].青岛:中国科学院大学(中国科学院海洋研究所),2006.

[24]刘鸿雁,杨超杰,张沛东,等.基于Ecopath模型的崂山湾人工鱼礁生态系统结构和功能研究[J].生态学报,2019,39(11):3926-3936.

[25]刘岩,吴忠鑫,杨长平,等.基于Ecopath模型的珠江口6种增殖放流种类生态容量估算[J].南方水产科学,2019,15(4):19-28.

[26]王鹏,张贺,张虎,等.基于营养通道模型的海州湾中国明对虾生态容纳量[J].中国水产科学,2016,23(4):965-975.

[27]于宗赫,陈康,杨红生,等.海州湾前三岛海域栉孔扇贝(*Chlamys farreri*)生长特征与养殖容量的评估[J].海洋与湖沼,2010,41(4):563-570.

[28]张继红,蔺凡,方建光.海水养殖容量评估方法及在养殖管理上的应用[J].中国工程科学,2016,18(3):85-89.

[29]葛长字.基于局部微分方程组的生态系统模拟[J].系统仿真学报,2006,18(增刊2):634-635.

[30]史洁,魏皓,赵亮,等.桑沟湾多元养殖生态模型研究:Ⅰ养殖生态模型的建立和参数敏感性分析[J].渔业科学进展,2010,31(4):26-35.

[31]陈长胜.海洋生态系统动力学与模型[M].北京:高等教育出版社,2003.

[32]董世鹏.胶州湾菲律宾蛤仔个体生长模型构建及养殖容量评估研究[D].上海:上海海洋大学,2020.

[33]张荣良.烟台近岸人工鱼礁与自然岩礁食物网结构与功能对比研究[D].北京:中国科学院大学(中国科学院烟台海岸带研究所),2021.

[34]BELLEGGIA M, COLONELLO J, CORTÉS F, et al. Eating catch of the day: The diet of porbeagle shark Lamna nasus (Bonnaterre 1788) based on stomach content analysis, and the interaction with trawl fisheries in the south-western Atlantic (52° S-56° S)[J]. Journal of Fish Biology, 2021, 99(5): 1591-1601.

[35]刘刚,李皓,吴自有,等.基于DNA条形码分析大鸨繁殖期动物性食物[J].动物学杂志,2021,56(3):405-416.

[36]INGRID C, CAROLINE B, ANDRÉ C C, et al. Food and diet of the pre-Columbian mound builders of the Patos Lagoon region in southern Brazil with stable isotope analysis[J]. Journal of Archaeological Science, 2021, 133: 105439.

[37]KRISTIN H, FRANZISKA G, MELANIE P, et al. Food spectrum and habitat-specific diets of benthic foraminifera from the Wadden Sea-A fatty acid biomarker approach[J]. Frontiers in Marine Science, 2020, 510288.

[38]葛长字,王海青,毛玉泽,等.杂交鲍 *Haliotis discus hannai* × *Haliots discus discus* 体内食源性脂肪酸的标志分异[J].现代食品科技,2014,30(7):27-30,55.

[39]REUSS N, POULSEN L K. Evaluation of fatty acids as biomarkers for a natural plankton community: A field study of a spring bloom and a post-bloom period off West Greenland[J]. Marine Biology, 2002, 141(3): 423-434.

[40]WARD J N, POND D W, MURRAY J W. Feeding of benthic foraminifera on diatoms and sewage-derived organic matter: An experimental application of lipid

biomarker techniques[J]. Marine Environmental Research, 2003, 56: 515-530.

[41]KHOTIMCHENKO S V, VASKOVSKY V E, TITLYANOVA T V. Fatty acids of marine algae from the Pacific coast of North California[J]. Botanica Marina, 2002, 45: 17-22.

[42]COOK E J, BELL M V, BLACK K D, et al. Fatty acid compositions of gonadal material and diets of the sea urchin, Psammechinus miliaris: Trophic and nutritional implications[J]. Journal of Experimental Marine Biology and Ecology, 2000, 255(12): 261-274.

[43]许强,杨红生,王红,等.桑沟湾养殖栉孔扇贝食物来源研究——脂肪酸标志法[J].海洋科学,2007,31(9):78-84.

第十五章 海洋重金属污染治理

生态系统中的重金属并不会灭失,即没有完全意义上的重金属自净的过程。重金属只能从一种介质转移到另一种介质,只能是毒性降低或是因为赋存形态发生变化而生态毒理特性发生变化。重金属污染因其持久的生态毒性而成为海洋环境中优先监测、治理的对象。

第一节 海洋重金属污染现状及生态危害

重金属一般指密度大于 $4.5\ g \cdot cm^{-3}$ 的金属。由于砷和硒的生态毒性和重金属类似,因此,通常将二者列为重金属进行环境监测、生态效应评估,并称其为类重金属(在很多情况下,并不强调砷和硒的类重金属特性,而是将其看作重金属)。除地质因素外,人类活动是导致海洋重金属污染的首要因素,其中陆源排污和大气沉降是海洋重金属污染的主要来源。例如:渤海大气气溶胶中铜的含量为 $12.9\sim93.0\ ng \cdot m^{-3}$,铅的含量为 $20.7\sim38.6\ ng \cdot m^{-3}$,锌的含量为 $88.6\sim128.8\ ng \cdot m^{-3}$;2020 年,辽宁省直排海污染源中的汞和镉的排放总量分别为 1.9 kg 和 0.8 kg,河北省直排海污染源中的 Cr^{6+}、铅、汞和镉的排放总量分别为 28.0 kg、12.8 kg、5.8 kg 和 0.3 kg,天津市直排海污染源中铅、汞和镉的排放总量分别为 52.0 kg、2.1 kg 和 2.9 kg,山东省直排海污染源中 Cr^{6+}、铅、汞和镉的排放总量分别为 1096.9 kg、6890.5 kg、195.4 kg 和 190.7 kg,江苏省直排海污染源中 Cr^{6+}、铅、汞和镉的排放总量分别为 72.4 kg、250.0 kg、5.4 kg 和 26.3 kg,上海市直排海污染源中铅、汞和镉的排放总量分别为 273.4 kg、44.8 kg 和 59.7 kg,浙江省直排海污染源中 Cr^{6+}、铅、汞和镉的排放总量分别为 403.6 kg、492.4 kg、74.6 kg 和 179.3 kg,福建省直排海污染源中 Cr^{6+}、铅、汞和镉的排放总量分别为 305.3 kg、45.2 kg、4.6 kg 和 6.1 kg,广东省直排海污染源中 Cr^{6+}、铅、汞和镉的排放总量分别为 236.9 kg、5144.1 kg、33.5 kg 和 91.6 kg,广西壮族自治区直排海污染源中 Cr^{6+}、铅、汞和镉的排放总量分别为 9.9 kg、

503.0 kg、4.0 kg 和 30.9 kg,海南省直排海污染源中铅、汞和镉的排放总量分别为 437.5 kg、10.1 kg 和 4.0 kg[1]。这些重金属(含砷和硒等类重金属,下同)可能来源于采矿、冶炼、电镀、制药等行业,也可能来源于农业、渔业等行业。

进入海洋的重金属,主要通过沉淀溶解、氧化还原、配合、形成胶体、吸附解吸等一系列化学作用进行迁移转化,并经食物链(网)参与或干扰各种环境化学过程和物质循环过程,最终以一种或多种赋存形态长期存留在环境中,并在生物体、水体和沉积物三个主要的库中蓄积,其中滩涂(含沉积物及其间隙水)是重金属的重要蓄积库。重金属在沉积物中的分布特征与河流入海口的分布情况、流域的工业水平呈正相关。例如,我国海洋滩涂环境中的重金属汞、镉、铅、砷、铜、铬和锌等在渤海、黄海和东海海岸带的含量较高,而在南海等潮间带的含量较低,这与渤海、黄海和东海分别位于大辽河口、黄河口以及长江口附近有关,更与我国北方重工业的发展规模和历史有关。相对而言,北部海岸线比南部地区的重金属污染更严重[2]。但随着我国经济和工业重心的南移,南方海域的重金属污染逐渐严重,例如,地处广东省的深澳湾的大部分表层水域属重金属轻度或中度污染海域[3]。

重金属一方面对水生生物具有直接的毒害作用[4],另一方面通过食物链(网)而影响人类健康[5],甚至通过影响生物活动、化学元素的赋存形态等影响物质的生物地球化学过程[6],进而影响生态系统的物质循环、能量流动,危害整个生态系统的生态安全。此外,水生生物因蓄积重金属而产生食用安全风险,进而丧失其经济价值[7]。除此之外,近海石莼属绿潮的爆发也与重金属-营养盐复合污染有关[8]。

因此,从个体到群落,从群落到系统,重金属都会造成直接或间接的危害。重金属是海洋环境监测、水产品检测等重点监测、检测的对象,也是中国海洋生态环境状况公报的重要研究内容。

第二节　海洋重金属污染监测与评估

一、海洋重金属监测

对水体、沉积物、大气以及生物体内的重金属进行监测或检测时,按照《海洋监测规范》《海洋调查规范》以及《海岸带生态系统现状调查与评估技术导则》等严格执行相关的采样方法、分析测试方法,此处不再赘述。当然,对于特定的生态系统,需要按照系统监测或调查要求的方法进行监测或检测,此处不再赘述。

二、海洋重金属污染评估

《海洋监测规范》《海洋调查规范》《海岸带生态系统现状调查与评估技术导则》《海洋

沉积物质量标准》和《海水水质标准》等规范中规定了用于环境监测与评价的各种评估方法,这些方法一般是划定不同质量等级的阈值,采用单因子标准指数的方法进行评估。

为充分考虑生境中各种因素的作用以及重金属与环境生物地球化学背景值的关系,在单因子标准指数法之外尚有以下综合性评价指标:

(一)地质累积指数[9]

地质累积指数的计算公式为 $I_{geo} = \log_2 \frac{C_n}{kB_n}$。其中,$I_{geo}$、$C_n$、$k$ 和 B_n 分别为地质累积指数、沉积物中元素 n 的实测值、背景系数校正因子和元素 n 的地球化学背景值。$I_{geo} \leqslant 0$ 表示无污染,$0 < I_{geo} \leqslant 1$ 表示无污染至中度污染,$1 < I_{geo} \leqslant 2$ 表示中度污染,$2 < I_{geo} \leqslant 3$ 表示中度污染到重度污染,$3 < I_{geo} \leqslant 4$ 表示重度污染,$4 < I_{geo} \leqslant 5$ 表示重度污染到极度污染,$I_{geo} > 5$ 表示极度污染。

(二)元素富集因子[10]

元素富集因子的计算公式为 $EF_i = \dfrac{\left(\dfrac{C_i}{C_n}\right)_{样品}}{\left(\dfrac{B_i}{B_n}\right)_{背景}}$。其中,$EF_i$、$C_i$、$C_n$、$B_i$ 和 B_n 分别为元素 i 的富集因子、测样中元素 i 的含量、测样中参比元素 n 的含量、元素 i 的背景含量、参比元素 n 的背景含量。若 $EF_i \leqslant 10$,则自然因素占优;若 $EF_i > 10$,则人为因素占优。

(三)沉积物质量基准

沉积物质量基准是保护海洋的底栖生物或其他生态功能的临界值,主要基于底栖生物的生态毒理学特征确定。它本身不具有管理职能,但在其基础上建立的沉积物质量标准则具有法律效力,可用于沉积物和水环境质量评价,并为污染控制和沉积物疏浚等治理及立法提供依据。海洋沉积物质量基准见表 15-1。

表 15-1 海洋沉积物质量基准[11]

元素	基准下限/(mg·kg^{-1})	基准上限/(mg·kg^{-1})
砷	20.40	65.14
镉	3.31	8.55
铬	47.80	128.60
铜	35.90	85.30
汞	1.67	6.39
铅	51.30	127.03

续表

元素	基准下限/(mg·kg^{-1})	基准上限/(mg·kg^{-1})
锌	187.70	391.60

(四)Hakanson 潜在生态风险指数[12]

潜在生态风险指数涉及单项污染系数、重金属毒性响应系数及潜在生态风险单项系数，其计算公式为 $RI = \sum E_r^i, E_r^i = T_r^i \times C_r^i, C_r^i = \dfrac{C_s^i}{C_n^i}$。其中，$RI$、$E_r^i$、$T_r^i$、$C_r^i$、$C_s^i$ 和 C_n^i 分别为潜在生态风险指数、元素 i 的潜在生态风险单项系数、元素 i 的毒性响应系数、元素 i 的单项污染系数、元素 i 的实测含量和参比值。Hakanson 潜在生态风险指数的分级标准见表 15-2。

表 15-2　重金属 Hakanson 潜在生态风险指数分级标准

单项风险指数(E_r^i)	潜在生态风险指数(RI)	风险等级
<40	<150	低
40～<80	150～<300	中
80～<160	300～<600	较重
160～<320	≥600	重
≥320	—	严重

除此之外，还有污染负荷指数法[13]、次生相富集系数[14]、内梅罗综合指数[15]等重金属污染评价指数。

三、海洋重金属污染溯源

主成分分析或因子分析是海洋重金属污染来源辨析的主要方法。例如，陈斌等[16]基于主成分分析，认为 2017 年 11 月珠江口外陆架海域表层沉积物中的重金属含量受人类生产活动的影响较大，铬、铜和锌具有相近来源，主要为工业污染物、陆源排污产生的外源污染；铅、砷和镉的来源相似，为海上交通及陆源工业、农业污染经大气沉降产生的污染；汞的来源不同于其他重金属元素，可能源于有机质降解产生的内源污染。此外，依据重金属的赋存形态也可以判断海洋重金属污染中人为因素的大小。当沉积物重金属有效态/总量小于 50％时，认为重金属主要来源于矿物的自然沉积；当沉积物重金属有效态/总量大于 50％时，则认为受到人为活动影响的可能性较大[17]。

第三节　海洋重金属污染区恢复技术

重金属自身的特性决定了治理重金属污染不宜采用以自然之力恢复自然的方法,而主要采用物理治理法、化学治理法和生物修复法。

一、海洋重金属污染的物理治理法

这类方法主要是利用吸附材料的吸附性能,如利用磁性活性炭(magnetic activated carbon,MAC)稳定沉积物中的重金属,添加 3% 的 MAC 可使铜、铬、铅、镉的生物累积分别降低 47%、45%、52% 和 31%,有效态浓度分别降低 55%、36%、39% 和 40%。磁化作用可以增强活性炭对重金属的控制效果,这主要得益于 MAC 表面的铁氧化物与铅强烈的螯合能力[18]。

二、海洋重金属污染的化学治理法

钝化重金属是海洋重金属污染治理的一种思路,如对渤海湾沉积物中重金属污染的治理[19],但目前在实际治理中采用更多的是构建更为经济合理的、二次污染少的方法,如利用壳聚糖治理海洋重金属污染[20]。

三、海洋重金属污染的生物修复法

三角褐指藻对重金属具有较高的耐受性,这说明微型藻类具有修复或治理海洋重金属污染的潜力,但到目前为止尚未建立起成熟的基于微型藻类的生态治理技术。

大型藻类具有很好的重金属富集或累积能力,如褐藻海黍子($Sargassum\ muticum$)对锌和镉的富集能力高于红藻脆江蓠($Gracilara\ chouae$)[21];极北海带对铅污染具有修复潜力[22]。青岛潮间带鼠尾藻、海带、裙带菜、亮管藻、肠浒苔($Enteromorpha\ intestinalis$)、孔石莼、鸡毛藻($Pterocladia\ tenuis$)、珊瑚藻、石花菜 9 种大型海藻中重金属含量差异较大,铜、锌和镉含量的最高值出现在海带中,铅、铬和砷含量的最高值出现在鼠尾藻中,汞含量的最高值出现在珊瑚藻中;富集能力由强到弱的顺序为鼠尾藻>石花菜>海带>珊瑚藻>鸡毛藻>孔石莼>裙带菜>肠浒苔>亮管藻;海带可以用于铜、镉的生态修复,鼠尾藻可以用于铅、砷和铬的生态修复[23]。基于大型藻类的重金属污染治理已经得到了实施,在排污混合区利用人工养殖的江蓠净化和修复海水中的重金属污染取得了显著的效果[24]。

红树植物对铅、汞、锗、铜、锌等重金属有很好的吸附和固定作用,它还可以有效地净化沉积物中的重金属,所富集的重金属 70%~90% 储存在不易被动物消耗的根和树干中,因此利用红树植物净化海域重金属污染是一种投资少、可行性高的治理途径[25]。因为大部分有毒元素主要积累在红树植物的根部,所以降低了有毒重金属通过食物链传递的风险[26]。此外,盐生植物一直被用于近海滩涂、海岸带的重金属污染的治理。例如,秦皇岛滨海湿地人工种植耐高盐碱蓬的修复工程试验表明,碱蓬的根、茎、叶对镉的富集效果最好,其次为钼、铜,对铁、锰、锌、砷和铅的富集效果相对较差,这说明碱蓬对沉积物中不同金属元素的富集移出率存在差异;关于金属元素在碱蓬中的转移系数的研究表明,钼、锌、镉和锰等元素可由根部转移到叶中,而铁、镍、铅、砷和铜等元素固定在根部。因此可利用碱蓬治理湿地重金属污染[27]。

目前,关于微生物对重金属污染的治理机理的研究还不透彻,微生物对海洋重金属污染治理的研究相对较少,主要集中在海洋细菌对重金属的吸附性、耐受性及活化与转化方面[28]。例如,利用单因素实验对海洋解木糖赖氨酸芽孢杆菌(*Lysinibacillus xylanilyticus* sp.)培养条件进行优化,研究该类微生物菌株 JZ008 对镉、铬、铜三种重金属离子的吸附特性,水溶液重金属吸附实验结果表明,菌株 JZ008 对三种重金属离子的吸附效果明显,20 天吸附率分别达到 95.6%、96.4%和 87.0%;土壤重金属吸附实验结果表明,海藻寡糖复配菌株 JZ008 组对镉、铬、铜的吸附效果明显,60 天吸附率分别达到 82.5%、82.0%和 86.9%。菌株 JZ008 对重金属的优良吸附作用为进一步探究解木糖赖氨酸芽孢杆菌在重金属污染治理方面的应用奠定了基础[29]。

海洋无脊椎动物具有很好的重金属富集能力[30],除用作生物监测外,很多生物被筛选为潜在的重金属污染区修复种,如翡翠贻贝(*Perna viridis*)[31]。但利用海洋无脊椎动物修复重金属污染区面临的一个最大的问题是难以找到超累积生物,如何处理一般累积重金属的生物也是一个不得不面对的问题。

思考题

1.海洋重金属污染难以治理的关键是什么? 如何从源头上控制海洋重金属污染?

2.筛选重金属治理生物的基本方法是什么? 为什么说海洋重金属生物治理非常困难?

参考文献

[1]中华人民共和国生态环境部.2020 年中国海洋生态环境状况公报[R].北京:海洋出版社,2021.

[2]何培,张明明,李强,等.我国海洋滩涂主要污染物的研究概况[J].海洋科学,

2018,42(8):131-138.

[3]罗洪添.大型海藻龙须菜对重金属的生物修复效应[D].广州:暨南大学,2019.

[4]刘志权.崇明东滩大型底栖动物对人类活动的响应及生态修复研究[D].上海:华东师范大学,2017.

[5]BADU G K,SAMWEL N,WAHITI G R, et al. Water quality assessment, multivariate analysis and human health risks of heavy metals in eight major lakes in Kenya[J]. Journal of Environmental Management, 2021, 297: 113410.

[6]李占东,林钦,黄洪辉.$HgCl_2$对网箱养殖海域营养盐在沉积物——水界面上交换速率的影响[J].海洋环境科学,2008,27(1):59-62.

[7]曹欢,胡钰梅,潘迎捷,等.水产品中重金属异质性导致的风险[J].生态毒理学报,2021,16(6):161-173.

[8]GE C Z, YU X R, KAN M M, et al. Adaption of *Ulva pertusa* to multiple-contamination of heavy metals and nutrients: Biological mechanism of outbreak of *Ulva* sp. green tide[J]. Marine Pollution Bulletin, 2017, 125: 250-253.

[9]成晓梦,孙彬彬,吴超,等.浙中典型硫铁矿区农田土壤重金属含量特征及健康风险[J].环境科学,2022,43(1):442-453.

[10]庞晓晨,韩新宇,史建武,等.昭通市周边扬尘重金属污染特征及健康风险[J].环境科学,2022,43(1):180-188.

[11]范成新,刘敏,王圣瑞,等.近20年来我国沉积物环境与污染控制研究进展与展望[J].地球科学进展,2021,36(4):346-374.

[12]赵小健.基于Hakanson潜在生态风险指数的某垃圾填埋场土壤重金属污染评价[J].环境监测与预警,2013,5(4):43-44,49.

[13]贾佳瑜,刘小芳,赵勇钢,等.汾河流域下游农田土壤重金属空间分布特征与污染评价[J].干旱区资源与环境,2021,35(8):132-137.

[14]贾振邦,霍文毅,赵智杰,等.应用次生相富集系数评价柴河沉积物重金属污染[J].北京大学学报(自然科学版),2000,36(6):808-812.

[15]张金婷,孙华.内梅罗指数法和模糊综合评价法在土壤重金属污染评价应用中的差异分析[J].环境监测管理与技术,2016,28(4):27-31.

[16]陈斌,尹晓娜,姜广甲,等.珠江口外陆架海域表层沉积物重金属潜在生态风险评价及来源分析[J].应用海洋学学报,2021,40(3):520-528.

[17]石一茜,赵旭,俞锦辰,等.马鞍列岛人工鱼礁修复海域沉积物重金属形态组成及垂直分布特征[J].水产学报,2019,43(9):1952-1962.

[18]于纹鉴.复合污染养殖底泥原位修复与效果评价[D].上海:上海海洋大学,2020.

[19]张文思.渤海湾沉积物中重金属污染的异位钝化修复实验[D].北京:中国地质大

学(北京),2020.

[20]金海玲,胡恭任.海洋沉积物中重金属污染防治研究进展[J].地球与环境,2004,32(3-4):7-13.

[21]吕芳,丁刚,吴海一,等.海黍子和脆江蓠对重金属锌、镉富集的比较研究[J].海洋科学,2017,41(1):18-23.

[22]袁艳敏,刘福利,杜欣欣,等.极北海带对氮、磷吸收和砷、镉、铅吸附的研究[J].渔业科学进展,2020,41(3):25-31.

[23]刘阳,相杰友,张凡顺.青岛潮间带大型海藻重金属含量特征分析[J].河北渔业,2019(12):38-40,46.

[24]董树刚,胡泽坤.江蓠对海水重金属铜、铅、镉的净化作用研究[J].海洋湖沼通报,2017(3):31-37.

[25]谢新宇,常连生,张电学,等.水体重金属污染的生物修复技术[J].黑龙江科技信息,2010(35):42.

[26]李振良,谢群,曾珍,等.湛江观海长廊红树林土壤-植物体系重金属富集与迁移规律[J].热带地理,2021,41(2):398-409.

[27]张乐添,李景喜,温永红,等.耐高盐碱蓬对湿地土壤中金属元素的富集特征研究[J].分析测试学报,2018,37(11):1287-1293.

[28]钱伟,冯建祥,宁存鑫,等.近海污染的生态修复技术研究进展[J].中国环境科学,2018,38(5):1855-1866.

[29]林梵宇,王润萍,易志伟,等.海洋解木糖赖氨酸芽孢杆菌JZ008对重金属Cd^{2+}、Cr^{3+}和Cu^{2+}的吸附作用[J].应用海洋学学报,2018,37(3):387-394.

[30]张柏豪,方舟,陈新军,等.海洋无脊椎动物重金属富集研究进展[J].生态毒理学报,2021,16(4):107-118.

[31]黄慧炜.翡翠贻贝足丝蛋白的鉴定及其汞、镉抗性和富集行为机制研究[D].深圳:深圳大学,2017.

第十六章　海洋石油污染治理

随着人类活动强度的增加,尤其是海洋物流业和油气开采业的高度发展,石油污染日趋严重、石油污染的区域也日益扩大。此外,石油污染爆发后,其危害较其他污染物造成的危害更为直观。因此,石油污染的监控、受石油污染海域的生境恢复一直是海洋环境监测与评价、海洋生态恢复研究和工程实践的重要内容。

第一节　海洋石油污染的危害

海洋石油污染主要指石油及其产品在开采、炼制、储运和使用过程中进入海洋环境而造成的危害[1]。全球每年生产 $3.2×10^9$ t 石油,其中约 1‰进入海洋环境。国内外海洋石油污染事件时有发生。1967 年,"托利·卡尼翁"(Torrey Canyon)号油轮在英国溢油超过 $1.0×10^5$ t;2010 年,美国在墨西哥湾爆发了大量石油泄漏的事故;我国的莱州湾于 2011 年因石油开采平台的泄漏而遭受了严重的石油污染。1973—2006 年,我国近海共发生 2635 起溢油事故。综合评估表明,渤海湾、长江口、珠江口是溢油事故高风险水域,这与航运、渔业以及石油采掘业等产业的地理分布密切相关。石油不溶于水,且其密度低,在海水表面扩散会成为一个薄膜,而且其扩展比很大,如 1 L 石油的扩展面积可达 $1.0×10^4$～$1.0×10^5$ m²。此外,随着石油的降解,其重组分会沉降或黏附在海水中的悬浮固体颗粒上而再次沉降,形成固相界面的石油污染[2],沉积物中石油污染的深度可达 3 m甚至更深。石油直接或是通过食物链(网)对水生生物资源、人类健康以及全球尺度上的物质交换等造成显著影响。

一、石油污染对水生生物的影响

进入海洋环境的石油,除产生的油膜会降低水-气界面的物质通量外,还会在其自净过程中影响水质、生物圈的关键生态过程。因为石油会增加海水中的有机物含量,同时石油烃的降解会增加水体中的 CO_2 含量,降解过程中的耗氧会降低水体中的溶解氧含量。另外,石油还具有生态毒理作用,例如抑制光合作用、破坏生物正常生理机能,产生生态毒性,使生物发育与生长受阻,从而使得渔业资源衰减[3],养殖生物的病害频繁发生或水生生物大量死亡[4],渔业水域的水产品因异味以及含有石油烃等而降低或失去利用价值[5]。当然,开采过程中的石油原浆也是重要的污染源,会对斑节对虾(*Penaeus monodon*)等大型底栖生物造成危害[6]。

二、石油污染对人类健康的影响

环境中的石油烃挥发而进入大气,而后经过呼吸系统而进入人体,对人类的呼吸系统、消化系统、排泄系统、循环系统,甚至是神经系统产生影响;被石油烃污染的水产品因被食用而进入人体,因生物累积作用而使石油烃的浓度在人体内增加,进而导致人体的肠胃、肝、肾等器官发生病变。

三、石油污染对生态系统的影响

这种影响主要体现在影响生态系统内的物质、能量通量。例如,在石油污染严重的海域,海水和滩涂的表面会有成片的石油膜,海水-大气界面、沉积物-大气界面的大气及热交换通量,阳光在海洋表面的反射率,以及进入海洋表层的阳光都受石油膜的影响。石油通过这些途径进而影响局部的水文、气象过程,水生生物的生物学特征。同时,油膜的密封作用会降低大气中的氧气进入水体或沉积物的通量,使海洋水体或沉积物中的有机物的耗氧降解速率下降,进而使海洋的自净能力下降。再者,水、热以及溶解氧和 CO_2 的浓度水平均会影响生态系统内以及生态系统之间的物质交换、能量流动等,因此石油污染也能影响物质或能量的交换通量。

因此,石油污染成为水域环境监测、水质检测或监测、生态系统调查的重要内容,而且生态系统的承载力评价、脆弱性评价也将石油烃含量纳入重要的评价指标体系中,并开发了相关的技术来检测海洋石油污染,估算海洋石油污染量[7]。

第二节　海洋石油污染的监测与评估

常规的海洋石油污染监测(水体、沉积物以及生物体)均有相应的规范,如《海岸带生态系统现状调查与评估技术导则》《海洋监测规范》《海洋调查规范》等,在这些规范中,均明确地规定了海洋监测的采样站位的布设方法、监测的频次、监测的方法等。这些内容属于水域环境监测与评价研究讲述的内容,在此不再赘述。但需要注意的是,石油污染作为海洋污染中危害最大的污染种类,常规的海监船和海监飞机只能在重点海域布设站位而进行监测,工作量巨大且难免发生遗漏,而通过对资源卫星数据进行处理,可以把油膜从海水背景中区分出来,并能计算出各区的面积和油量,通过对污染发生后各天的气象卫星图像进行对比分析,可以确定油膜的漂移方向,从而计算出其扩散速度和扩散面积等。因此,遥感技术成为海洋石油污染监测的重要手段[8]。在海洋石油污染区域的生态恢复过程中,要重视遥感技术的应用。

除化学或物理监测外,生物监测也是石油污染监测的重要手段,尤其是在判断石油污染的长期、慢性生理生态学毒性时。利用生物监测技术监测海洋石油污染的方法主要包括:① 通过生物相的变化监测海洋石油污染,例如总石油烃(total petroleum hHydrocarbons,TPH)可通过有机碳、盐度和 pH 间接影响海洋线虫群落结构,故线虫群落结构变化可以反映石油污染的程度[9]。②使用生物标志物监测海洋石油污染。可利用的生物标志物包含基于抗氧化酶系统、细胞色素 P450、DNA 损伤、脂质过氧化程度、溶酶体的稳定性的综合生物标志物响应指数和健康状况指数等[10],但生物标志物和石油污染程度之间并非都是线性关系[11],利用此手段进行评估的过程较为复杂,需要建立综合评估体系。

在生态恢复领域,往往需要判断石油污染的来源。一则是定损,确定污染者应当承担的责任;二则是准确判断石油污染造成的生态影响。由于 TPH 和多环芳烃(polycyclic aromatic hydrocarbons,PAHs)是溢油事故中石油最主要的组分,因此,多以分析两者成分特征的特征比值法、同位素法、化学质量平衡法及多元统计分析法等进行石油污染的溯源[2,12-14]。

石油污染的现状可以采用单因素评价,也可以采用多因素评价,还可以采用生物监测手段评价,在《海洋沉积物质量》《海岸带生态系统现状调查与评估技术导则》《海洋监测规范》和《海水水质标准》等规范中均有明确的说明,在实际的工程实施过程中,可以依据相关的要求来进行,此处不再赘述。

第三节　海洋石油污染治理及石油污染区域修复

就目前实际工程的情况而言,海洋石油污染的治理更多地体现在对石油污染的处理上,从生态系统的角度对受石油污染的生态系统进行修复的并不多见。常见的海洋石油污染(含海岸带石油污染)的处理方法主要有以下四种:

在石油污染不是很严重的情况下,自然降解法也是处理海洋石油污染的一种方法[15],但更多情况下采用的是人类主动性更强的物理法、化学法、生物修复法以及上述几类方法的组合。

一、海洋石油污染的物理处理法

溢油是海洋石油污染的主要原因。溢油事故发生时,处理海洋石油污染、回收石油的首要方法是物理法[16]。该方法主要包括以下几种:①围栏法[17]。首先用围栏将泄漏到海面的石油围住,阻止其在海面扩散,然后再设法回收。在海面平静、海岸状况良好的条件下,一般使用帘式围栏;在流速较大的海区,多使用篱式围栏;在潮汐运动明显的海区,则使用密封式围栏;而当计划采用焚烧技术处理石油污染时,需要使用防火围栏。围栏应具有滞油性强、随波性好、抗风浪能力强、使用方便、坚韧耐用、易于维修、生物不易附着等特性。②撇油器法。该方法在处理黏稠油类物质溢油、泄漏事故中使用。③吸油材料法。在靠近海岸和港口的海域,处理小规模溢油可使用亲油性的吸油材料,使溢油粘在其表面而被吸附回收。此外,围栏法主要是防治海洋石油污染的扩散,而撇油器法和吸油材料法重在石油的回收。

二、海洋石油污染的化学处理技术

海上(包括海水和沉积物)溢油虽然可以经过物理处理方法而大量清除,但海洋环境中仍然存有石油污染的残留,这部分石油可以利用包括燃烧法的广义的化学处理技术来进一步清理。

燃烧法处理技术包括直接燃烧法和高级氧化法,后者主要有芬顿法和类芬顿法,两者都被用于海洋石油污染修复的尝试。例如,陈彩成等[18]利用芬顿法和类芬顿法分别将海洋沉积物中石油烃的清除率提升到 48.9% 和 57.4%,其使用的催化剂为 $FeSO_4$ 或 $Fe_2(SO_4)_3$,而氧化为 H_2O_2;而在使用氧化剂 $Na_2S_2O_8$ 时,因催化剂的不同,石油的降解效率存在差异,若单独使用该氧化剂,不使用其他催化剂,则其对石油的去除率不低于 46%;而在亚铁盐、碱和热为催化剂的情况下,对石油的降解效率或清除率可以达到 60.4%。当然,高级氧化法处理石油污染时的效果还受潮汐作用的影响;同时,应用高级氧化技术处理高浓度石油污染的滩涂,尤其是滩涂的石油烃污染特别严重时,需要采用阻隔法,进而减小利用高级氧化法在修复过程中对周围水体的影响。

燃烧法能高效、快速地处理石油污染,但是浪费能源,并容易产生次生危害。因此,还需要使用分散剂、凝油剂以及其他用于破坏油水混合物的破乳剂,用于加速石油生物降解的生物修复化合物,燃烧剂和黏性添加剂等。当然,这些方法也存在二次污染的生态风险,因为这些试剂本身以及降解产物对生物存在生态毒性。

采用化学方法处理海洋石油污染并非意味着仅使用化学试剂,光化学处理也是一种化学处理方法。随着纳米技术和光催化技术在环境保护方面的不断应用,在一定条件下,可以通过光催化作用将石油降解为水与二氧化碳,这样不会产生二次污染。例如,利用紫外可见上转换剂/TiO_2 复合光催化剂,可使石油的降解率达到 88.46%[19]。

三、处理海洋石油污染的生物治理法

鉴于上述方法的弊端,生物治理被认为是处理石油污染水体效果最好的一种方法[20],并得到了广泛应用。该方法的本质主要是将石油作为微生物新陈代谢的营养物质进行降解[21],并构建漂浮型生物膜技术或固定化微生物石油处理技术[22-25],进而达到处理石油污染的目的。目前,有 70 多个属、约 200 种细菌和真菌可用于石油污染的降解,其工作的主要原理是石油可为微生物提供充足的碳源,而利用微生物进行海洋石油污染治理的工作主要是人工选择、培育、改良噬油微生物等[26,27],然后将它们投放到受石油污染的海域,对石油进行所谓的生物降解。这种方法降解石油的速度依赖于微生物的种类、生物量、温度、石油自身的化学/物理性质。一般而言,对于分散程度较高的石油,微生物降解的速率显著提高。这种生物降解法可以快速降解石油,且降解的产物普遍无害或少残毒,因而是海上石油污染最常用的处理技术。为提升微生物处理海洋石油污染的成效,依据微生物的代谢特征、石油污染的自身特点,研究人员开发出了多种辅助生物修复技术。

(一)基于表面活性剂的微生物修复增强技术

微生物只有与石油充分接触,才可提升对石油的去除速度。然而,石油的组成比较稳定,且具有很好的疏水性能,在海洋/淡水水体中都容易形成有明显界面的两相系统,减少了微生物与石油的接触,进而降低了微生物降解石油的效果。因此,改变石油和海水的相溶性能,提高微生物对石油的利用度是提高石油降解效率的重要途径。而表面活性剂的乳化和增溶作用能有效改变油、水两相的相溶性。因此,基于表面活性剂的微生物修复增强技术应运而生。目前开发的基于表面活性剂的微生物修复增强技术的主要作用途径如下[28,29]:①增强表面活性剂的乳化性能,增加微生物和石油直接作用的机会;②通过增溶作用,增加油相在水相中的分散程度,提高微生物吸收粒径小于自身的液滴的能力;③改变微生物细胞的表面特性,使其疏水性能提高,增加细胞与石油烃污染物的亲和性,从而增大微生物降解石油烃的能力;④采用生物表面活性剂等。

(二)基于改善微生物代谢的微生物修复增强技术

微生物降解石油是基于自身的生理代谢、增殖特性等生物学特性来进行的,因此,限制微生物代谢活动、增殖活动的因素都会影响微生物处理海洋石油污染的效果。基于此,研究人员开发出了多种基于增强微生物代谢功能的微生物修复增强技术。如果溢油的规模较大或者溢油产生的油膜较厚,油膜的阻隔作用将使水体中缺乏营养物质、O_2等,从而抑制微生物的生长、存活等。例如,氮和磷的缺乏是海洋石油污染物生物降解的主要限制因子[30,31],影响生物法处理溢油的效果。提供微生物生长繁殖所需的条件(提

供 O_2 或其他电子受体,施加营养),添加能高效降解石油污染物的微生物等,可以强化这种微生物降解过程[32,33]。

当然,生物修复技术并不局限于微生物对海洋石油污染的处理。对于持久性轻度的海洋石油污染的处理,大型底栖生物的生物富集或累积作用得以应用。例如,微型藻类塔玛亚历山大藻(*Alexandrium tamarense*)、微绿球藻(*Nannochloris oculata*)、中肋骨条藻(*Skeletonema costatum*),大型藻类带形蜈蚣藻(*Grateloupia turuturu*)、孔石莼、海带和裙带菜,以及大型底栖贝类文蛤(*Meretrix petechialis*)、菲律宾蛤仔和厚壳贻贝(*Mytilus coruscus*)因富集石油烃,而被用于海洋石油污染治理的尝试[34],菲律宾蛤仔和双齿围沙蚕(*Perinereis aibuhitensis*)甚至被筛选为以石油烃为主的复合污染的生物清洁种[35,36]。在陆地生态系统中,土壤中的石油烃可以使用非洲菊(*Gerbera jamesonii*)作为石油污染清洁种[37],这意味着可以从海岸带沉积物中筛选耐盐生物用于石油烃修复[38],但是如何再处理这些生物处理材料是生物修复工程需要面对的另一个问题。

虽然提及海洋石油污染处理一般会提及微生物处理技术,但围油栏、燃烧、喷洒化学试剂仍然是经常使用的清除海洋石油污染的方法。因为尽管微生物可以降解石油,可还没有一种能在短时间内彻底降解石油的有效方法,微生物治理法仍然任重而道远。此外,大型清洁生物的筛选还存在筛选周期长、大型藻类生物量季节性变化大、适合海洋环境的高等植物种类少等问题。

当然,并非所有的治理都采用单一的措施,海洋石油污染区的生态修复往往充分利用生态学规律,利用不同生境中的生物对石油烃的降解、富集等功能,陆海统筹,构建组合式修复技术。例如,在生态修复黄岛"11·22"石油爆炸点以及爆炸影响区域的地表生态功能、大陆架生物群落,处理土壤污染、地下水污染以及海面原油等时,就采用了以生态环境保护为目标的景观修复手段。这种组合式生态修复技术的主要环节包含研究生物降解石油污染的规律,结合黄岛的气候特点和海洋特性而制定修复策略。其中,将石油污染环境的生态恢复分为两部分:一部分是石油污染土壤的修复,在土壤修复中以根-菌共生体系为主,构建动物—植物—微生物生态链,为噬油菌营造良好的生境,进而最大限度地降解油污;另一部分是石油污染近海的修复,在近海地区借助景观生态修复装置,为噬油菌和藻类等提供良好的海洋生态环境,以此提高石油的降解速率,加快整个区域的生态恢复[39]。

生态修复并不是一个单纯的技术经济问题,更多的是社会问题,尤其是对海洋石油污染的治理,因为海洋石油污染的涉及面更广,在生态修复石油污染的海洋生态系统或是处理海洋石油污染时需要考量的相关利益方的权责问题更多。现有的相关法律体系并不健全,这意味着不同群体的权责并未明确。因此,从制度层面降低产生海洋石油污染的风险也是处理海洋石油污染或生态修复石油污染海洋生态系统的途径。相关企业(主要是存在石油泄漏的潜在行业)需要在管理制度层面建立健全并加强组织实施 HSE

管理体系（health-safety-environment management system），以有效控制事故发生的风险[40]。此外，法律法规的制定部门应进行相应的制度与法规建设，明确生态修复责任人的范围（将石油开采的企业等纳入责任主体，确立政府的补充责任主体地位，建立与离岸设施相关的油污保险制度），界定修复主体的责任范围（含生态赔偿范围），确立责任人的连带责任机制，进而推进海洋石油污染的依法有效治理[41,42]。

思考题

1.海洋石油污染来源辨析的主要技术手段有哪些？

2.筛选海洋石油污染清洁生物的基本思路是什么？

3.如何理解海洋石油污染治理中的生态补偿？

4.以胜利油田孤岛镇为例，设计一个综合治理滨海湿地、修复石油污染区的工程框架。

参考文献

[1]王棠.海洋石油污染：正在蔓延的生态灾害[J].生命与灾害,2011(10):8-9.

[2]吴健,谭娟,王敏,等.某石油污染滩涂沉积物中总石油烃和多环芳烃组成分布特征及源解析[J].安全与环境学报,2016,16(1):282-287.

[3]许思思.人为影响下渤海渔业资源的衰退机制[D].青岛：中国科学院大学(中国科学院海洋研究所),2011.

[4]黄南建.南海流花原油和0#柴油对3种水产经济种类的毒性效应研究[D].上海：上海海洋大学,2015.

[5]宋超,裘丽萍,张聪,等.长江下游江段石油烃污染的风险评估[J].中国农学通报,2017,33(19):74-79.

[6]付霄.海上石油开采对海洋生态环境的影响及对策研究[J].科技创业家,2013,12(下):190.

[7]万肇忠.海洋石油污染量的估算及防治污染对策[J].海洋科学,1986,10(4):55-57.

[8]曾珍英,伊建新.遥感技术在环境监测中的应用[J].江西化工,2004(4):47-49.

[9]杨丹,张伟东,侯昊辰,等.大连湾局部海域石油污染对潮间带海洋线虫生物群落的影响[J].海洋湖沼通报,2014(3):135-141.

[10]田丽娜,付文贤,周晶雅,等.应用生物标志物监测海洋石油污染的研究进展[J].

农村经济与科技,2020,31(23):61-63.

[11]葛长字,刘云松,柴延超,等.双齿围沙蚕过氧化歧化酶活性对复合污染的不确定性响应[J].渔业现代化,2016,43(1):7-12.

[12]张乐,宋小燕,吴哲健,等.油指纹多元统计分析在鉴别地表水石油类污染来源中的应用研究[J].环境科学学报,2019,39(9):3018-3024.

[13]李娇,吴劲,蒋进元,等.近十年土壤污染物源解析研究综述[J].土壤通报,2018,49(1):232-242.

[14]张晨晨,高建华,郭俊丽,等.长江口及废黄河口海域表层沉积物中多环芳烃分布特征和生态风险评价[J].海洋通报,2018,37(1):38-44.

[15]孟庆海,蒋微,郭健.海洋石油污染处理方法优化配置[J].油气田环境保护,2009,24(增刊1):24-28.

[16]赵龙,2018.胜利油田埕岛工区石油烃污染物的降解与回收[J].石化技术,2018,25(4):227.

[17]王辉,张丽萍.海洋石油污染处理方法优化配置及具体案例应用[J].海洋环境科学,2006,26(5):408-412.

[18]陈彩成,李青青,王旌,等.滩涂石油污染高级氧化修复技术[J].环境工程学报,2016,10(5):2700-2706.

[19]刘振兴.紫外可见上转换剂 TiO_2 复合光催化剂在海洋石油污染处理中的应用[J].西部皮革,2018,7:24.

[20]陈燕,李寅,堵国成,等.石油污染水体的生物修复[J].水处理技术,2003,29(5):249-252.

[21]梁嘉玲,陈敏,唐蓝,等.微生物治理海洋石油污染研究进展[J].现代农业科技,2020(3):175-177.

[22]王鑫,王学军,卜云洁,等.漂浮型固定化微生物去除海洋石油污染物研究[J].水处理技术,2014,40(9):48-51.

[23]李源.移动床生物膜法处理海洋石油污染的研究[D].大连:大连交通大学,2013.

[24]李照,许于玉,张世凯,等.海洋溢油污染及修复技术研究进展[J].山东建筑大学学报,2020,36(6):69-75.

[25]刘志秀.固定化石油降解菌修复海域石油污染技术研究[D].青岛:山东科技大学,2018.

[26]李静,邓毛程,王文文.宏基因组技术在海洋石油污染修复中的应用[J].广东轻工职业技术学院学报,2013,12(3):35-41.

[27]张青田.生物技术在海上溢油处理中的应用[J].海洋信息,2005(2):14-16.

[28]张广良.表面活性剂在海洋石油污染生物修复中的应用[J].中国洗剂用品工业,

2012(10):82-85.

[29]张静.化学和生物溢油分散剂对石油降解及其降解微生物的影响研究[D].南充:西华师范大学,2019.

[30]宋志文,夏文香,曹军.海洋石油污染物的微生物降解与生物修复[J].生态学杂志,2004,23(3):99-102.

[31]张信芳.海洋石油污染的微生物降解过程及生态修复技术展望[J].环境科学与管理,2012,37(5):97-99.

[32]郭清根.海洋石油污染的生物强化修复[J].当代经理人,2006(21):1410-1411.

[33]苏增建,谷慧宇,李敏.海洋石油污染修复研究进展[J].安全与环境学报,2009,9(2):56-65.

[34]徐丹.海洋石油修复生物的筛选及生物对石油污染响应研究[D].舟山:浙江海洋大学,2019.

[35]葛长字,柴延超,王海青,等.双齿围沙蚕代谢对复合污染的响应:监测种/修复种辨析[J].中国农学通报,2016,32(8):74-77.

[36]葛长字,李云梦,柴延超,等.菲律宾蛤仔修复重金属-营养盐-石油烃复合污染的潜在性[J].中国农学通报,2016,32(32):100-104.

[37]王金成,井明博,周立辉,等.非洲菊对陇东地区油污土壤的生态修复[J].草业科学,2020,37(2):273-286.

[38]ZHOU Q X, CAI Z, ZHANG Z N, et al. Ecological remediation of hydrocsrbon contaminated soils with weed plant[J]. Journal of Resources and Ecology, 2011, 2(2):97-105.

[39]杨明轩,刘森,常贺星.石油污染海岸线景观生态修复设计研究——以青岛市黄岛区石油爆炸污染区域为例[J].沈阳农业大学学报,2019,21(4):392-397.

[40]刘国卫.探析钻井工程 HSE 管理的风险识别作用[J].中国石油化工标准与质量,2020,40(24):59-61.

[41]李波,宁清同.浅谈我国海洋石油污染的生态修复责任主体[J].辽宁行政学院学报,2019(5):83-87.

[42]章海北.论海洋石油污染生态损害的赔偿范围[D].广州:广东财经大学,2015.

第十七章　海洋生物资源的增殖放流

　　渔业资源在国民经济中占有重要的地位,然而,其在全球的持续衰退是一个不争的事实,各个渔业国家都将渔业资源的养护、生态恢复视为渔业资源可持续利用的基础和保障。尽管目前已采取了种种措施(包括渔业技术措施、渔业产量或产权管理制度等),但由于各种方法均有其局限性,渔业资源的有效恢复并不尽如人意。其中,增殖放流渔业资源是一种广泛采用的方法,尽管其效果(包括生态风险)存在争议,但它仍然是目前补充渔业资源群体最常用的方法。

第一节　海洋生物增殖放流面临的问题

　　对于海洋生态系统而言,进行增殖放流的生物资源主要是渔业资源。渔业资源持续衰竭是一个不争的事实,究其原因不外乎以下四点:①渔业资源的栖息地灭失或破碎化,这主要是围填海等近海土地利用格局的变化所致;②气候变迁,这里的气候变迁是广义的气候变化,包含海水温度、pH、紫外辐照水平等的变化,这些变化对水生生物及其栖息生境的生物地球化学过程均有显著的影响;③环境污染,主要是人类排污、垃圾倾倒以及农田地表径流等导致大量污染物进入海洋,引起水生生物资源的生理生态毒性、生境中生物地球化学过程的变化;④过度捕捞,这主要使水生生物的捕捞死亡率上升,补充群体因捕捞而减少。

　　为保护渔业资源,世界各国提出了很多渔业管理措施,比如以总可捕量制度为代表的出口控制制度,以捕捞许可证为代表的入口控制制度,还有兼具出口与入口控制性质的负责任捕捞的渔具选择性及选择性渔具的使用制度[1-4],这些制度的本质都是降低渔业资源的捕捞死亡率,从而达到渔业资源养护的目的。然而,影响渔业资源种群动态的不仅是捕捞死亡率,渔业资源补充群体的数量也是重要的影响因素且是更为直接的因素。所谓"渔业资源的增殖放流",就是一种补充渔业资源群体数量的渔业资源管理制度,是指对野生鱼、虾、蟹、贝类等渔业资源进行人工繁殖、养殖,或捕捞天然苗种在人工条件下培育后,投放到渔业资源出现衰退的天然水域中,使其自然种群得以恢复,再进行合理捕捞的渔业生产与管理方式。其中,随着渔业资源繁育技术的提升以及对渔业资源种群动态规律认识的加深,对天然苗种采捕的认可度持续下降,很多国家或地区已经禁止采捕天然苗种。

依据增殖放流的最主要目的,可将渔业资源的增殖放流大致分为五种类型[5]:①保护性增殖放流,是为保护渔业生物的多样性,将适宜生境的苗种投放到相应水域;②补偿性增殖放流,是为补偿由于围填海、修筑水工等人类活动而产生的生境灭失等所造成的渔业资源衰退而将关键种的苗种投放到相关水域;③恢复性放流,为恢复因短暂性的自然或人为原因而出现渔业资源大规模消减的水域而投放苗种;④增殖性放流,为避免渔业资源生长繁育后劲不足或者长期开发潜力不足而投放苗种;⑤研发性增殖放流,是从科学研究、渔业行政管理角度出发的试验性质的人工放流。无论是何种形式的增殖放流,都不仅强调渔业资源质量的增加,而且强调渔业资源补充群体的增加,尤其是放流群体子代的产生。

增殖放流在我国已经进行了 40 多年的时间,在养护水生生物资源、保护生物多样性、改善水域生境和维持渔业可持续性方面,取得了丰硕的成果,且在增殖区域、放流对象等层面逐步普及,但不得不承认的是,我国对增殖放流的评估、监督还不够,宣传中甚至存在夸大的情况[6]。无论是在全国层面,还是在地区层面,增殖放流都存在着很多制约性的问题,这些问题涉及苗种质量、增殖水域生态承载力、放流策略以及放流后期管理、生态安全等。其中,苗种质量是增殖放流的基础,若无法保证其质量,所有的工作都是空谈。苗种质量的控制更多地属于养殖生物学、增殖资源学研究和学习的内容,这里不再赘述。

增殖放流在全国层面存在的问题主要体现在增殖放流管理、增殖区域的布局规划、生态安全评估等方面。这些问题主要包括:渔政管理与渔业个体、群体的合法利益之间存在冲突,公证机制和公众参与机制不健全[7],生态补偿机制缺失;渔业资源具有很大的流动性,目前的增殖放流区域布局公益性不足[8],缺乏稳定性和生态评估机制;增殖放流本质上是一种生态干扰,因为它是将大量人工培育的生物集中投放在一定的时空范围内,必然有其种群、群落和生态系统等多层面的生态效应[9],但目前多见的是增殖放流对渔业资源总量提升的报道,而缺乏全面生态安全评估的报道[10],为进一步推进增殖放流工作,需要控制增殖放流的生态风险。

当然,不同的区域、不同增殖对象的增殖放流工作也有其地域性、个别性的问题。例如:辽宁省大连金州新区增殖放流存在的问题主要是增殖放流水域的水质混浊和违规捕捞严重、增殖放流的投资主体与获利主体分离等[11];浙江省舟山的增殖放流缺乏长期近海系统监测、增殖放流效果评价体系欠缺、增殖放流管理体制不够完全等[12];广东省的增殖放流缺乏对放流海域生态系统特征的基本认识,缺乏对重要经济种类生物学特性的基础研究而使放流种类的选择具有随意性,缺乏试验性放流且规模化放流策略制定的依据不充分,种苗标志技术落后且效果评估指标体系不完备,生态系统风险评估被轻视,配套管理措施有限等[13];黄海北部中国对虾增殖放流的规模不足以支撑捕捞生产,增殖放流工作程序标准化不够[14]，且其增殖放流海区的生态容纳量、保护区建设、种质及种群遗传特性变化、环境和放流种群相互作用机制并不充分[15]。

第二节　增殖放流的基本技术

农业农村部发布的《水生生物增殖放流管理规定》规定，禁止使用外来种、杂交种、转基因种以及其他不符合生态要求的水生生物物种进行增殖放流。对于外来种，尤其要注意区域外来物种的引入，因为其带来的危害并不低于国家层面定义或审定的外来物种所带来的生态灾害，例如滇池增殖放流的银鱼、西北高原地区增殖放流的四大家鱼，都使当地土著渔业资源的种群衰退[16]。

在遵循上述基本原则的基础上，一般从放流地点、时间、规格以及方式四个方面制定增殖放流策略，其中的增殖放流方式主要包括海面直接放流、放流装置放流、人工潜水放流等。以下就以几个实例简要地讲述相关的放流技术。

一、滤食性贝类的增殖放流——以毛蚶的增殖放流为例

毛蚶（*Scapharca subcrenata*）一般按照以下方法进行增殖放流[17]：

首先，增殖贝类选择：壳长不小于 5 mm，规格整齐，活力强，外观完整，体表光洁，规格合格率不低于 95%，符合国家要求的检验检疫标准。

其次，选择增殖地区：泥沙质底的沿岸海区、水深 5~7 m，最好有适量淡水注入，盐度小于 35‰，最适为 20‰~30‰，pH 7.5~8.6，年水温为 0~32 ℃，底栖藻类丰富，水质清新。

最后，放流时间和方法的确定：根据苗种的大小可选择在每年 4、10 月进行人工放流，多在无风、多云或阴天实施。毛蚶苗种运输多采用网袋保湿干运输并避免阳光暴晒，放流时应尽可能贴近水面顺风缓慢投放毛蚶苗种，使用船舶放流时船速应小于 0.5 m·s^{-1}，并应尽可能地扩大放流范围和面积，减少苗种积聚。

二、啃食性贝类的增殖放流——以皱纹盘鲍底播放流为例

参考柳忠传[18]的研究，皱纹盘鲍（*Haliotis discus*）的增殖放流主要包括以下几个技术要点：①苗种选择。苗种壳长应不小于 2.5 cm，其他应符合国家的检验检疫标准。②增殖海域选择。水深 3~5 m，岩礁底质且有海藻床，周年水温低于 25 ℃，溶解氧饱和度大于 85%，盐度为 30‰~32‰，透明度为 4~5 m，海盘车等敌害生物少且水质清洁。③放流时间。春、秋季节的 5 月或是 10 月下旬进行。④放流密度。基于拟增殖放流海域海藻床的生态养殖容量确定。⑤放流方法。潜水员潜水放流，且一般需要将附着有皱纹盘鲍苗种的附着基在海中停留超过 24 h。⑥海上管理。主要是棘皮动物、红螺等敌害生物的清除。

三、鱼类的增殖放流——以斑鰶的增殖放流为例

依据单乐州等[19]的研究,斑鰶(*Konosirus punctatus*)的增殖放流包含以下技术要点:

(一)斑鰶鱼苗的集苗、包装、运输和计数

鱼苗 20 日龄以后,开始出现趋光性;鱼苗 20～30 日龄,全长 1.6～2.0 cm。在该阶段,可以利用鱼苗的趋光性进行集苗和包装运输,这种方法称为趋光带水法。对 20～30 日龄的鱼苗,无好的计数方法,只能凭经验目测密度,估计尼龙袋鱼苗数量或逐尾点数。因为这个日龄阶段的鱼苗的应激反应强,所以不建议在该阶段进行集苗、包装、运输。

鱼苗 30～35 日龄,全长 2.0～2.2 cm,可用趋光带水法集苗,此阶段鱼苗出现应激反应而死亡的现象已较上一阶段明显减少。凭经验估计尼龙袋鱼苗密度和数量或逐尾点数。

鱼苗 35～50 日龄,全长 2.2～3.1 cm,采用捞网法集苗,鱼苗袋规格为 50 cm×90 cm,装水约 6 kg,装鱼苗 1000～3000 尾,水温为 22～25 ℃,运输 6 h,成活率不低于98%。凭经验估计尼龙袋鱼苗密度和数量或逐尾点数。

鱼苗 50～60 日龄,全长 3.1～3.8 cm,鱼体表已逐渐长出鳞片,采用塑料筐法集苗,鱼苗袋规格为 50 cm×90 cm,装水 6 kg 左右,装鱼苗 500～1500 尾,水温为 22～25 ℃,运输 6 h,成活率大于99%。随机选择一筐,逐尾点数或称重计数鱼苗尾数,进而可相对准确地计数其余筐内的鱼苗数量。

鱼苗大于 60 日龄,全长大于 3.8 cm,全身披鳞片,体侧斑点已经隐约出现,鱼苗可离水捞出并称重,可同样用塑料筐法集鱼,鱼苗袋规格为 50 cm×90 cm,装水 6 kg 左右,装鱼苗 300～800 尾,水温为 22～26 ℃,运输 6 h,成活率不低于99%。

(二)斑鰶增殖放流鱼苗的最小规格及放流模式

斑鰶鱼苗增殖放流后能适应自然海洋环境、摄食和生长,鱼苗计数和运输相对方便,鱼苗生产和运输成本适宜。鱼苗 55 日龄以上,全长在 3.5 cm 以上为斑鰶可进行人工放流的最小规格。

一般可采用育苗场水泥育苗池鱼苗,直接运输放流以及斑鰶鱼苗在海区网箱中间培育后再在海区现场直接放流两种模式,其中网箱暂养后放流的成活率高,是斑鰶增殖放流的首选模式。

为更好地提升增殖放流的成效,一般需评估增殖水域对象的资源量,做好前期资源的保护与管理,从而有效增加近岸资源,实现评估增殖海域对增殖放流对象的生态容量等,进一步实现增殖放流修复的意义[20]。例如,为改善象山港生态系统的种群结构和生物多样性,开展科学的增殖放流工作,实现象山港渔业资源的有效养护和修复,根据2011—2014 年在象山港开展的渔业资源和生态环境定点调查数据,杨林林等利用

Ecopath 模型估算了日本囊对虾(*Marspenaeus japonicus*)、黄姑鱼(*Nibea albiflora*)、黑棘鲷(*Acanthopagrus schlegelii*)等象山港典型增殖种类的生态容量[21]。

第三节　增殖放流效果评估

一般采用四类方法评估水生生物增殖放流的成效[22]：①对比分析法,分析增殖放流生物密度时空分布变化及其在自然海域的生长情况;②估算增殖放流对象的资源量及渔获量;③计算增殖放流的产出与投入比来衡量其经济效益;④以回捕率直接评价放流效果。增殖放流效果的影响因素并不单一,既与增殖放流对象的生物学特征有关,又与增殖放流水域的生境健康状况有关,还会受到渔业资源管理制度的影响。目前,开展增殖放流评估工作的重点主要体现在如标志牌法、体内镶嵌标志、生物机体损伤标志、微卫星等分子标志等技术的研发[23,24],生物群落指示的增殖对象选择[25],标志水生生物投放比例的确定[26],资源量的评估模型与方法的构建[27],以及对增殖放流的鱼类、甲壳类、头足类、腔肠动物类等进行增殖效果的评估,从技术层面促进增殖放流这项生物种群恢复工作。其中,具体的渔业资源调查、渔业资源评估方法是增殖资源学、渔业资源学、渔业资源评估等学科或课程的重要内容,此处不再赘述。

第四节　增殖放流的管理

针对渔业资源增殖放流存在的问题,渔业资源执法、实施部门等都有自己的工作经验和教训,例如增殖放流需要严格按照本身的工作程序进行,在增殖放流中要坚持机构专管[28],创新制度规划体系、供苗机制体系、技术保障体系,创新资金保障、监管机制对策建设[29],在法制建设上做到增殖放流的申请、现场监督、资料提交及补全、公证书出具等增殖放流过程的公证监督[7]。当然,所有的工作都需要法律支撑。《中华人民共和国渔业法》赋予了增殖放流管理法定的强制性和权威性：县级以上人民政府渔业行政主管部门统一规划,对所管辖的区域进行渔业资源的增殖,向因渔业资源增殖而受益的个人或群体(组织、团体、单位)征收渔业资源增殖保护费,专门用于渔业资源的增殖与保护。其中,如何收取、收取的额度、向谁收取等渔业资源增殖保护费的收费办法由国务院渔业行政主管部门会同财政部门制定,报国务院批准后施行。同时,我国还制定和颁布了《水生生物增殖放流技术规范名词术语》[30]《水生生物增殖放流管理规定》等众多增殖放流需要严格遵守的国家规范和地方标准。

🔍 **思考题**

1.增殖放流时需要评估增殖水域的生态承载力,试思考生态承载力的评估方法有哪些,Ecopath模型应用的局限性体现在什么地方。

2.试绘出增殖放流全部程序的工作流程图。

参考文献

[1]葛长字.拖网网囊网目选择性能的解析[J].南方水产,2005,1(4):30-35.

[2]葛长字,梁振林,东海正.日本沿海捕鳗笼的网目选择性[J].南方水产,2006,2(1):58-61.

[3]梁振林,葛长字,刘英光.国外渔具选择性研究进展[J].青岛海洋大学学报,2001,31(6):835-841.

[4]梁振林,沈公铭,葛长字.副渔获的分离技术及分离机理[J].青岛海洋大学学报,2003,33(4):519-524.

[5]马光跃.河北省海洋渔业资源增殖放流监督管理问题研究[D].秦皇岛:燕山大学,2019.

[6]刘莉.防止近海荒漠化,渔业管理不可"只盯"目标物种[N].科技日报,2014-12-23(5).

[7]王增宝.公证人视域下的渔政管理初探——以增殖放流为视点[J].中国水产,2018(2):53-56.

[8]罗刚,郑怀东,刘学光,等.增殖放流区域布局发展现状存在问题及对策分析[J].农业与技术,2016,36(5):1-4.

[9]姜亚洲,林楠,杨林林,等.渔业资源增殖放流的生态风险及其防控措施[J].中国水产科学,2014,21(2):413-422.

[10]卢晓,董天威,吴红伟,等.关于我国水生生物增殖放流生态安全的思考[J].中国水产,2018(1):52-54.

[11]关家勉,刘剑邦.大连金州新区增殖放流的瓶颈问题与对策[J].商业经济,2013(10):107-108.

[12]宋飞彪,王伟洪,宋月林,等.舟山市渔业资源增殖放流现状与问题分析[J].水产养殖,2013,24(5):169-170.

[13]郭晓奇.广东海洋生物增殖放流存在的问题与对策[J].海洋与渔业,2014(7):40-41.

[14]李成久.黄海北部中国对虾资源增殖现状和发展趋势[J].农业工程技术,2020,40(17):82,86.

[15]李文抗,刘克奉,苗军,等.中国明对虾增殖放流技术探讨[J].中国渔业经济,2009,27(2):59-63.

[16]罗刚.不宜增殖放流的水生生物物种情况分析[J].中国水产,2015(11):32-35.

[17]许红.毛蚶增殖放流技术[J].养殖与饲料,2021(1):51-52.

[18]柳忠传.皱纹盘鲍底播放流增殖技术[J].海洋信息,1996(3):5-6.

[19]单乐州,张立宁,邵鑫斌,等.斑鲦人工增殖放流操作技术[J].水产养殖,2020(11):56-57.

[20]徐炳庆,陈玮,王田田,等.莱州湾"伏休"结束前三疣梭子蟹的资源状况及其分布特征[J].水产学报,2021,45(4):543-551.

[21]杨林林,姜亚洲,袁兴伟,等.象山港典型增殖种类的生态容量评估[J].海洋渔业,2020,38(3):273-282.

[22]马晓林.洞头海域大黄鱼增殖放流及其效果初步评价[D].舟山:浙江海洋学院,2016.

[23]高焕,阎斌伦,赖晓芳,等.甲壳类生物增殖放流标志技术研究进展[J].海洋湖沼通报,2014(1):94-100.

[24]赵雨.基于微卫星标记的日本对虾增殖放流效果评价及群体遗传学研究[D].天津:天津农学院,2021.

[25]李忠义,袁伟,王新良,等.基于渔业资源群落结构稳定性对崂山湾增殖放流种类甄选的设想[J].中国水产科学,2020,27(7):739-747.

[26]吕少梁,林坤,曾嘉维,等.黄鳍棘鲷标志放流群体的规格适宜性评价[J].水产学报,2020,45(11):1863-1870.

[27]王迎宾.基于增殖放流的定栖性种类剩余产量模型及其模拟分析[J].海洋学报,2021,43(2):28-37.

[28]罗刚,王云中,隋然.坚持机构专管,做实做细增殖放流工作[J].中国水产,2016(4):34-38.

[29]涂忠,卢晓,董天威,等.制约增殖放流工作高质量发展的问题分析与对策建议[J].中国水产,2019(7):16-19.

[30]中华人民共和国农业农村部.水生生物增殖放流技术规范名词术语:SCT 9437—2020[S].北京:中国农业出版社,2020.